哲学新思论丛

中国人民大学哲学院　编
臧峰宇　主编

可见者与不可见者的交错

亨利、马里翁与图像现象学研究

陈辉　著

中国人民大学出版社
·北京·

总序

哲学这门有2 600多年历史的学问总是在古老的根脉上绽放面向时代的思想芳华，体现传承基础上的创新。轴心时代的很多哲学问题至今令人深思，并未作为古典的认知遗存被淹没在历史的烟尘中，伴随着新问题的涌现而产生的新思不断生成。这使哲学作为思想的事业总是体现为时代精神的精华，她不仅厘清和丰富了思想的发生与演化的图景，而且着眼于解析时代的重大问题。哲学概念只有当指向明确的问题时才是有效的，哲学命题亦应经过体现问题意识的论证并得到明确表达才有被认可的价值。作为思想的思想，哲学的性质和机制具有彻底的特征，这样的思想以面向思的事情把握事物的根本，赋予生命新的意义。

哲学研究具有明确的时代性。哲学家在书写其新思时总要面对所处的时代，马克思自青年时代起就论证其所处时代的问题的谜底，在揭示资本逻辑的过程中从科学和价值两重维度回答时代的问题，力求体现用彻底的方式展现哲学实践能力的明证。其实，哲学在任何时代的重要性都是不言自明的，但对这种重要性的把握基于走向历史深处且从历史深处走来的内在理解。哲学思考以对历史规律的深刻认知为前提，总是与古为新，围绕新时代的新技术和新问题而展开新思，从中探究未来发展的大趋势，在不确定性中把握好的可能性。这样的新思给人以深深的激励，因为真正的思想触及时代的根本问题，将人的生命处境理解得深邃而透彻。

正是因为哲学具有这样的思想力量，我们在面对很多复杂难题时，总能保持一定的乐观和自信，或者周遭总有某种声音提示我们，哲学可以被用来解决困扰我们的难题，原因大概在于其意为"爱智慧"，总是让我们思考生命的价值以及人与世界的关系。概因于此，我们在走出物质匮乏的年代后，不愿陷入某种浮泛无根的生活或浅薄无聊的兴趣，而要在精神生活中寻求实体性内容的必要性，通过掌握生活世界中的理念而确认实存，并使之青春化而促进哲学的发展。在这个意义上，哲学研究所运用的知识有助于理解生命本质以及生活世界的前沿问题，她内蕴着思想和爱智慧的规定，基于常识而超越常识。哲学知识体系的生成因而基于严格的学术训练，基于面对时代问题的严肃思考，固然体现为深奥而抽象的思想图式，但它始终植根于生活世界，否则就会遭遇失语甚至自我放逐的境遇。

哲学研究是基于现实而面向未来的。哲学所具有的乐观和自信不仅仅在于其历史久远，更在于其植根于生活世界表达爱智慧之思；哲学思考的价值不仅仅在于"想明白"，更在于运用其解决问题的精准有效，根本目的在于解决问题。关于哲学无用的诘问大多与其能否解决问题的认识有关。一名学生曾在课堂作业中这样写：我们读了那么多年的哲学书，懂得那么多哲学道理，为什么在面对很多实际问题时经常感到困惑和迷茫？这个问题当然与其对哲学理解的程度有关，重要的还在于能否将哲学道理运用自如。很多朋友听了一节哲学课，感受到哲学思维的深邃和曼妙，便寄望于尽快掌握哲学的精华，甚至获得一劳永逸的能力，恐怕绝非易事。这里涉及掌握哲学思维方式的程度，运用不自如尚属于对哲学不深知，深知之后应有运用的自觉，知行合一，方能在处理实际问题时保持思想的定力。

仰望哲学的星空，或置身于哲学的殿堂，从事哲学基础理论与经典著作研究往往会有新的发现，进而阐发哲学史上很多概念、范畴和命题的新义，在面向时代问题的探索中获得哲学观念的发展。哲学是常为新的，这样的新思体现为明确表达和辩护，具有一定的自我规定性。它要通过区分和澄清内在结构的诸部分来理解某种概念，也要将不同的概念聚合为统一的思路，因而分别运用分析和综合的方法。哲学研究往往开始于"我注六经"式的解读和阐释，而后渐至"六经注我"式的思想创造，在某种概念框架和知识图式中展现意义世界，确认我们时代的本质性的事实，进而呈现某种生活方式和精神气度。这种重塑自我信念的过程在人生的不同阶段都会出现。很多大学新生在哲学课堂上会更新一些原有的认识，而这样的认识往往经过怀疑、反思而形成自我意识。笛卡尔在《第一哲学沉思录》中说："我从早年以来，曾经把大量错误的意见当成真的加以接受。从那时起，我就已经断定，要想在科学上建立一些牢固的、永久的东西作为我的信念，我就必须在我的一生中有一次严肃地把我从前接受到心中的所有意见一并去除，重新开始从根本做起。"一名严肃的哲学研究者所做的工作往往会经历这样的过程，我们之所以能够坦然更新旧思，"重新开始从根本做起"，正是出于对真理、正义的认同，以及对智慧恒久的爱。

哲学研究源自主体的内在之思。这样的思考必然具有某种风格，带有很强的个性化特征。一位前辈学人曾与我说过，哲学研究大体可以同农业生产相类比，她不同于某种团队作业，我们所熟知的很多大哲学家与同时代人有很多交谈，但他们的研究是独立完成的，这往往不需要数据采集或共同实验，而是一种独立的思想创造。这样的思想创造具有很强的启发性，对每个行业的从业者几乎都是有益的，所以很多行业的精英在谈到自己的经历时都喜欢从哲学角度表达一些感喟或做出深刻的经验归纳乃至形成规律性认识。今天，面对很多实际的思想领域的问题，哲学研究的方式发生了一定的变化，但个体的思想创造仍然是一种主要的方式。我们希望从对话的角度促进思想的交融，为此开设了一些哲学对话课，得到很多学生的认可，也希望以笔谈和论丛的形式增进学术共同体的交流，这未必是一种机器化生产，但或许可被视为现代农业生产的一种探索，其目的在于缔结现代思想的果实，滋养现代人的精神生活。

面向未来的反思的哲学必然具有某种想象力，也会形成某种风格，在演绎与归纳中表达哲学研究者所关注的事情的意义。哲学研究固然要专注于微观的具体领域，但应从大问题和真问题出发，做出有效论证。我们总要思考为什么做出某个决定，生活对自己是否公平，为什么至爱亲朋与死亡不期而遇。我们面对诸如此类的哲学问题时，总会涌现一些内在的思考，希望从中有所深省。不同天资禀赋和不同成长环境的人们对很多问题的理解差别是很大的，这就需要论辩和进一步反思，从中确认什么是我们在生命中不可失去的，我们执着地相信的东西是否真实，我们所经历的生活是否如同一场梦境，善恶的选择与命运有何关系，如果生命留给我们的时间不多，我们应当怎样度过。

行文至此，读到我的同事朱锐教授在微信朋友圈表达的感喟："学哲学带给我的最大收获之一，就是我不再恐惧死亡"，"哲学告诉我们，唯一应该恐惧的是恐惧本身"。每次见到他，都能为他的达观和热情所感染。他身患重病，多次住院化疗，遭受的痛苦是可想而知的，但他认真备好每一堂课，始终保持对哲学前沿问题的关注，在讲台上展现思想的生命力。面对同事和学生，他始终微笑着，没有悲伤和畏惧。在对他深表感佩的同时，我深感思想通达生命的本质。哲学让人了然生死，在向死而生的途中超越自我，因而学哲学就是练习死亡，这是来自生命深处的豁达，深切表明哲学家对这个世界的深爱和勇气，表明对教育家精神的自觉践行，表明对自我和世界的信念，而未经审视的生活终究是不值得过的。

哲学研究表明一种主体性的尊严不是可有可无的。哲学之所以被视为众学之根本，是因为她塑造了精神的尊严。这让我们追问生命的意义或做某件事情的时代价值，在哲学研究中表明捍卫尊严、追求正义的明德之道。我们要确认生命的有限和存在的真实，明确我们在追问生命的意义时，到底指向什么。我们所做的决定是否遵从自己的内心，这涉及自由意志和自由选择问题，我们所熟知的很多道德原则在面对同一个需要做出选择的事实时可能会出现矛盾，从中可见当代哲学问题的复杂性。为此，必须以来自新的时代环境的思考来解析这些问题，而我们所做的研究在这个意义上就成为一项思想的事业。

　　窗外绿意盎然，到处都是生长的讯息。我们策划的这套"哲学新思论丛"即将付梓，其中每部著作的作者都是我的年轻同事，他们对很多哲学前沿问题的理解颇具深度，从马克思主义哲学、中国哲学、外国哲学、伦理学、宗教学、科学技术哲学、逻辑学、美学、政治哲学、管理哲学等领域所做的思考反映了"哲学新思"的发展，读之仿佛听到思想拔节的声音，清新而悠长。因而，这套论丛将定格一些哲学思想发展的印记，也将反映中国人民大学哲学学科发展史的新进展。同时，我们也希望这套体现哲学前沿问题"新思"的论丛能使热爱哲学的读者朋友感到开卷有益。

臧峰宇

2024 年 4 月

于中国人民大学人文楼

目录

导论　亨利、马里翁与图像现象学的问题 …………………………… 001

上篇　图像化时代的可见性逻辑及其效应

第一章　世界的图像化及其运作逻辑 ………………………………… 021
　　第一节　世界的图像化与图像解放的神话 ………………………… 022
　　第二节　自治图像的运作逻辑 ……………………………………… 039

第二章　对象性作为图像化的现象性本质 …………………………… 060
　　第一节　作为对象性的图像现象性 ………………………………… 060
　　第二节　对象性与现代性 …………………………………………… 073
　　第三节　透视法作为对象化机制的典范 …………………………… 083

第三章　图像化的效应与图像现象性的开放 ………………………… 096
　　第一节　现象显现自主性的压抑 …………………………………… 096
　　第二节　图像现象性的开放 ………………………………………… 116

下篇　作为非对象的图像

第四章　从可见者到不可见者 ………………………………………… 133
　　第一节　从可见世界到不可见生命 ………………………………… 136
　　第二节　抽象绘画：从可见者到不可见者 ………………………… 144
　　第三节　抽象形式与绘画的要素论 ………………………………… 152

第四节　不可见生命作为所有绘画的现象性本质…………… 164
　　　第五节　亨利图像现象学的意义与困境…………………………… 172

第五章　图像现象性：从对象性、存在性到被给予性……………… 180
　　　第一节　对象性与存在性视域的批判和超越…………………… 181
　　　第二节　作为被给予性的绘画（图像）现象性………………… 197
　　　第三节　绘画（图像）的充溢性与充溢现象的构想…………… 208
　　　第四节　绘画（图像）作为现象的平凡性……………………… 222

第六章　偶像作为自我的外观………………………………………… 232
　　　第一节　质的充溢机制………………………………………… 235
　　　第二节　绘画（图像）作为偶像的显现机制…………………… 242
　　　第三节　绘画（图像）偶像作为自我的外观…………………… 250

第七章　圣像作为他者的面容………………………………………… 261
　　　第一节　康德模态的范畴的内涵及充溢机制…………………… 263
　　　第二节　圣像的显现机制……………………………………… 272
　　　第三节　面容的无限解释学…………………………………… 281

结　　语………………………………………………………………… 290

参考文献………………………………………………………………… 295
人名索引………………………………………………………………… 306
主题索引………………………………………………………………… 309
后　　记………………………………………………………………… 322

导论　亨利、马里翁与图像现象学的问题

一、亨利、马里翁与法国新现象学

大约自 20 世纪 80 年代初开始，面对哲学出现的各种问题和危机，现象学在法国经历了再一次复兴。这一时期，新一代现象学家连同众多已经成名的老一辈现象学家在法国掀起了一股新的现象学研究热潮，他们在对德国经典现象学家（胡塞尔、海德格尔）和法国现象学前辈（萨特、梅洛-庞蒂、列维纳斯、德里达、利科等）进行创造性阐释与反思的基础上，突破既有的现象学观念，对现象学的基本问题、方法、原则、界限等进行了全新的考察与界定，进而将现象学推向新的境地。这股现象学热潮被德国学者腾格尔义（László Tengelyi）和贡德克（Hans-Dieter Gondek）命名为"法国新现象学"，以区别于萨特、梅洛-庞蒂、早期列维纳斯、早期利科等人的现象学研究。① 随后，在 2012 年 3 月 8

---

① 参见 Hans-Dieter Gondek und László Tengelyi, *Neue Phänomenologie in Frankreich* (Berlin: Suhrkamp Verlag, 2011). 在这部论著中，腾格尔义和贡德克对法国新现象学的发展历程及代表性人物的成就进行了详尽讨论。

日由巴黎高师/胡塞尔档案馆主办的"法国的新现象学"会议上,这一名称得到法国现象学界的严肃讨论,并被广泛接受。① 与之前的现象学相比,法国新现象学被认为实现了现象学的"神学转向"②、"事件性转向"③ 等,而在其最终意义上,这些转向指向的是法国新现象学对现象的显现可能性及意义(现象的现象性及意义)的激进拓展。凭借这种拓展,法国新现象学更新了现象学的形象,并对众多重要的哲学问题进行了深入且极具独创性的考察。在整个法国新现象学的发展中,涌现出一批杰出的现象学家,米歇尔·亨利(Michel Henry)和让-吕克·马里翁(Jean-Luc Marion)就是其中的重要代表。

米歇尔·亨利是 20 世纪下半叶法国最为著名的现象学家之一。他于 1922 年出生于越南的海防市(Haiphong)。他的父亲是一位海军军官,但是在亨利出生后不久就因车祸而去世,之后,为生活所迫的母亲只能于 1929 年带着亨利及另一个儿子回到法国并最终定居在巴黎。④ 20 世纪 40 年代,亨利在中学毕业后进入巴黎高等师范学院(École Normale Supérieure)学习哲学,并于 1942—1943 年冬季完成其硕士学位论文《斯宾诺莎的幸福》。⑤ 1943 年夏季,亨利在其兄弟的影响下加入法国抵抗组织,并以康德为其代号,这段秘密性的地下斗争经历对亨利后来所进行的生命现象学考察产生了重要影响。1945 年,亨利通过

---

① 参见 Christian Sommer (éd.), *Nouvelles phénoménologies en France* (Paris: Hermann, 2014). 该著作是这次会议的相关论文的合集。

② 参见 Dominique Janicaud, *Le tournant théologique de la phénoménologie française* (Paris: L'Éclat, 1991).

③ 参见 Jean-Luc Marion, "Quelques précisions sur la réduction, le donné, l'herméneutique et la donation," in *Nouvelles phénoménologies en France*, éd. Christian Sommer, p. 216.

④ 关于米歇尔·亨利的生平资料,参见 Michel Henry, *Auto-donation. Entretiens et conférences* (Paris: Beauchesne Éditeur, 2004), pp. 237 - 267; Michael O'Sullivan, *Michel Henry: Incarnation, Barbarism and Belief* (Bern: Peter Lang AG, 2006), pp. 16 - 24; Scott Davidson, translator's introduction to *Seeing the Invisible: On Kandinsky*, by Michel Henry (London/ New York: Continuum, 2009), pp. vii - xiii.

⑤ Michel Henry, *Le Bonheur de Spinoza* (Paris: Presses Universitaires de France, 2004).

哲学教师资格考试（Agrégation de philosophie）；1960 年，他接到蒙彼利埃大学（Université de Montpellier）的邀请前往该校任教；1963 年，亨利通过其博士学位论文答辩。在博士学位论文通过后，亨利不断收到来自巴黎索邦大学（Université Paris-Sorbonne-Paris IV）的任教邀请，但是为了能够更专注于自己的研究和思考，他拒绝了这些邀请，选择留在教学任务相对较轻的蒙彼利埃大学，一直到 1982 年荣休。在 1945 年至 1982 年的这段时间内，亨利出版了一系列重要著作，其中代表性的有《显现的本质》①、《哲学与身体现象学》② 以及解释马克思思想的两卷本巨著《马克思》③。1982 年荣休之后，直至 2002 年去世，亨利进入了另一个创作高峰期。这一时期的亨利在其现象学讨论上具有越来越明显的神学转向，他推动了法国新现象学的兴起，并且成为其代表性人物。在这一时期，亨利出版的代表性著作有《精神分析的谱系》④、《野蛮》⑤、《观看不可见者——论康定斯基》⑥、《质料现象学》⑦、《我即真理——一种基督教哲学》⑧、《道成肉身——一种肉身哲学》⑨、《基督之言》⑩，等等。在其去世后，学者们开始对亨利的未刊文稿以及一些已

---

① Michel Henry, *L'essence de la manifestation* (Paris：Presses Universitaires de France, 2003). 该书初版于 1963 年出版。

② Michel Henry, *Philosophie et phénoménologie du corps* (Paris：Presses Universitaires de France, 2003). 该书初版于 1965 年出版。

③ Michel Henry, *Marx I. Une philosophie de la réalité* (Paris：Gallimard, 1976)；Michel Henry, *Marx II. Une philosophie de l'économie* (Paris：Gallimard, 1976).

④ Michel Henry, *Généalogie de la psychanalyse. Le commencement perdu* (Paris：Presses Universitaires de France, 2003). 该书初版于 1985 年出版。

⑤ Michel Henry, *La barbarie* (Paris：Presses Universitaires de France, 2017). 该书初版于 1987 年出版。

⑥ Michel Henry, *Voir l'invisible. Sur Kandinsky* (Paris：Presses Universitaires de France, 2005). 该书初版于 1988 年出版。

⑦ Michel Henry, *Phénoménologie matérielle* (Paris：Presses Universitaires de France, 2004). 该书初版于 1990 年出版。

⑧ Michel Henry, *C'est moi la Vérité. Pour une philosophie du chirstianisme* (Paris：Éditions du Seuil, 1996).

⑨ Michel Henry, *Incarnation. Une philosophie de la chair* (Paris：Éditions du Seuil, 2000).

⑩ Michel Henry, *Paroles du Christ* (Paris：Éditions du Seuil, 2002).

发表的文章进行编辑，并以《生命现象学》（Phénoménologie de la vie）为题陆续出版，该文集目前已出到第五卷。除了前述理论著作之外，亨利还创作了多部小说，并且深度参与了艺术收藏的实践。这些经历使亨利对于图像和艺术作品具有超凡的敏感性与鉴赏力。

亨利的现象学研究影响了很多现象学家，其中就包括马里翁。让-吕克·马里翁是当今世界最为著名的现象学家、神学家和哲学史家之一，是法国新现象学的领军人物和集大成者。他于1946年7月出生于法国巴黎郊区的默东（Meudon），并在孔多塞中学（Lycée Condorcet）完成了预科学习。在进行预科学习期间，马里翁受教于著名的海德格尔专家让·波弗勒（Jean Beaufret）等人，这对他后来的现象学研究产生了重要影响。1967年，马里翁进入巴黎高等师范学院这个哲学家的摇篮学习。1967年和1968年，马里翁分别在巴黎第十大学（Université Paris X-Nanterre La Défense）和巴黎索邦大学获得文学学士（Licence ès-lettres）和哲学学士（Licence de philosophie）学位。对于马里翁的整个思想和学术生涯来说，20世纪60年代中后期至20世纪70年代早期的这段时间是关键性的，他的所有学术兴趣和思想发展的所有源头几乎都可以追溯到这一时期：首先，在巴黎高等师范学院，马里翁遇到了一批结构主义和后结构主义大师，如阿尔都塞、德里达等人，并师从于他们。其次，马里翁接受了1968年五月风暴的洗礼，这一历史性事件展示的精神和文化危机促使马里翁开始对形而上学、虚无主义、结构主义、上帝之死等哲学和神学议题进行批判性反思。[①] 再次，马里翁结识了查尔斯（Maxime Charles）、博耶（Louis Bouyer）、丹尼尔卢（Jean Daniélou）、吕巴克（Henri de Lubac）和巴尔塔萨（Hans Urs von Balthasar）等神学家，并在他们的深刻影响下开始广泛接触和研究神学。最后，马里翁遇到了自己的恩师——著名的笛卡尔专家阿里基埃

---

① 参见马里翁自己在《无需存在的上帝》一书的英译本序言中的介绍：Jean-Luc Marion, *God Without Being: Hors-Texte*, trans. Thomas A. Carlson (Chicago/London: The University of Chicago Press, 2012), p. xxi.

（Ferdinand Alquié），在其指导下，马里翁展开了对笛卡尔思想的深入研究，这些研究后来使马里翁获得了卓越的学术声名。①

1971年，马里翁通过哲学教师资格考试；1973年，马里翁在巴黎索邦大学成为其恩师阿里基埃的助教，之后在阿里基埃的指导下，马里翁以其出色的笛卡尔研究分别于1974年和1980年获得巴黎索邦大学博士学位（Docteur en IIIe cycle）和国家博士学位（Doctorat d'État）。1981年，马里翁担任普瓦提埃大学（Université de Poitiers）教授；1988年，马里翁任巴黎第十大学教授；1995年，马里翁回到巴黎索邦大学继任因布吕艾尔（Claude Bruaire）和列维纳斯而闻名的形而上学教席（直到2012年荣休），并成为笛卡尔研究中心（Centre d'Études Cartésiennes）主任；2008年，马里翁当选法兰西学院（Académie Française）院士。

另外，自1994年起，马里翁便开始在美国芝加哥大学为神学院、哲学系和社会思想委员会的学生定期讲授笛卡尔哲学、神学、现象学等内容，并在英语世界取得了越来越广泛的学术声名。之后，他于2004年起在芝加哥大学继任了由著名哲学家保罗·利科长期保持的教席。2011年，他在芝加哥大学继任了由神学家大卫·特雷西（David Tracy）空出的教席。②

作为当今世界最有影响力的思想家之一，马里翁对现象学、神学、哲学史研究（尤其是笛卡尔研究和奥古斯丁研究）等领域的诸多核心问题都进行了深入的哲学思考和研究，并出版了一系列重要著作。具体来

---

① 关于马里翁在这一时期所受影响的介绍，参见 Robyn Horner, *Jean-Luc Marion: A Theo-logical Introduction* (Aldershot/Burlington: Ashgate Pub., 2005), p. 3.
② 目前，有关马里翁生平的介绍很多，相关著作和博士学位论文在专题性地讨论到他的思想时都会简要介绍一下他的生平，而且尤为重要的是，他开始逐渐进入人们对法国哲学史的有关书写中，例如 Ian James, *The New French Philosophy* (Cambridge/Malden: Polity Press, 2012)；高宣扬：《当代法国哲学导论》（上、下），同济大学出版社，2004。但是，这些介绍大多都存在错讹之处，而且相互之间也存在诸多不一致。在此，我们的介绍主要以法兰西学院官方网站上的马里翁简要传记为基础整理而成，参见 http://www.academie-francaise.fr/les-immortels/jean-luc-marion。

说,首先,在现象学领域,从在孔多塞中学进行预科学习开始,现象学一直是马里翁最为关注的领域之一,而且随着时间的推进,对现象学的关注和研究在马里翁的思想版图中获得了越来越重要的位置。马里翁对现象学的持续研究造就出一批开创性成果,其中最为重要的著作有《还原与给予——胡塞尔、海德格尔与现象学研究》①、《既给予——通向一种被给予性的现象学》②、《论过剩——充溢现象研究》③、《情爱现象学》④、《否定的确定性》⑤、《礼物理性》⑥、《现象学的诸形象——胡塞尔、海德格尔、列维纳斯、亨利、德里达》⑦、《重返被给予物》⑧,等等。

其次,在神学领域,自 20 世纪 60 年代末起,马里翁在众多神学家的深刻影响下开始广泛接触和研究神学。1968 年,马里翁在《复活》(*Résurrection*)杂志上发表了一批关于神学议题的论文,其后他在神学领域的研究不断深化,并出版了大量著作,其中最具代表性的有《偶像与距离》⑨、《无需存在的上帝》⑩、《慈爱导论》⑪、《可见者的

---

① Jean-Luc Marion, *Réduction et donation. Recherches sur Husserl, Heidegger et la phénoménologie* (Paris: Presses Universitaires de France, 1989). 中译本见马里翁:《还原与给予——胡塞尔、海德格尔与现象学研究》,方向红译,上海译文出版社,2009。
② Jean-Luc Marion, *Étant donné. Essai d'une phénoménologie de la donation* (Paris: Presses Universitaires de France, 2013). 该书初版于 1997 年出版。
③ Jean-Luc Marion, *De surcroît. Études sur les phénomènes saturés* (Paris: Presses Universitaires de France, 2010). 该书初版于 2001 年出版。
④ Jean-Luc Marion, *Le phénomène érotique. Six méditations* (Paris: Grasset, 2003). 中译本见马礼荣:《情爱现象学》,黄作译,商务印书馆,2014。
⑤ Jean-Luc Marion, *Certitudes négatives* (Paris: Éditions Grasset & Fasquelle, 2010).
⑥ Jean-Luc Marion, *The Reason of the Gift*, trans. Stephen E. Lewis (Charlottesville/London: University of Virginia Press, 2011).
⑦ Jean-Luc Marion, *Figures de phénoménologie. Husserl, Heidegger, Levinas, Henry, Derrida* (Paris: Librairie Philosophique J. Vrin, 2015).
⑧ Jean-Luc Marion, *Reprise du donné* (Paris: Presses Universitaires de France, 2016).
⑨ Jean-Luc Marion, *L'idole et la distance. Cinq études* (Paris: Éditions Grasset & Fasquelle, 1977).
⑩ Jean-Luc Marion, *Dieu sans l'être. Hors-texte* (Paris: Presses Universitaires de France, 1991). 该书初版于 1982 年出版。
⑪ Jean-Luc Marion, *Prolégomènes à la charité* (Paris: Éditions de la Différence, 1986).

交错》①、《可见者与被启示者》②、《为看而信——对启示的合理性和一些信徒的不合理性的各种反思》③，等等。

最后，在哲学史领域，马里翁的学术生涯最初开始于笛卡尔研究，且他在法国思想界的声名最初也是其笛卡尔研究带来的。前面已经讲到，马里翁是以其出色的笛卡尔研究而获得博士学位的，而在这期间以及其后，马里翁出版了大量笛卡尔研究的著作，例如《论笛卡尔的灰色本体论》④、《论笛卡尔的白色神学》⑤、《论笛卡尔的形而上学棱镜》⑥、《笛卡尔的问题——方法与形而上学》⑦、《笛卡尔的问题（二）——论自我与上帝》⑧、《论笛卡尔的被动思想》⑨ 以及对笛卡尔《指导心灵的原则》的法文翻译和与他人合作的对该书及《第一哲学沉思集》的索引。除了笛卡尔研究外，马里翁的哲学史研究还广泛涉及教父哲学、经院哲学、近代哲学和现象学的代表性人物，例如其关于奥古斯丁的卓越研究《论自身的位置——圣奥古斯丁的途径》⑩，等等。

---

① Jean-Luc Marion, *La croisée du visible* (Paris：Presses Universitaires de France，2013). 该书初版于1991年出版，中译本见马里翁：《可见者的交错》，张建华译，漓江出版社，2015。

② Jean-Luc Marion, *Le visible et le révélé* (Paris：Les Éditions du Cerf，2010). 该书初版于2005年出版。

③ Jean-Luc Marion, *Le croire pour le voir. Réflexions diverses sur la rationalité de la révélation et l'irrationalité de quelques croyants* (Paris：Parole et Silence，2010).

④ Jean-Luc Marion, *Sur l'ontologie grise de Descartes. Science cartésienne et savoir aristotélicien dans les "Regulae"* (Paris：Librairie Philosophique J. Vrin，1975).

⑤ Jean-Luc Marion, *Sur la théologie blanche de Descartes. Analogie, création de vérités éternelles et fondement* (Paris：Presses Universitaires de France，1981).

⑥ Jean-Luc Marion, *Sur le prisme métaphysique de Descartes. Constitution et limites de l'onto-théo-logie dans la pensée cartésienne* (Paris：Presses Universitaires de France，1986).

⑦ Jean-Luc Marion, *Questions cartésiennes. Méthode et métaphysique* (Paris：Presses Universitaires de France，1991).

⑧ Jean-Luc Marion, *Questions cartésiennes II. Sur l'ego et sur Dieu* (Paris：Presses Universitaires de France，1996).

⑨ Jean-Luc Marion, *Sur la pensée passive de Descartes* (Paris：Presses Universitaires de France，2013).

⑩ Jean-Luc Marion, *Au lieu de soi. L'approche de Saint Augustin* (Paris：Presses Universitaires de France，2008).

二、图像作为现象学问题

如前所述，作为法国新现象学的两个标志性人物，亨利和马里翁都对现象学的众多重要问题进行了深入的研究与思考，并取得了一系列开创性成就，而其中就包括两者对图像问题的考察。亨利和马里翁延续着当代法国哲学——尤其是法国现象学——探究图像问题的传统，从各自的现象学观念出发，通过对相关理论文本和图像的严格现象学分析与解释，揭示了图像所具有的多重问题域和现象学意义，进而发展出具有各自特色和原创性的图像现象学理论，并为我们透视图像化的时代境遇、分析当代艺术和审美实践，提供了有效的理论资源和视角。在这里，本书选取亨利和马里翁的图像现象学理论进行专题研究与阐释，揭示它们各自的内在理论逻辑和内涵，反思它们的内在合理性和限度，并对两种图像现象学理论进行某种程度的比较分析。

然而，在进行具体的阐释和反思之前，我们需要对一个涉及本书论题合理性的基本性问题进行一些考察和说明，这个问题是：将亨利和马里翁的图像现象学理论并置在一起进行讨论是合理的吗？具体来说，我们为何以及基于何种根基要将亨利和马里翁的图像现象学理论并置在一起展开研究、阐释与反思呢？这种并置是可能的吗？或者说，两者的图像现象学理论能够构成一个具有内在统一性的论题吗？

面对这样一个问题，我们可以从不同层面进行讨论和回应。首先，显而易见的是，亨利和马里翁的图像现象学理论都是对一个共同的现象领域——图像（l'image）——展开的分析，或者说，两者的理论共享一个研究领域和话题。而且，一方面，在进行具体的分析时，两者都是在一种比较广泛的意义上使用"图像"概念。具体来说，在两者各自的讨论中，图像既包含通常意义上的静态图像，例如绘画、照片等，也包含动态图像[①]，

[①] 在当前国内学界的研究中，当涉及动态图像时，学者们往往将"l'image"这个概念翻译成"影像"。在本书中，为了保持术语的统一性，我们统一使用"图像"这个概念。

例如电影图像、电视图像等,甚至戏剧在某种意义上也被看作图像。实际上,在两者的讨论中,区分不同图像的关键性标准不在于图像是不是静态或动态的,而在于图像本身的运作方式。另一方面,在各自的现象学考察中,他们都重点关注到两种图像,即电视图像和绘画,同时更为关键性的是,在他们的规定中,这两种图像分别象征了两种图像显现模式和可能性,或者说,这两种图像就是两种图像显现模式和可能性的典范性代表。总而言之,研究领域和话题的共同性构成我们将亨利和马里翁的图像现象学理论进行并置研究、阐释与反思的第一个基础。

其次,与研究领域和话题的共同性相应,亨利和马里翁在分析与考察图像时,都聚焦于同一个核心问题,即图像现象性(la phénoménalité)。现象性是亨利和马里翁现象学理论中的一个关键性概念,虽然在具体的实质性内涵上,两者对这一概念的理解存在差异,但是从形式意义上说,他们的理解是相同的。那么,什么是现象性呢?对于这种东西,现象学家们具有不同的规定视角。亨利主要依据胡塞尔的现象定义来展开讨论。胡塞尔在《现象学的观念》中指出,"根据显现和显现者之间本质的相互关系,'现象'一词有双重意义"[1]。根据这一定义,现象既指涉显现者,又指涉显现者之显现。亨利接受了胡塞尔的这一定义,并进一步进行了发挥。首先,亨利重述了现象的双重意义:一方面,现象意指显示自身者或显现者;另一方面,现象意指显现者之显示或显现。其次,亨利指出,在规定现象之为现象时,两种意义的效力并不处在同一层次。就前一意义层次而言,显现者确实可以在现象中显现自身,或者说,将自身显现为现象,但这种自身显现对于显现者的存在方式来说却并不是排他性的和必然的。具体来讲,依据可能性的角度,我们总能够设想显现者在成为现象之前,在其于现象之中向我们显现之前,还可能以某种异于现象化的方式存在,而且在日常生活中,我们似乎总习惯于这么设想。因此,虽然显现者是现象的意义的本质构成部分,但它并不

---

[1] 胡塞尔:《现象学的观念》,倪梁康译,人民出版社,2007,第15页。

能界定那种使现象成其为现象的东西,即不能界定现象性。与作为显现者的意义层次相反,作为显现的意义层次必然与现象关联在一起,显现必然是作为现象的显现,而现象也必然是以某种方式显现的现象,只有以某种方式显现,现象才能成其为现象,显现总是伴随着现象,与现象共始终。由此,现象的核心要义就在于显现,显现界定了现象的现象性。①

以对现象性的内涵的这样一种理解为基础,亨利认为,"现象学的问题……不再关涉诸现象,而是关涉它们被给予性的方式,它们的现象性——不再关涉显现者,而是关涉显现"②。亨利的这种观念得到了马里翁的认同。在其《还原与给予——胡塞尔、海德格尔与现象学研究》中,通过对胡塞尔和海德格尔的现象学观念的讨论,马里翁指出,现象学的重心不在于揭示明显的现象,而在于揭示这些现象的显现方式,即现象性。③ 具体到图像领域,现象学相关探究的重心就不再是明显显现出来的各种图像,而是这些图像赖以显现自身的方式,亨利和马里翁对图像领域的考察所要揭示的正是这种显现方式。实际上,正是基于亨利和马里翁对现象性以及现象学核心问题的上述理解,著名学者塞巴(François-David Sebbah)在回顾法国现象学运动的历程时,甚至将两者划归到同一个现象学家族,并将两者作为这个家族的代表。④ 至此,

---

① 参见 Michel Henry, *Phénoménologie de la vie I. De la phénoménologie* (Paris: Presses Universitaires de France, 2003), pp. 81-83。

② Michel Henry, *Phénoménologie matérielle*, p. 6。

③ 参见马里翁:《还原与给予——胡塞尔、海德格尔与现象学研究》,方向红译,第63-127页。

④ 参见 François-David Sebbah, "L'exception française," *Magazine littéraire* 403 (2001): 50-52, 54; François-David Sebbah, *Testing the Limit: Derrida, Henry, Levinas, and the Phenomenological Tradition*, trans. Stephen Barker (Stanford: Stanford University Press, 2012), pp. 18-19。在其具体讨论中,塞巴依据核心问题的不同,将法国现象学划分出两大家族:第一个家族主要聚焦于知觉(la perception)问题来讨论各类现象,强调知觉的优先性,它以梅洛-庞蒂、马尔蒂奈(Henri Maldiney)、加勒里(Jacques Garelli)、里希尔(Marc Richir)等为代表;第二个家族主要聚焦于现象性(la phénoménalité)问题来讨论各类现象,强调显现事件的优先性,它以列维纳斯、亨利、德里达、马里翁等为代表。

核心问题的共同性构成我们将亨利和马里翁的图像现象学理论进行并置研究、阐释与反思的第二个基础。

再次，与上述两种共同性对应，亨利和马里翁在依据图像现象性问题对图像展开分析时，都是基于同一个考察框架和视角，即可见者（le visible）与不可见者（l'invisible）及其相互关系的可能性。在惯常的观念中，人们在对图像进行一般性的考察时，往往会将其看作一种再现。以此观念为基础，图像被划归为一种次要的、次生性的和边缘性的现象，在它之上，则是作为原初现象的正本或原型，这种正本或原型获得了人们更多的讨论；或者说，真理的真正领域应该是这种正本或原型，而不是图像。而如果涉及艺术图像，例如绘画，那么依据惯常的观念，人们往往会将其归属为一个艺术门类。与此相应，绘画（图像）的创作属于艺术创作的一种，而对绘画（图像）的观看则往往被看作一种审美鉴赏。因此，总体而言，有关绘画（图像）的所有问题通常被看作艺术和美学问题，人们总是从艺术和美学的视角来考察绘画（图像）。

然而，在亨利和马里翁看来，有关图像的所有问题首要关涉的是对可见者与不可见者及其相互关系的可能性的理解。在他们的现象学观念中，可见者与不可见者又往往被用来指涉所有现象，与之相应，两者相互关系的可能性往往指涉一般现象的可能性，因此有关图像的所有问题首要的是有关一般现象及其可能性的问题。在此，我们可以用马里翁《可见者的交错》前言中的相关讨论来说明这种关联。在前言的开头，马里翁以绘画为例讲到，绘画问题并不是仅仅和首先属于画家与美学家，"它涉及可见性本身，从而涉及一切——关涉普通的感觉（la sensation commune）"①。而在接下来的阐释中他又讲到，哲学，尤其是它当今的形象，即现象学，总是不停地探求着绘画（图像），"绘画的格外的可见性成为现象的一个优先案例，并且因而成为通向一般意义上的现

---

① Jean-Luc Marion, *La croisée du visible*, p. 7. （中译文见马里翁：《可见者的交错》，张建华译，第5页。）

象性的一条可能的途径"①。按照这种讨论，绘画（图像）首要关涉可见性本身，并作为一个卓越的可见者而为我们讨论现象的可能性提供指引。因此，在这里绘画（图像）问题已经超越惯常意义上的艺术和美学问题，而成为一般性的哲学问题。与绘画（图像）问题域的这种更新相应，亨利和马里翁对绘画（图像）的考察与分析也不再是基于艺术和美学的视角，而是基于可见者与不可见者及其相互关系的视角，基于一般现象的可能性的视角。由此考察视角出发，在他们的讨论中，绘画（图像）呈现为可见者与不可见者的交错。

实际上，我们如果联系现象学的整个发展历程，就会发现可见者与不可见者及其相互关系的可能性的视角甚至构成现象学传统考察图像乃至整个现象问题的一个基本框架和视角。从海德格尔要在艺术作品中探求存在者的真理（存在）这一不显现的现象，到梅洛-庞蒂在对绘画等的考察中揭示可见者与不可见者及其内在关系，再到列维纳斯在对艺术等的思考中寻求超越光照、超越视觉而走向声音和他者，再到德里达对延异等的讨论以及明确要在可见的艺术中"思考看不见"②，我们都能发现这个框架和视角的踪迹，或者说，这个框架和视角在某种意义上能够构成我们澄清现象学发展谱系的独特基点。③ 由此，考察框架和视角的共同性构成我们将亨利和马里翁的图像现象学理论进行并置研究、阐释与反思的第三个基础。

最后，与上述三个理论性的基础相应，还存在一个现实性的基础，即在两者图像现象学理论的发展历程中，亨利和马里翁存在相互影响的关系，或者至少说，马里翁的图像现象学理论深受亨利图像现象学理论

---

① Jean-Luc Marion, *La croisée du visible*, p. 7. （中译文见马里翁：《可见者的交错》，张建华译，第5页。译文有改动。）

② 参见 Jacques Derrida, *Penser à ne pas voir. Écrits sur les arts du visible*, 1979–2004 (Paris: Éditions de la Différence, 2013).

③ 现象学家扎哈维（Dan Zahavi）曾指出，现象学的主要代表人物都存在一种"朝向不可见者的运动"，同时，他还简单地梳理了这种倾向在胡塞尔、海德格尔、萨特、梅洛-庞蒂、德里达、列维纳斯等思想家那里的表现。参见 Dan Zahavi, "Michel Henry and the Phenomenology of the Invisible," *Continental Philosophy Review* 32, issue 3 (1999): 223–240.

的启发和影响。在其著作和相关访谈中，马里翁曾回忆说，他经常与亨利讨论绘画和图像的问题，而且他也明确承认，他的相关理论受益于亨利对绘画和图像的分析，或者说，他是在批判性地吸收亨利的图像现象学理论的基础上，开辟出自己对图像问题的独特分析的。①

基于上述四个基础，我们可以说，在某种意义上，亨利和马里翁对图像的现象学考察构成了一个完整的问题锁链，构成了一个统一的研究论题，而这就使我们能够也应该将两者的相关理论进行并置研究、阐释与反思。

三、国内外研究现状与本书的基本框架

实际上，如果简单考察一下目前国内外学界对亨利和马里翁图像现象学理论的研究，我们就会发现，对两者的相关理论展开比较性分析与阐释构成了学者们进行相关研究的一个重要角度和趋势。在此角度和趋势下，比较重要的研究有：弗里茨（Peter Joseph Fritz）在其论文中以现象性问题为核心，比较了亨利和马里翁的绘画理论，并界定了生命和被给予性两种不可见者模式。论者尤为关注两者绘画理论的神学效应，并将相关观念与康德的崇高理念进行比较，揭示这些观念的内在联系。此外，论者还联系德里达的"附饰"（parerga）概念来反思绘画在两者思想中的地位，认为在亨利那里，绘画只是显现为一种附饰，它服务于生命的显现，并最终因生命的更高级显现形式而被弃用，而马里翁则让绘画一直具有积极的效应。② 著名的马里翁研究专家格施万德娜（Christina M. Gschwandtner）在其论文中着重分析了两位现象学家的绘画理论与不可见者的关联，并揭示了绘画乃至美学在现象体系以及现

---

① 参见 Jean-Luc Marion, *Étant donné*, p. 85; Jean-Luc Marion, *La Rigueur des choses. Entretiens avec Dan Arbib* (Paris: Flammarion, 2012), pp. 164, 166。

② 参见 Peter Joseph Fritz, "Black Holes and Revelations: Michel Henry and Jean-Luc Marion on the Aesthetics of the Invisible," *Modern Theology* 25, issue 3 (2009): 415-440.

象学中的核心作用。同时，论者还联系康德的天才观念反思了画家在两位思想家的理论中所具有的作用，并提出了自己的质疑。最后，论者揭示了绘画、艺术作品以及美学在两位思想家观念中所具有的神学效用。①

当然，除了上述研究角度和趋势，我们还能在目前既有的研究中看到对亨利和马里翁相关理论的分别阐释，尤其是近十多年来，随着法国新现象学影响的日益扩大，两者相关理论受到的关注越来越大。具体来讲，就亨利而言，在目前国外学界对其相关理论的阐释中，比较重要的有：奥沙利文（Michael O'Sullivan）在其专著中介绍了亨利对绘画等艺术现象的分析。论者主要关注亨利对绘画等艺术现象的定位，以及它们在整个现象学中的位置和效应。论者认为，绘画等艺术现象是亨利生命现象学观念得到具体化展示的一个重要方式和领域。② 学者史密斯（David Nowell Smith）则将亨利所代表的绘画现象学界定为当代法国理论对传统绘画深度表象的两种解构方式之一，并指出在这两种解构方式中，绘画技艺已经超越传统的艺术和美学问题，而成为一种关涉知觉体验和语言意义的问题。③ 佐丹（David Zordan）在其论文中联系现象学的神学转向背景对亨利的绘画和艺术理论进行了阐释。论者在其文中介绍了亨利现象学的一些观念要点，同时批判性地分析了亨利对康定斯基抽象绘画的现象学解释的核心要素。在具体阐释和分析中，论者尤为注意亨利对感性和感觉的全新意义的揭示，即将其指向不可见者，而非可见者。在最终的讨论中，论者旨在通过对感性与不可见性关系的阐释而发掘感性对于宗教体验的意义。④ 齐奥科夫斯卡-朱希（Anna Ziółkowska-Juś）的

---

① 参见 Christina M. Gschwandtner, "Revealing the Invisible: Henry and Marion on Aesthetic Experience," *The Journal of Speculative Philosophy* 28, no. 3 (2014): 305 - 314。
② 参见 Michael O'Sullivan, *Michel Henry*。
③ 参见 David Nowell Smith, "Surfaces: Painterly Illusion, Metaphysical Depth," *Paragraph* 35, no. 3 (2012): 389 - 406。
④ 参见 Davide Zordan, "Seeing the Invisible, Feeling the Visible: Michel Henry on Aesthetics and Abstraction," *Cross Currents* 63, no. 1 (2013): 77 - 91。

论文讨论了亨利对康定斯基抽象绘画的解释方式及其对抽象艺术的意义。论者指出，亨利的非意向性的不可见生命无法为抽象艺术及其实践提供充分的解释。① 学者里奥斯（Christopher C. Rios）的论文通过分析亨利图像现象学理论的神学意义，揭示了其在神学上的未完成特征，并界定了其对建构现象学神学宇宙论的积极作用。②

在国内学界，同样有一些学者对亨利的图像现象学理论进行了相关阐释，其中比较重要的有：姜宇辉在其论文中试图通过借鉴亨利对体验之被动性的分析，来重建一种新的主体性，并以此为基础，通过借鉴亨利对康定斯基的解读，来揭示作为被动性体验的创伤和苦痛对艺术之未来的积极意义。③ 马迎辉在相关研究中以亨利对康定斯基绘画观念的现象学解释为主题，阐释了其图像现象学理论中的内在性、生命和抽象形式概念，界定了亨利对绘画和艺术本质的规定。论者还在具体阐释中界定了亨利的观念与胡塞尔和海德格尔的相关观念的某些差异。④ 此外，有的学者还关注亨利对时间性的批判，认为亨利的图像现象学理论指向一种无时间性的审美体验，或者试图利用亨利的内在性观念讨论自然美的问题。⑤

就对马里翁图像现象学理论的阐释来说，在国外学界，有的学者围绕主体和解释学的作用，具体阐释了马里翁思想中作为第二类充溢现象

---

① 参见 Anna Ziółkowska-Juś, "The Aesthetic Experience of Kandinsky's Abstract Art: A Polemic with Henry's Phenomenological Analysis," *Estetika: The Central European Journal of Aesthetics* 54, issue 2 (2017): 212 - 237。

② 参见 Christopher C. Rios, "The Unrealized Eschatology of Michel Henry: Theological Gestures from His Phenomenological Aesthetics," *Modern Theology* 36, issue 4 (2020): 843 - 864。

③ 参见姜宇辉：《艺术何以有"灵"——从米歇尔·亨利重思艺术之体验》，《学术研究》2020年第10期。

④ 参见马迎辉：《重新发现抽象与生命：亨利论康定斯基》，《哲学与文化》2021年第8期。

⑤ 参见梁灿：《论审美体验的非时间性——以米歇尔·亨利对时间性概念的批判为线索》，《文艺理论研究》2020年第4期；梁灿、王冬：《自然审美何以可能？——论米歇尔·亨利的自然美学观》，《郑州大学学报（哲学社会科学版）》2018年第3期。

的绘画，界定了绘画在马里翁思想中的多重形象，这一点尤其值得我们注意。① 有的学者从现象显现的可能性条件出发，界定了绘画对各种现象条件的依赖和超越。② 有的学者围绕艺术和艺术家的形象与功能，具体阐释了作为充溢现象的绘画。③ 有的学者则着重分析了马里翁对绘画等艺术现象的分析与其对爱等宗教现象的分析之间的关联。论者认为，马里翁与康德一样，认为审美是道德的准备，并为道德奠定基础；但由于两者道德观念的差异，审美现象最终导向的道德是不同的，在马里翁那里，审美现象最终导向的道德就是基督之爱。④

在国内学界的马里翁阐释中，有些学者根据马里翁《论过剩》一书第三章对作为偶像的绘画的讨论，阐释了马里翁意义上的绘画所具有的充溢性特征⑤；有的学者揭示了马里翁绘画理论从偶像向圣像的推进，并认为在马里翁的思想中，绘画问题的解决最终取决于神学⑥；有的学者则突出了马里翁绘画理论中不可见者的关键性作用，并讨论了图像中不可见者的多重意义和作用机制。⑦

此外，国外学界还出现了一些将亨利的图像现象学理论同其他哲学家的理论进行比较的研究。例如，有的学者将亨利的图像现象学理论同柏格森的艺术理论进行比较，揭示了两者理论结构的内在一致性和差

---

① 参见 Shane Mackinlay, *Interpreting Excess：Jean-Luc Marion, Saturated Phenomena, and Hermeneutics* (New York：Fordham University Press, 2010)。

② 参见 Codrina-Laura Ionita, "La donation de l'art ou les conditions de la description de la phenomenalité chez J.-L. Marion," *Studia Universitatis Babes-Bolyai, Philosophia* 2 (2010)：21 - 30。

③ 参见 Christina M. Gschwandtner, *Degrees of Givenness：On Saturation in Jean-Luc Marion* (Bloomington and Indianapolis：Indiana University Press, 2014)。

④ 参见 Ian Rottenberg, "Fine Art as Preparation for Christian Love," *The Journal of Religious Ethics* 42, no. 2 (2014)：243 - 262。

⑤ 参见陈艳波、张雨润：《作为溢满性现象的绘画——马里翁〈论多余〉中的分析》，《江西社会科学》2016 年第 4 期。

⑥ 参见仲霞：《马里翁的绘画之思解读》，《同济大学学报（社会科学版）》2016 年第 6 期。

⑦ 参见胡文静：《透视与逆-意向性——论马里翁对绘画艺术中不可见者的现象学揭示》，《哲学动态》2021 年第 12 期。

异,并依据柏格森的相关观念反思了亨利指向不可见生命的绘画的可能性①;有的学者比较了亨利和马尔蒂奈对康定斯基绘画及观念的解释,揭示出两者解释的差异主要源自形而上学的观念,而非对具体审美体验的现象学描述,也就是说,非现象学成分介入了亨利的讨论中②;有的学者比较了海德格尔和亨利对绘画等艺术之本源的现象学分析,并用亨利的观念对海德格尔的观念进行了批判,同时指出了亨利绘画观念对于克服当代虚无主义的重要意义③;有的学者则比较了亨利绘画理论中自身感发的非意向性体验与胡塞尔的意向性体验,提出两者都需要对方的观念进行互补。④

综观目前国内外学界对亨利和马里翁图像现象学的相关研究,我们可以看出,一方面,两者的图像理论越来越受到关注,相关研究日益丰富和深入。但另一方面,相关研究也存在进一步深化的空间:其一,目前国内外学界仍未出现全面、系统地阐释和反思两位现象学家的图像理论的专题研究著作,而主要关注个别思想家,并以论文为主。其二,相关研究的讨论层次不一,两者图像理论的很多重要问题还未得到应有的重视,甚至还未进入研究视野。实际上,在对亨利和马里翁的现象学进行理论探讨时,学者们首先关注的并不是图像问题,而是诸如现象学的原则和方法问题、现象学与神学和形而上学的关联问题、现象的可能性

---

① 参见 Brendan Prendeville, "Painting the Invisible: Time, Matter and the Image in Bergson and Michel Henry," in *Bergson and the Art of Immanence: Painting, Photography, Film*, eds. John Mullarkey and Charlotte de Mille (Edinburgh: Edinburgh University Press, 2013), pp. 189-205.

② 参见 Anna Yampolskaya, "Metamorphoses of the Subject: Kandinsky Interpreted by Michel Henry and Henri Maldiney," *Avant: Journal of Philosophical-Interdisciplinary Vanguard* 9, no. 2 (2018): 157-167.

③ 参见 Steven DeLay, "Disclosing Worldhood or Expressing Life? Heidegger and Henry on the Origin of the Work of Art," *Journal of Aesthetics and Phenomenology* 4, issue 2 (2017): 155-171.

④ 参见 Jeremy H. Smith, "Michel Henry's Phenomenology of Aesthetic Experience and Husserlian Intentionality," *International Journal of Philosophical Studies* 14, no. 2 (2006): 191-219.

问题、主体问题、法国新现象学与经典现象学的关联问题等这些在通常观念中看似更为传统和经典的现象学问题,因此,相对于对这些问题的研究,有关图像理论的研究相对较少。其三,相关研究以理论的阐释为主,对相关问题的反思不够,很多重要问题未能得到充分的讨论,尤其是两位现象学家的图像理论所围绕的核心问题和视角并未得到揭示与澄清,其理论特质也未充分凸显出来。

在本书中,我们以对亨利和马里翁图像现象学的相关问题与视角等的考察和对国内外学界相关研究现状的把握为基础,以图像现象性问题为核心,从可见者与不可见者及其相互关系的视角出发,具体研究、阐释与反思亨利和马里翁的图像现象学理论。在这里,除了导论和结语之外,相关阐释与反思主要包含两大部分。第一部分(上篇)从当前图像化的时代境遇出发,界定以电视图像为代表的自治图像所创造的图像神话及其实质,分析这种自治图像的运作逻辑、现象性本质及效应,同时考察它同现代性以及现代科学和技术的同构性。根据亨利和马里翁的分析,世界的图像化在本质上是对象化,对象性的图像机制和可见性逻辑统治着自治图像,并且造成了很多重要的消极效应。由此,这种图像机制和可见性逻辑构成两者有关图像现象性考察的反题,或者说,他们自身的图像现象学考察就是要超越与克服这种对象性的图像机制和可见性逻辑。第二部分(下篇)具体阐释与反思亨利和马里翁对超越对象性的图像机制和可见性逻辑的图像显现可能性的探索。通过这种探索,图像现象性所具有的丰富可能性,或者说可见者与不可见者的多重关系可能性,向我们显现出来。

下面,我们就开始有关图像现象的现象学冒险。

上篇

图像化时代的
可见性逻辑及其效应

第一章　世界的图像化及其运作逻辑

让我们从当前时代的一个本质性实事来开始我们关于图像问题的现象学冒险，这个实事即世界的图像化。在其1938年6月的一个题为"形而上学对现代世界图像的奠基"的演讲①中，海德格尔明确指出，在现代性的存在者解释中，世界被图像化了，也就是说，"世界被把握为图像了"，"根本上世界成为图像，这样一回事情标志着现代之本质"②。在此之后，社会的发展境况正好印证和强化了海德格尔的这一论断。在当代社会，随着图像生产、处理、传播等技术的日益发展，尤其是电视、电脑、互联网、智能手机等的广泛使用和日益普及，图像呈现出爆炸性的扩张趋势，并且越来越突破原有的限制，进入普通大众的日常生活，充斥在人们生活的每一个角落和瞬间，可以说，我们正处于一个图像化的时代。在此背景下，图像愈益成为一个普遍的哲学问题。面对这样一个问题，20世纪的众多哲学思潮依据各自的理论视角对图

---

① 该演讲后以《世界图像的时代》（"Die Zeit des Weltbildes"）为题，被收录于海德格尔的《林中路》（*Holzwege*）中。
② 海德格尔：《世界图像的时代》，载《林中路》（修订本），孙周兴译，上海译文出版社，2004，第91页。

像化这一当前时代的本质性现象进行了深入透视。

作为现象学的后起之秀，亨利和马里翁也直面时代之实事，接续其前辈海德格尔的话题，对图像化现象进行了各自独具特色的现象学分析。就具体内容而言，亨利和马里翁的相关分析存在很大的差异，但是在这种差异中，我们又可以发现某些内在的一致性。根据两者的分析，一方面，世界的图像化机制本身展现了图像现象性的一种可能性模式，或者说，可见者与不可见者关系的一种可能性模式，因此可以说，这种图像化机制属于图像显现的可能性之一；另一方面，在他们看来，这种可能性又既不属于图像本身显现的本真可能性，也不属于其他现象显现的本真可能性，相反，这种可能性会带来一系列消极效应，进而阻碍图像和所有其他现象显现的本真可能性的实现。因此，就像海德格尔一样，他们对这种图像化机制和图像现象性模式采取了一种批判性的视角，并在此基础上，依据绘画等艺术图像，探究与揭示超越这种机制和模式的可能性，进而发展出各自的图像现象学理论。

那么，我们应当如何理解这种图像化的实质呢？这种图像化是依据怎样的内在机制而运作起来的呢？在这种机制下，图像本身的现象性本质到底是怎样的呢？总而言之，这种图像化是依据怎样的可见性逻辑而展开自身的呢？下面，我们就以图像化的诸多相关问题为线索，在参照海德格尔相关分析的基础上，追随亨利和马里翁来进行具体讨论。

第一节　世界的图像化与图像解放的神话

然而，在正式分析世界图像化的运作机制以及在此机制下的图像现象性本质之前，我们首先需要依据海德格尔、亨利和马里翁的相关讨论来对世界的图像化这一概念本身进行一番澄清，同时对这种图像化在显象层面的具体表现进行一番描述，并在此基础上揭示当代社会的图像神话。

如前所述，世界的图像化是对当前时代境遇的描述，而就其概念渊源而言，我们首先可以追溯和指涉的就是海德格尔在《世界图像的时代》一文中的相关分析。在这篇重要的文章中，海德格尔对一个核心概念，即"世界图像"（Weltbild；world picture），进行了十分复杂且深入的讨论。在这里，根据所涉议题，我们可以首先提取出两个关键性要素：

其一，"世界图像"在本质上指涉的是世界的图像化。在惯常的理解中，当讲到"世界图像"时，我们意指的往往是"关于世界的图像"，这种理解的基本运作方式在于：首先，有一个作为原型的世界；其次，在这个原型世界的基础上，有一幅作为其摹本的世界图像。对于这种理解，海德格尔进行了明确的否定，他指出，"从本质上看来，世界图像并非意指一幅关于世界的图像，而是指世界被把握为图像了"①。也就是说，在海德格尔的讨论中，"世界图像"概念在本质上关涉的是世界的显现方式和把握世界的方式，即世界在我们的把握中被图像化了，它以一种图像化的方式向我们显现，或者说，世界作为图像而向我们显现。正是基于"世界图像"的这样一种实质内涵，我们可以选用"世界的图像化"这一概念表述。

其二，根据海德格尔的讨论，世界的图像化是独属于现代性之本质的。基于对"世界图像"实质内涵的理解，海德格尔强调，"世界图像并非从一个以前的中世纪的世界图像演变成一个现代的世界图像；而不如说，根本上世界成为图像，这样一回事情标志着现代之本质"②。也就是说，世界的图像化并不是属于任何时代，而是只属于现代的本质，是现代的本质标志。在这个意义上，我们恰恰可以通过对世界图像化的机制、基础、意义等的考察来透视现代性的内核，反思现代

---

① 海德格尔：《世界图像的时代》，载《林中路》（修订本），孙周兴译，第91页。
② 同上。

性的相关问题。①

世界的图像化在海德格尔的"世界图像"那里具有其概念渊源。那么，我们如何进一步理解这一概念呢？这就涉及对"世界"和"图像化"两者内涵的理解，其中前者关涉图像化的范围和领域，而后者则关涉图像化的具体表现以及深层机制、基础、意义等。

一、"世界"概念的内涵

我们首先来看"世界"概念的内涵。在哲学讨论中，"世界"是被使用得最为频繁的概念之一，同时也是极具变动性和歧义性的概念之一。在早期的《存在与时间》中，海德格尔列举了"世界"概念所具有的四种意义：

第一，世界"指能够现成存在于世界之内的存在者的总体"②。这种意义强调现成性。依据这种现成性，存在者被理解为现成地摆置在我们面前的事物或对象，这些事物或对象很多时候甚至被理解为不依赖于我们而存在的客观事物或对象，但同时它们也是有待我们以认识的目光去探究的事物或对象。在这种意义下，我们可以说，世界意指所有可能对象的总体。这是人们惯常理解的"世界"概念之一。

第二，世界"指在第一项中所述的存在者的存在"，并且因而能够指涉某个领域或范围，即"包括形形色色的存在者在内的一个范围"，如数学的世界就是指涉"数学的一切可能对象的范围"③。在这种意义

---

① 需要特别强调的是，这里的"现代"并不是与"当代"相对立和相排斥的时期概念。无论是海德格尔，还是亨利和马里翁，他们在讨论"现代"和"现代性"时，指涉的都是自伽利略、笛卡尔等以来的整个时期和历程，以及这个时期和历程本身的本质规定性。在这样一种意义上，我们当前的时代或者说当代仍旧是现代的一个阶段，它仍然归属于现代性的历程，是现代性高度发展并且呈现出多样化问题的阶段。由此，对当前时代的考察和反思恰恰同样属于对现代性的考察和反思。

② 海德格尔:《存在与时间》（修订译本），陈嘉映、王庆节译，生活·读书·新知三联书店，2006，第76页。

③ 同上。

下，一方面，由于第一项中所述的存在者是以现成方式存在的存在者，所以这种存在者的存在仍受到现成性的规定，也就是说，世界还是依据现成性而得到理解；另一方面，世界展现为一种对存在者进行框定或界定的框架，或者说它起着某种框架的作用。实际上，这是人们惯常理解的另一个"世界"概念。

第三，世界"被了解为一个实际上的此在作为此在'生活''在其中'的东西"①。这种意义强调世界与作为此在的人的本质性关联，更具体地说，世界并不是与此在相分离和对峙并独立于此在的现成的东西，而是此在的基本生存论结构——"在世界之中存在"（In-der-Welt-sein）——的一个要素或环节。在这种意义下，世内存在者将不再首先显现为现成的认识对象，不再首先作为现成的认识对象而与此在相照面，而是显现为上手用具，并作为上手用具而与此在相照面，也就是说，世内存在者将首先依据上手性而非现成性而得到规定。

第四，世界还意指"世界性"（Weltlichkeit），也就是说，意指使世界成其为世界的东西。在海德格尔的讨论中，一方面，世界性在其具体展开模式上可以具有多样性；另一方面，它就其自身而言又具有其先天性特征。在此意义上，我们可以说，世界性使任何具体模式的世界结构整体成为可能，它构成具体世界模式的可能性条件和根据。②

根据海德格尔的讨论，上述"世界"概念所具有的四种意义还可以分为两类：第一类为存在者层次的意义，包括第一种意义和第三种意义；第二类为存在论层次的意义，包括第二种意义和第四种意义。海德格尔指出，他在《存在与时间》中使用"世界"这个术语时，主要指涉的是第三种意义上的世界，而通过对这种意义上的世界的现象学探讨，他想要揭示的恰恰是世界的世界性，即第四种意义上的世界。在海德格尔看来，一方面，"从现象学的意义来看，'现象'在形式上一向被规定

---

① 海德格尔：《存在与时间》（修订译本），陈嘉映、王庆节译，第76页。
② 参见上书，第76-77页。

为作为存在及存在结构显现出来的东西"①,也就是说,现象学的探究不能停留在表层的存在者层次,而需要走向深度的存在论层次,需要探究存在者的存在,因此有关世界的探究不应停留在存在者层次的世界,而需要以存在者层次的世界为起点,走向存在论层次的世界,走向世界性;另一方面,通过对现成存在的存在者及其存在的探讨,即通过对第一种和第二种意义上的世界的探讨,我们并不能获得本真意义上的世界性,相反,这种探讨以及由此而获得的认识"具有某种使世界异世界化的性质"②,它们会让我们错失本真的世界性,就其自身而言,本真意义上的世界性需要通过对第三种意义上的世界的探究而获得。

及至中期讨论"世界图像"时,海德格尔对"世界"概念又进行了规定,他明确指出,"世界在这里乃是表示存在者整体的名称"③。与《存在与时间》中对"世界"概念的早期理解相比,海德格尔此处的规定就其具体内涵而言发生了一些明显的位移。首先,在这一规定中,海德格尔不再依据存在者的不同存在方式(现成存在与非现成存在,等等)而区分出不同的"世界"概念,不再将现成存在的存在者排除在他所使用的"世界"概念的意义之外,而是在其使用的"世界"概念中囊括了所有存在者。在此意义上,一方面,不同的存在方式将展现为同一世界的不同显现和把握方式,而在后面的讨论中,我们将会揭示出,在海德格尔看来,图像化恰恰就属于诸多显现和把握方式之一;另一方面,图像化将展现为存在者整体的图像化,也就是说,它触及的是所有存在者,而不是某个或某类存在者。

其次,在这一规定中,海德格尔也不再将存在者层次和存在论层次的意义归属不同的"世界"概念,而是在同一"世界"概念中同时囊括了这两个层次。海德格尔指出,作为存在者整体的名称,世界不仅包含了自然、历史以及两者之间的交互贯通,而且包括了世界根据(Welt-

---

① 海德格尔:《存在与时间》(修订译本),陈嘉映、王庆节译,第74页。
② 同上书,第77页。
③ 海德格尔:《世界图像的时代》,载《林中路》(修订本),孙周兴译,第90页。

grund)。在这里，自然、历史以及两者之间的交互贯通属于存在者层次的概念意义；而依据海德格尔在不同文本中的讨论，世界根据指向的是揭示世界之为世界（世界性），揭示世界的可能性条件和存在根据。因此，尽管依据传统哲学观念，这种世界根据与世界的关系有可能在根本上被误解和错失，但是它在某种意义上仍属于存在论层次的概念意义。根据这样一种意义，世界的图像化就不仅发生在存在者层次，而且发生在存在论层次。也就是说，图像化并不仅仅展现为世界在存在者层次的一些变化，而是触及我们关于存在者之存在本身的把握和理解，触及我们关于世界之世界性的把握和理解，触及我们关于真理之本质的把握和理解。

当然，在《世界图像的时代》中，海德格尔关于"世界"概念的规定和理解在很多关键性方面仍然延续着《存在与时间》中的规定和理解。如果考虑到我们整个研究中所使用的"世界的图像化"这一概念的内涵，在这里，我们尤其需要提示其中的两个方面：第一个方面涉及理解世界的恰当视角或条件，第二个方面则涉及世界在有关"自我"① 的规定中发挥的作用。

就第一个方面而言，在《世界图像的时代》的附录五中，海德格尔指出，"正如我在《存在与时间》一书中所阐发的那样，世界概念只有在'此-在'（Da-sein）的问题的视界内才能得到理解；而'此-在'的

---

① 如同"世界"概念一样，"自我"在西方哲学史上是一个极具歧义性的概念。很多时候，我们习惯于将其理解为诸如笛卡尔"我思"那样的主体。但在本书中，我们在使用"自我"概念时，并不指涉这种理解，而是仅仅依据形式意义将其用来指涉"我"所是的那种东西或形象。依据这种形式性的理解，一方面，我们会将哲学史上出现的关于"我"之形象或本质的众多规定——例如笛卡尔的"我思"主体、康德的先验主体、海德格尔的此在、亨利的生命、马里翁的沉醉者（l'adonné）——都视作有关"自我"的规定；另一方面，我们不会通过"自我"概念来将某种实质性的、确定的既定形象或本质赋予"我"或个体，而是保持这种形象或本质的开放性，或者更恰当地说，将这种形象或本质视作有待我们去探究和争取的东西，而不是视作在既有的哲学观念中已经被我们获得的东西。实际上，我们之后的讨论在很多时候就属于或者关联于有关"自我"的这种探究。

问题又始终被嵌入存在之意义（而非存在者之意义）的基本问题之中了"①。在这里，海德格尔明确揭示了在理解世界的视角或条件方面，《世界图像的时代》对《存在与时间》的延续性。根据海德格尔的讨论，我们其实可以界定出两个层面：其一，对"世界"概念的恰当理解需要依据此在问题的视角，或者说，需要以对此在问题的恰当处理为条件，在某种意义上，此在问题在有关世界的把握和理解中发挥了核心作用。其二，此在问题之所以能够充当这种恰当视角或条件，之所以能够发挥这种核心作用，并不是因为此在像人们通常认为的那样总是作为一个主体，而是因为它总是与存在之意义问题本质性地关联在一起，并被嵌入这一问题中。因此，在这里我们可以说，真正决定世界能否得到恰当把握和理解，决定世界现象能否本真显现的东西，是存在之意义问题；或者说，在最终意义上，存在之意义才是理解世界的恰当视角或条件。我们只有从存在这一视角出发，才能够把握住本真意义上的"世界"概念，才能够把握世界之世界性。

实际上，存在问题作为理解视角的这种最终决定性在海德格尔晚期关于世界的讨论中益发凸显出来。如果考察一下海德格尔晚期的相关文本，我们将会发现，一方面，在把握和理解本真意义上的"世界"概念方面，此在所发挥的作用越来越被去中心化，即此在从一种主导性的核心要素逐渐蜕变成众多要素（天、地、神、人）中的一个，尽管也是一个不可或缺的要素；另一方面，存在却一如既往地充当着把握和理解世界的最终视角，或者说，有关世界的问题最终指向的还是存在之意义问题，只有从存在之意义问题出发，世界现象才能够本真地现身。因此，对于海德格尔的"世界"概念来说，真正一以贯之且具有决定性作用的

---

① 海德格尔：《世界图像的时代》，载《林中路》（修订本），孙周兴译，第102页。译文有改动。

理解视角恰恰是存在问题。①

然而，正是在这里，我们需要在"世界"概念的理解上与海德格尔保持一定的距离。这一距离主要来自马里翁对海德格尔的质疑和批判。在其有关现象之现象性等一系列问题的讨论中，马里翁明确批判了海德格尔的上述观念。在马里翁看来，首先，虽然海德格尔一再强调，此在已经超越传统意义上的主体，但是就其实质而言，以此在为核心而展开对所有现象之现象性或意义的探究，最终滑向的仍然是主体化方向，进而仍然会压抑现象自身显现的自主性；其次，更为重要的是，存在的意义只是现象本身众多可能的意义之一，而不是唯一可能的意义，实际上，在存在之外，现象还会向我们传送众多其他的本真意义或呼唤，例如，上帝的呼唤、爱的呼唤、他人的呼唤等，它们同存在的意义或呼唤一样都具有本真的效力和力量，而如果将存在的意义作为理解现象之现象性的最终视角，那么现象本身的意义可能性将会受到压抑和限制，它将不再能够像海德格尔对现象所做的形式定义那样就其自身显示自身。②

---

① 海德格尔晚期关于世界的讨论，参见海德格尔的《筑·居·思》《物》（两者载于海德格尔：《演讲与论文集》，孙周兴译，生活·读书·新知三联书店，2011，第152-171、172-195页）、《语言》《语言的本质》[两者载于海德格尔：《在通向语言的途中》（修订译本），孙周兴译，商务印书馆，2004，第1-28、146-213页]、《泰然任之》《〈明镜〉记者与马丁·海德格尔的谈话》[两者载于海德格尔：《讲话与生平证词（1910—1976）》，孙周兴、张柯、王宏健译，商务印书馆，2018，第619-632、780-811页]等文章。有关海德格尔"世界"概念从早期到晚期演变历程的简明梳理，参见俞吾金：《海德格尔的"世界"概念》，《复旦学报（社会科学版）》2001年第1期。

② 海德格尔对现象的形式定义为：现象就是"就其自身显示自身者，公开者"[海德格尔：《存在与时间》（修订译本），陈嘉映、王庆节译，第34页]。马里翁对海德格尔的具体批判，参见 Jean-Luc Marion, *Dieu sans l'être*；Jean-Luc Marion, *Réduction et donation*（中译本见马里翁：《还原与给予——胡塞尔、海德格尔与现象学研究》，方向红译）；Jean-Luc Marion, *Étant donné*；Jean-Luc Marion, *Certitudes négatives*；Jean-Luc Marion, *The Reason of the Gift*；Jean-Luc Marion, *Figures de phénoménologie*；Jean-Luc Marion, *Reprise du donné*；马里翁：《笛卡尔与现象学——马里翁访华演讲集》，方向红、黄作主编，生活·读书·新知三联书店，2020；等等。完整阐释马里翁对海德格尔的批判，将是一项十分复杂的任务，同时也超出了本书的主题，在此，我们仅限于就"世界"概念的理解问题指出其中的一些核心要点。不过在本书的第五至七章，我们将结合具体问题更为详尽地分析马里翁相关批判的内在逻辑和机制。

以上述批判为基础，马里翁抛除了存在问题的最终决定性，而依据这种抛除，对"世界"概念的恰当界定将不再是存在者整体，而是现象学意义上的现象整体。与之相应，世界所内含的存在者层次和存在论层次的意义将不再恰当地展现为存在者与存在的区分，而形式性地展现为现象与现象性的区分。由于马里翁的理论观念本身就是我们整个研究所要讨论的核心内容之一，所以基于他的上述批判，为了保证概念本身的恰当性和涵盖性，我们在使用"世界"概念并分析"世界的图像化"时，并不能如同海德格尔那样将存在问题界定为理解世界的最终视角，而是需要保持这种视角的开放性，进而保持世界在本真意义方面的开放性；同时，我们也需要更为形式性地依据现象整体来理解存在者整体或世界，依据现象与现象性的区分来理解世界所具有的存在者层次和存在论层次的意义。

就第二个方面即世界在规定"自我"时发挥的作用而言，前面我们已经指出，在《存在与时间》中，此在的基本建构被界定为"在世界之中存在"，世界被视作此在基本建构的一个核心要素或环节，有关此在之本质的规定必然包含着世界要素，此在本质上必然是世界性的，必然是在一个世界中展开其自身，或者说，此在必然是超越的。世界在"自我"（此在）之规定中发挥的这种关键性作用，在海德格尔之后关于"自我"（此在）和"世界"的讨论中一直延续下来。即使在其晚期，当此在（自我）逐渐失去其在理解和规定"世界"概念所具有的核心地位时，世界对于我们理解此在（自我）来说所发挥的作用仍然是关键性的。

海德格尔关于世界与自我之关系的上述规定对之后的现象学产生了深刻影响，同时也引起了很多现象学家的激烈批判，其中就包括亨利。在对自我等问题进行讨论时，亨利明确指出，自我实质上是作为生命（la vie）而存在，而这种生命就其本质而言是内在的，而不是超越的，它的显现方式是自身感发（l'auto-affection），而不是异质性感发（l'hétéro-affection），并且这种自身感发构成异质性感发的基础和可能性条件。

以此为基础，在亨利看来，尽管世界之意义需要回归到作为生命的自我才能得到澄清，但是作为生命的自我本身的本质却只能依据自身的情动得到规定，而不能依据超越的世界得到规定，我们在将世界规定为自我的本质性要素时，实际上已经错失作为生命的本真自我，已经将自我本身异化乃至野蛮化了。正是以上述现象学洞见为核心，亨利发展出其独具特色的生命现象学。① 在这里，由于亨利的理论观念本身同样是我们整个研究和阐释的核心组成部分，所以我们在使用"世界"概念并分析世界的图像化时，同样不能像海德格尔那样将世界规定为自我的本质性要素，或者说，不能将自我之本质理所当然地界定为超越的或世界性的，而是需要保持自我之本质的开放性。实际上，依据亨利的观念，世界这个概念已经不再能够构成存在者整体或现象整体的恰当名称，而对图像化这一实事的恰当表述也不再是世界的图像化，而应该是存在者整体的图像化或现象整体的图像化，并且在这种图像化中，最为根本的将是生命的图像化。

至此，我们终于依据海德格尔、亨利和马里翁的讨论对世界概念进行了某种意义的澄清，进而以此为基础，对世界的图像化这一概念也有所领会和规定。根据这种澄清，在使用世界概念时，一方面，我们延续海德格尔和马里翁的规定，将世界理解为存在者整体或者现象整体，并且既从表层的存在者层次或现象层次来理解它，也从深度的存在论层次或现象性层次来理解它；另一方面，我们也基于亨利和马里翁的批判，保持理解世界的恰当视角的开放性以及世界与自我之本质关系的开放性。以这种世界概念为基础，世界的图像化将展现为存在者整体或现象整体的图像化，展现为表层的世界和深层的世界性的图像化，或者说，展现为表层的存在者或现象和深层的存在或现象性的图像化，因而，它

---

① 亨利对上述观念的讨论基本上遍及他的每一部著作，鉴于在导论中我们已经对亨利的主要理论著作进行过列举，在这里我们就不再列举具体的著作。实际上，从不同层面、视角以及关联不同话题对上述观念进行论证和阐释，构成亨利生命现象学的最为核心的任务之一。在本篇的后续部分以及下篇第四章中，我们将结合图像的具体问题来详尽阐释亨利相关观念的具体理论逻辑。

在本质上触及我们关于存在者之存在的把握和理解，或者更恰当地说，关涉我们关于现象之现象性的把握和理解。

那么，到底什么是图像化呢？这种图像化是如何具体展现出来的呢？这就涉及对"图像化"这一概念之内涵本身的理解，而这种理解将直接关涉"世界的图像化"概念的实质性内涵。

二、图像的解放及其神话

正如前面所讲到的，彻底澄清图像化本身的内涵，既关涉图像化在显象层面的具体表现，又关涉它的深层机制、基础、意义等，而这实际上已经构成我们整个第一部分的核心任务。在这里，首先我们需要对其显象层面的具体表现进行一番探究。

在探讨图像化的问题时，马里翁曾指出，在当代社会，一如人们一直期待和要求的那样，"图像获得了解放"[①]，成为自由的图像。也就是说，在图像化的时代，图像具有一种解放和自由的外观。综合马里翁、亨利等人的讨论，我们可以从如下两个层面来理解图像所具有的这种解放和自由的外观。

其一，图像的解放和自由呈现为图像的爆炸式增长与扩张。在传统的社会机制中，图像总是被限定在特定的领域或范围内。首先，就其生产而言，图像是有限制的。一方面，由于社会、经济、政治地位等的限制，并非所有人或所有事物、事件都有权进入图像中，都有权以图像的方式显现。另一方面，由于图像这一显现方式本身的特性和限制性，纵使很多事物、事件等具有足够的权力进入图像式显现，人们仍被禁止使用图像来表象这些事物、事件等，或者说被禁止为这些事物、事件等造像。例如，在基督宗教的观念中，作为全知全能全善的东西，上帝就其

---

① Jean-Luc Marion, *La croisée du visible*, p. 85.（中译文见马里翁：《可见者的交错》，张建华译，第67页。译文有改动。）

权能而言，肯定具有进入图像的权力，但是，由于图像本身是可见的，而上帝又是绝对的不可见者，所以对于图像是否能够恰当地表现上帝以及信徒是否能够为上帝造像等问题，基督宗教一直存在着非常激烈的争论，以至于在西方基督宗教的漫长历史中，总是一再出现图像的禁令，甚至一再发生捣毁圣像的运动。其次，就其获取而言，图像同样是有限制的。一方面，并非所有人都有权获取图像，或者说，在传统社会机制下，图像并非对于所有人来说都是普遍可通达的。另一方面，纵使某人具有获取图像的权力，这种获取仍然具有时间和空间上的限制，换句话说，有权获取图像的人并非在任何时间和任何地方都能将这种权力付诸实践，进而使对图像的获取从可能走向现实，而是只有在特定的时间和特定的空间，才能现实地获取图像，观看和凝视图像。总而言之，在传统社会中，无论是图像的生产，还是图像的获取，都是被限制的，图像的生产或获取在很多时候甚至构成特权的表现形式之一，或者构成某种禁令或禁忌。与图像的这种限制性相应，在传统社会机制下，图像本身在数量上是有限的，它只存在于特定的时间和特定的空间，它的存在在某种意义上构成社会的一种例外。

与传统社会机制下图像所具有的限制性相反，在当代社会，图像则似乎摆脱了原有的众多条件或禁令的限制。一方面，在数量上，图像以前所未有的速度在爆炸式增长，并弥漫和普遍存在于社会的各个层面。在这种状态下，看见图像已不再是一种例外，相反，看不见图像反而成了一种例外。另一方面，就其生产和获取而言，图像既不再是某些人或某些事物、事件的特权，也不再有受限定的领域或范围，而是普遍地扩张到所有人和所有事物、事件。换句话说，不管某些人或某些事物、事件在传统社会机制下是否由于各种原因而不能为图像所通达，现在它们都在不断进入图像式显现，不断成为图像，同时也在不断观看和凝视图像，图像已经普遍进入曾经的禁忌之所，进入普通大众的日常生活，并渗透进日常生活的每个角落和瞬间。

其二，图像的解放和自由更为根本地呈现为图像超越了与正本

(l'original) 的本质性关系，而成为自治的图像。图像的自主化或自治化构成当代社会图像解放的更为核心的表现。亨利在《野蛮》一书中谈到电视时指出，电视图像这种当代社会的典范性图像具有一种自治的外观。① 不过，亨利在此书中并未对这种外观的具体表现进行详尽分析，而是侧重于揭示它的可疑性。而马里翁在其专论图像的重要论文《西罗亚的盲人》("L'aveugle à Siloé") 中，则从图像与正本的关联出发，对这种自治的外观进行了具体分析，进而揭示了当代社会的图像解放，他指出，"图像的解放恰恰就在于它摆脱一切正本而得到解放；图像自在自为地具有价值"②。那么，如何理解这一点呢？

在其传统运作中，图像总是与某个正本处在一种本质性关系中，它依据这种本质性关系而运作起自身。依据这种运作，图像被认为起源于正本，它是对正本的模仿，而且作为摹本，它在其运作中需要指涉和回归正本。与此同时，在传统观念中，图像并不就其自身而言就具有价值，它既不能为自身提供存在的理由和意义，也不能为自身提供可理解性的原则，而是需要从它模仿的正本那里获取这些价值、理由、意义和原则等。例如，柏拉图曾在《理想国》中明确指出，画家绘制的图像只是一种模仿，它就其自身而言并不具有真理性，而只能从理念那里分有真理。③

与这种传统运作相反，马里翁指出，在当代社会中，获得解放的图像不再依据与正本的关联而运作起自身。首先，它既不源自自身之外的任何正本，也不回归这种正本，而是封闭对自身之外的任何正本的指涉。其次，它不再从自身之外的正本那里获得自身的价值以及自身存在的理由和意义，不再依据自身之外的任何正本来理解自身，而是自身就赋予自身价值和意义，自身就为自身的存在奠基，同时依据自身就能够

---

① 参见 Michel Henry, *La barbarie*, p. 188。
② Jean-Luc Marion, *La croisée du visible*, p. 87.（中译文见马里翁：《可见者的交错》，张建华译，第 69 页。译文有改动。）
③ 参见柏拉图：《理想国》，郭斌和、张竹明译，商务印书馆，1986，第 387–393 页。

理解自身。最后，以前述两点为基础，在当代社会中，获得解放的图像将会实现一种篡夺，即图像将会篡夺传统图像运作机制中正本所具有的地位，并让正本落入不可见性的晦暗中，从而使自己成为独一无二的正本。马里翁讲到，在摆脱了正本的情况下，图像就获得了自治的外观，成为自治图像，它看起来不再受限于正本，而是自我生产、繁殖、扩张，进而渗透进个体与社会的各个侧面。

图像所具有的解放和自治的外观，构成当前时代世界的图像化在显象层面的表现，而与该表现密切相关的是，这种图像化是与现代科学和技术密切关联在一起的。无论是海德格尔，还是亨利和马里翁，都关注到了图像化与现代科学和技术的关联，并对这种关联进行了不同程度的理论分析。根据他们的讨论，首先，现代科学和技术的发展在某种意义上构成图像化的可能性条件。马里翁曾明确指出，"当代的技术"① 使具有解放和自治的外观的图像成为可能。亨利也曾讲到，电视图像"属于技术的世界，也就是说属于科学的世界"②，而这种归属的第一个表现就在于，电视图像的运作依赖于科学和技术为其准备的"技术手段"③。就现实经验而言，图像化与科学和技术的这种关联实际上并不难理解。只要对当代社会的演进历程有所了解，我们就会发现，科学和技术的进步，尤其是与图像的生产、处理、传播等有关的科学和技术的进步，总是伴随着图像本身的解放和扩张，它们为这种解放和扩张扫清各种障碍、限制，并为其提供推进其自身的各种手段、标准等，从而为这种解放和扩张创造条件。可以说，如果没有科学和技术的发展，当前时代所发生的图像的解放和扩张就是不可想象的。

其次，图像化的运行机制和本质与现代科学和技术的运行机制和本质具有同构性。根据亨利的讨论，科学和技术为电视图像提供"技术手

---

① Jean-Luc Marion，*La croisée du visible*，p. 86.（中译文见马里翁：《可见者的交错》，张建华译，第68页。）
② Michel Henry，*La barbarie*，p. 187.
③ 同上书，第187–188页。

段",这构成两者共属性关联的表现形式,但却并不是唯一的和关键性的表现形式;对于两者的关联来说,真正关键性的表现形式在于,科学和技术与电视图像在运行机制和本质方面是同构的。① 亨利讲到,电视图像是科学和技术之目的与实践的典范性呈现形式,"电视是技术的真相"②。关于这一点,我们也能从海德格尔的讨论中获得某种程度的确认。如前所述,在海德格尔看来,世界的图像化"标志着现代之本质"。而根据他的讨论,这个现代又具有一系列根本性现象,其中就包括现代科学和机械技术。就现代科学而言,海德格尔指出,如果我们通过考察现代科学的本质,成功地揭示出为这种本质建立基础的东西,换句话说,"成功地探得了为现代科学建基的形而上学基础,那么,我们必然完全可以从这个形而上学基础出发来认识现代的本质"③。因此,在他看来,对现代科学之本质的考察构成我们通达现代之本质的路径。就机械技术而言,海德格尔曾说:"机械技术始终是现代技术之本质迄今为止最为显眼的后代余孽,而现代技术之本质是与现代形而上学之本质同一的。"④ 因此,对机械技术以及整个现代技术之本质的考察同样可以充当通达现代之本质的路径。

当然,相比于现代科学和技术推动了当代社会的图像化,并构成其可能性条件,现代科学和技术与图像化在运行机制和本质上的这种同构性并不那么容易让人理解。因为看似很明显的是,在现代科学和技术的运作与当代社会的图像化运作之间,存在着很多极易辨识的差异。例如,亨利在讨论这种同构性时就指出了两者之间的一个重要差异,即现代科学和技术以"精炼的知识"而著称,以电视图像为代表的当代图像则似乎给人以"无知和粗鲁"的印象。⑤ 因此,有待我们进一步追问和揭示的是:在这些极易辨识的差异之下,当代社会的图像化与现代科学

---

① 参见 Michel Henry, *La barbarie*, p. 188。
② 同上书,第 190 页。
③ 海德格尔:《世界图像的时代》,载《林中路》(修订本),孙周兴译,第 78 页。
④ 同上书,第 77 页。
⑤ 参见 Michel Henry, *La barbarie*, p. 187。

和技术的那种同构性的运行机制和本质到底是什么呢？这也构成我们后文讨论的问题之一。

总而言之，在当代社会中，一方面，图像化在显象层面表现为图像的解放，而依据这种解放，图像呈现出爆炸式扩张趋势，并获得了自治的外观，成为自治图像；另一方面，这种以图像的解放为其表现形式的图像化与现代科学和技术具有深度的同盟关系，尤其是两者在运行机制和本质上具有同构性。实际上，与图像化在显象层面的上述表现相应，即与图像的解放相应，在当代社会中，我们还能识别出一种关于图像的神话，即将世界的图像化视作一种值得庆祝和赞颂的积极发展，认为图像的解放本身既能够推动社会的进步，同时又是社会进步的表征。依据这种图像神话的逻辑，不仅世界的图像化展现为图像本身的自我解放，而且获得解放的图像还能推动图像之外的其他现象的解放。对于这样一种神话，马里翁进行了较为详尽的描述和分析，他指出，在当代社会，人们普遍认为获得解放的图像能够"促进自由、平等、博爱"①，换句话说，世界的图像化能够推动现代性理想的实现。根据马里翁的讨论，我们至少可以从如下三个层面来理解这种神话：

第一，图像将知识、信息、艺术甚至神圣事物等都公开显示出来，使人们不再因社会地位、空间、时间等的限制而无法通达它们。更一般地说，通过图像化的运作，所有那些普遍可欲的东西和具有正面价值的东西都将被置于光亮中，对于所有人来说，它们都将变得可见。以此为基础，通达和获取它们一方面将不再是某些人的特权，而是属于所有人的权力；另一方面，也不再属于例外状态，而是人们的日常状况。简而言之，所有人都将能够超越原有机制和秩序所强加的限制，自由而平等地通达和获取这些东西。以此为基础，一个自由而平等的社会前景似乎将会向我们展现出来。

---

① Jean-Luc Marion, *La croisée du visible*, p. 85. （中译文见马里翁：《可见者的交错》，张建华译，第 67 页。）

第二，图像似乎能够满足个人全方位的需求，进而推动个人和社会的全面发展。一方面，图像能够通过其提供的全方位的知识、信息等来培养和提升每个人的素养，进而使个人成为具有教养的个人，使社会成为文明的社会。另一方面，图像还能够为所有人提供娱乐，公开显示并满足他们的各种欲望。在此基础上，个体的欲望本身似乎不再像在传统机制和秩序下那样总是作为被压抑和被禁止之物，总是沉潜在不可见的深渊中的东西，而是进入可见性之中，并得到普遍的接受和满足；社会的发展似乎也不再以个体欲望的压抑为代价，而是走向对个体欲望的正视与肯定。简而言之，无论是惯常观念中的高雅的需求，还是惯常观念中的日常化乃至低俗的需求，在图像化的运作中都能够得到恰当的处理和满足，因此，图像化的运作似乎为个人和社会提供了超越片面化的压抑机制而进入全面发展的契机。

第三，图像似乎能够在某种意义上解决主体间性的难题，进而"把人们聚集起来"[①]。在惯常的生活秩序中，由于时空距离等的限制，我们能够接触到的他人总是有限的。实际上，总是存在着大量我们无法触及的他人，对于他们，我们不知道任何事情，也不能给予任何关怀。在这个意义上，他们对于我们来说是绝对不可见的。然而，在当代社会中，获得解放的图像则能够将那些远离我们的陌生者显示给我们，让我们能够关注到他们的境遇，让我们能够关爱他们，进而加强所有人的关联和沟通，让所有人都更紧密地生活在一起。由此，图像化的运作似乎使真正意义上的博爱的可能性向我们显现出来。

至此，我们终于依据海德格尔、亨利和马里翁的分析，较为简略地界定出当前时代的图像化在显象层面的具体表现（图像的解放）以及与这种表现相应的图像神话。然而，在这里我们需要提出一系列问题：如果说当前时代的图像化呈现为图像的解放，尤其是图像超越正本而成为

---

① Jean-Luc Marion, *La croisée du visible*, p. 85. （中译文见马里翁：《可见者的交错》，张建华译，第 67 页。）

自治图像，那么这种图像到底是依据怎样的运作逻辑而实现这种解放的呢？在这种运作逻辑下，图像的现象性本质和可见性逻辑到底是什么呢？依据这种运作逻辑，图像化及其背后的图像神话到底具有怎样的效应呢？图像所获得的解放和自治的外观到底是不是真正的解放和自治呢，或者说，这种外观就其实质而言到底是什么呢？我们到底应该如何理解世界的图像化与现代科学和技术在运作机制和本质上的深层同构性呢？所有这些问题都穿透表层显象而触及世界图像化的真正内核，而接下来，我们就分别进行讨论。

第二节　自治图像的运作逻辑

在亨利和马里翁写作相关文本的时期，电视经过几十年的发展已经风靡全球，并在社会的各个领域显现出其深刻影响，可以说在当时，世界的图像化在电视图像那里得到了典范性的呈现，或者如马里翁所说，"图像的自负特别是由电视的发展所标记的"[①]。因此，无论是亨利还是马里翁，都主要以电视图像为例来对自治图像的运作逻辑进行具体分析。综合两者的分析，我们可以从图像的生产方式、生产处所、生产标准等各个层面来具体揭示这种运作逻辑，进而在某种意义上理解当代社会图像解放的实质。

一、自治图像的非连贯性、表面性与流动性

根据亨利和马里翁的分析，以电视图像为代表的自治图像在生产方

---

① Jean-Luc Marion, *La croisée du visible*, p. 88. （中译文见马里翁：《可见者的交错》，张建华译，第 69 页。译文有改动。）

式上完全不同于传统图像①，而且，正是凭借这种生产方式，图像摆脱了作为正本的实在世界，进而获得了解放和自治的外观。关于这种生产方式，我们可以依据两者的讨论，界定出几个核心原则。

让我们从亨利的相关讨论来开始对自治图像之生产方式的分析。亨利讲到，电视的本质在于新闻（l'actualité），而"除非在非连贯性（l'incohérence）和表面性（la superficialité）的双重条件之下，否则没有什么东西能够进入新闻中"②。那么，如何理解这些条件呢？

我们首先来看非连贯性。根据亨利的讨论，我们可以从两个层面来揭示电视图像的非连贯性。其一，电视图像在实在性方面是非连贯性的。众所周知，电视图像以及整个自治图像从来都不是完全写实的。如果按照传统的再现观念对电视图像的内容进行辨识的话，我们就会发现，虽然有很大一部分电视图像（例如新闻、纪录片等）看似是在再现实在世界中发生的事件，进而通过这种再现维持着与实在世界的关联，并被指认为是实的或真实的图像，但是，更大一部分电视图像（例如电视剧）实际上并未进行这种再现，相反，它们更多是虚拟性的创造，因此从内容来说，它们是虚幻的和非实在的。而且，纵使在再现实在世界时，电视图像也并不是完全在直接进行传统意义上的客观反映和呈现，而是总在进行某种程度的修饰、编造等；也就是说，哪怕是那些被指认为实在或真实的图像，其实在性或真实性也并不是完全纯粹的，而是总与非实在性和虚幻性纠缠在一起。因此，整体而言，整个电视图像在内容上就是真实与虚假、实在与非实在的交织，它们在实在性方面并

---

① 根据马里翁的讨论，我们可以根据运作逻辑的差异，将图像分为传统图像和自治图像。其中传统图像维持着与作为正本的实在世界的回涉关系，一般而言，它既包括我们在通常意义上所理解的绘画、照片等静态图像，也包括电影、戏剧等动态图像；自治图像则封闭了对作为正本的实在世界的指涉，它以电视图像为代表。同时，需要特别注意的是，某种图像所归属的图像类型并不是固定的，同样的图像，依据它所置身的运作逻辑，可以成为不同类型的图像。例如，在通常意义上，照片是典型的传统图像，因为它是某人或某物的再现，但是一旦置身于电视或网络等环境中，它就会以完全不同的方式运作，进而成为自治图像。

② Michel Henry, *La barbarie*, p. 196.

不是连贯、统一或一致的。①

其二，纵使我们假定电视图像在再现实在世界的现实事件、人物或事物时是完全纯粹客观的，电视图像在这些事件、人物或事物的组合上也是非连贯性的。亨利指出，"在此时此处且回荡在整个世界的东西实际上就是这整个世界，是诸事件、诸人物和诸事物的总体"②。以此为基础，所有事件、人物或事物并不是孤立的，而是处于实在性的连贯关系中，同一事件、人物或事物在不同的关系中可以显现出不同的意义。我们要想获得某个事件、人物或事物的实在意义，就不仅需要把握其本身的内容、结构等，还需要把握其所归属的整体关系，或者说，需要将其置于其所归属的实在性的连贯关系中进行理解。然而，电视图像在再现实在世界的现实事件、人物或事物时，却不是将它们所归属的这些连贯关系完整地呈现出来，而是将它们从这些连贯关系中抽离出来，使它们孤立化，进而将来自不同时间、不同空间的孤立的事件、人物或事物组合在一起。例如，在一档新闻节目中，我们在某时刻看到的是非洲的饥荒，下一时刻画面就闪现到欧洲足球锦标赛的现场，再下一时刻可能就是华尔街的金融新闻画面，而在整档新闻之后，来自 20 世纪六七十年代的美国总统竞选画面可能就出现在我们眼前。显而易见，在所有这些事件、人物或事物的组合中，我们很难看到连贯的实在关系，或者说，电视图像在事件、人物或事物的组合上是非连贯性的。

实在性方面的非连贯性和事件、人物或事物组合上的非连贯性构成电视图像非连贯性生产的双层意义。凭借这种非连贯性的图像生产，电视图像实现了实在与非实在的双重转化。一方面，电视图像实现了实在的非实在化。在电视图像的生产中，由于实在与非实在的交织，尤其是

---

① 需要特别指出的是，对于亨利来说，实在性层次的非连贯性集中体现在电视图像与生命的背离上，体现在电视图像与生命的不统一和不一致上，因为在亨利看来，生命才是最终意义上的实在，相关讨论参见 Michel Henry, *La barbarie*, pp. 192-193. 此外，关于亨利对实在的规定，参见陈辉:《实在、个体与生命——米歇尔·亨利对马克思的现象学解释》,《教学与研究》2020 年第 5 期。

② Michel Henry, *La barbarie*, p. 195.

由于电视图像在再现实在的现实世界时所进行的修饰，同时也由于电视图像对实在性的连贯关系的抽离和对实在世界的现实事件、人物或事物的孤立化，经由电视图像再现的事件、人物或事物已经不再是那些处于实在世界的现实事件、人物或事物本身，或者说，它们已经失去自身所具有的实在性意义，由此而被非实在化了。另一方面，电视图像又实现了非实在的实在化。在电视图像中，实在被非实在化了，但是观者在观看电视图像时，这个被非实在化的实在又往往被指认为实在本身，被视作对实在的现实世界的客观再现，由此非实在获得了实在的地位。而且更为重要的是，由于在电视图像的生产中，所谓的客观真实的再现与虚幻性的创造、实在内容与非实在内容交织混杂在一起，并相互渗透、难分彼此，所以哪怕是那些与实在的现实世界没有任何关联的虚幻性创造和非实在内容，往往也会被观者误认为是对现实的反映，甚至被误认为是对现实本质的反映，于是由此就获得了实在的外观，实现了自身的实在化。

以对实在的非实在化和对非实在的实在化为基础，电视图像模糊了实在与非实在、真实与虚幻的边界，使观者不再能够对两者进行有效辨识，进而也封闭了观者同作为正本的实在世界的关联，使他们不再能够穿透图像而回涉这个正本。与此同时，电视图像还凭借自身的运作而再造出整个实在，篡夺了实在世界的实在性，进而取代了作为正本的实在世界的地位，将自身确立为独一无二的实在，确立为独一无二的正本。由此，我们可以说，非连贯性原则构成电视图像以及整个自治图像生产的第一个核心原则。

与非连贯性相关，在亨利的讨论中，电视图像所具有的另一个条件和原则是表面性。就其意义而言，表面性是与深度对立的一个概念。在传统的图像生产逻辑中，图像总是被要求尽可能地接近和再现实在，接近和再现真正意义上的真、善、美，并且凭借自身的再现和力量尽可能地引导观者走向真、善、美，因为它的本质就被界定为再现，并且它也需要通过上述再现和引导而确立起自身的意义与价值。由此，图像在自身的生产和运作中承担起了实在性的重负，它被赋予了神圣而严肃的形而上学、伦理、宗教、美学等目的，并通过自身的生产和运作而服务于这些目的的实现。以此为基础，图像需要尽可能地穿透现实世界表面显象的多样性迷雾，而走向实在的深层本质，走向真、善、美的意义深度。

与上述深度模式的传统图像生产相反，电视图像以及整个自治图像的生产是以表面性模式为主导。在这种模式下，图像不再以接近和再现实在的意义深度与价值深度为旨归，而是走向浅表化的娱乐性。它们不再是严肃的，而是快乐、随性、诙谐的；不再是沉重的，而是轻松、惬意乃至轻佻的；不再是神圣的，而是日常的和世俗的。以之为基础，一方面，电视图像以及整个自治图像被免除了实在性的重负，被切断了与作为正本的实在世界的关联，而成为图像的自由游戏；另一方面，它们也使观者免除了实在性的重负，免除了真正思考的需要，免除了向深度跃进的需要，并以其快乐、轻松、随性、惬意等娱乐性的独特魅力而吸引了观者的凝视，进而让观者沉溺于这些图像的自由游戏中，不再有回涉作为正本的实在世界的需要。由此，表面性原则构成电视图像以及整个自治图像生产的第二个核心原则。

除了非连贯性和表面性之外，亨利在相关分析中还尤为突出地揭示出电视图像所具有的流动性。① 他指出，"电视是图像的游行，并且这种连续遵循着狂热的步伐"②。具体来说，如果对电视的运作稍做考察，我们就会发现，整个电视节目最终向观者呈现的东西可以说是一条永不停息的图像河流。在这条河流中，一个图像在某个瞬间浮现出来，它取代了前一个瞬间的图像，然而在下一个瞬间，它便需要走向消亡，以便让位于新的图像，而新的图像又在下一个瞬间让位于其他新的图像。在

---

① 需要指出的是，在分析电视图像及其所归属的技术系统的整个机制时，亨利提到了电视图像的很多生产原则和特征。在这里，我们仅限于讨论其中最为重要且最为核心的非连贯性、表面性和流动性原则。亨利的相关分析，参见 Michel Henry, *La barbarie*, pp. 165 - 199, 242 - 247。

② 同上书，第195页。

这里，没有什么图像是常驻的，所有的图像都是永恒流动的，整个电视图像就在永恒地上演着图像浮现和消亡的流动游戏。在亨利看来，这种流动性对于电视图像来说并不是某种可有可无的任意原则和属性，相反，它属于电视图像的本质，"电视，它需要运动"①。

那么，这种流动性是如何推动了图像的自治化呢？根据亨利的讨论，流动性首先意味着电视图像在其深层实质上的无意义性。亨利指出，某个图像如果就其自身的实质而言就具有真正的意义和价值，就其自身的实质而言就承载着真正意义上的实在，那么它就不会是转瞬即逝的，而会保持自身的持驻性，会一再召唤观者对其反复观看。例如，达·芬奇的《最后的晚餐》虽然历经战争以及各种自然要素等的侵蚀，但却并未转瞬之间即被其他图像取代，而是一直存在于那里，吸引着人们的目光，进而甚至可以说获得了某种超时间的属性。与上述图像相反，电视图像是永恒流动的，这种流动性恰恰显示出，某个电视图像就其自身的实质而言是无关紧要的，它并不像伟大的绘画作品那样，在实质上自身就具有无可替代的真正的意义和价值，电视图像就其自身的实质而言是无意义的，它因这种无意义性而"注定要被另外的图像取代"②。

以这种无意义性为基础，亨利指出，电视图像对作为正本的实在本身具有消解和虚无化的作用。无论我们是像日常观念那样，将现实的经验世界界定为实在，还是如同亨利那样，将生命界定为最终意义上的实在，我们在使用电视图像来再现实在时，或者说，在将实在嵌入电视图像中时，实际上就是以不具有自身价值的无意义性图像及其流动来替代实在本身。由此，电视图像消解了实在本身所具有的意义和价值，消解了实在本身的持驻性和厚度，它让实在变成瞬时性的图像，变成虚无，在电视图像中，实在本身或者说"真实……就被还原成粗暴的事实，被还原成瞬时之物，以及因此被还原成消失与死亡"③。通过这种消解和

---

① Michel Henry, *La barbarie*, p. 194.
② 同上。
③ 同上。

虚无化，电视图像让自身的流动性游戏成为独一无二的可见者，让作为正本的实在本身消失不见，进而篡夺了作为正本的实在本身的地位，篡夺了实在本身的意义和价值，将自身变成独一无二的实在。以此为基础，电视图像再也无须回归和指涉作为正本的实在本身以获得其意义和价值，而是通过自身的流动性游戏就自在自为地具有了意义和价值的外观。

与对作为正本的实在本身的消解和虚无化相应，图像的流动性还实现了对观者凝视的冻结。对于观者的凝视来说，持续流动、无处不在的电视图像提供了永不停息且不断更新的持续刺激、诱惑等，它们既契合了观者的欲望，又不断激发着观者欲望的产生，同时，还能让观者通过对它们的观看而轻易地获得这些欲望的满足。以此为基础，它们捕获了观者的凝视，让观者不间断地沉浸在对它们的观看中，进而无暇回归作为正本的实在本身，同时也没有了回归实在本身的需要。在这里，电视图像通过流动性实现了一种悖论性的运作：电视图像是流动的，它们中的每一个在其实质上都不具有自身的意义和价值，都不能获得凝视的持驻；然而，正是通过这种流动性，电视图像让自身免除了向实在本身的回涉，消解了实在本身，篡夺了实在本身的地位，让自身在外观上自在自为地具有了价值，而且让凝视冻结下来，将凝视封闭在自己所呈现的图像川流中，并持驻于此。由此，流动性原则构成电视图像以及整个自治图像生产的第三个核心原则。

二、时空形式的盗用与系统化的筹划

非连贯性、表面性和流动性，是亨利在对自治图像的典范性代表电视图像进行现象学分析时揭示出来的三个核心生产原则。与亨利一样，马里翁对电视图像以及整个自治图像的生产方式等进行了细致且深入的考察，并从时空形式的运用出发，揭示了电视图像的生产原则以及这些原则如何促成了图像的自治化。

在《纯粹理性批判》中，康德曾经指出，作为纯粹的先天感性形式，时间和空间既是现象世界（我们的实在性的经验世界）的两个可能性条件，也是我们对现象世界进行经验的可能性条件。① 然而，与康德所指明的可能性相反，马里翁指出，电视图像在生产方式上正是通过对时间和空间两种形式的独特运用，篡夺了作为正本的经验世界的实在性，封闭了向作为正本的经验世界的回涉，进而使这个正本成为不可经验的不可见者。那么，如何理解这一点呢？

首先，我们来看电视图像对时间形式的运用。马里翁说："在电视序列中，图像（作为公开承认的虚构）与实在性之间的首要停顿——再现的时间——已经消失。"② 在经验世界中，时间是持续流动而不间断的，是无限制的，这种不间断的、无限制的时间在哲学上标志着我们经验世界的实在性。与实在性的经验世界的这种无限制时间相对，传统图像所显现的世界则总是具有一定的时间限制，例如，某幅画总是只显示某个瞬间，某场戏剧表演也不可能无限期地持续下去，而是必须在一定时间内结束。传统图像的这种被限制的时间就是再现的时间，它标志着图像所显现的世界的非实在性，进而标志着图像的非实在性。在马里翁看来，正是这种再现的时间使图像与作为正本的实在世界得以区分，并使图像总是需要回涉作为正本的实在世界。

然而，在电视图像中，图像与作为正本的实在世界的这种时间差异消失了。在电视图像中不再有时间的限制，电视节目总是在不间断地传送图像，它覆盖每一天的每一时刻，也就是说，电视图像中的时间如实在世界的时间一样，是持续流动而永不停歇的。在这里，电视图像盗用了实在性的时间，我们再也无法区分图像的时间和实在性的时间，从而无法区分非实在性和实在性。以此为基础，马里翁讲到，通过这种对时间形式的盗用，"电视就坦白了它的本质目标：在复制或者毋宁说是直

---

① 参见康德：《纯粹理性批判》，李秋零译，中国人民大学出版社，2004，第 56-81 页。
② Jean-Luc Marion, *La croisée du visible*, p. 89. （中译文见马里翁：《可见者的交错》，张建华译，第 70 页。译文有改动。）

接生产世界的现实性的过程中占有世界的现实性"①。由此，无限制的时间形式构成电视图像以及整个自治图像生产方式的第四个核心原则。②

其次，我们来看电视图像对空间形式的运用。我们在前面讨论电视图像生产的非连贯性原则时，尤其是在讨论电视图像在事件、人物或事物组合上的非连贯性时，实际上已经触及这种运用。从表面上看，诸如新闻、现场报道这样的电视图像在空间上似乎与实在性的空间保持着某种回涉性的意向关系，从而保持着与正本的某种关系。也就是说，这些图像指向实在世界的某些事件，或者说，它们将实在世界的某些事件给予我们。但是，马里翁指出，通过利用混杂的空间形式，电视图像封闭了向作为正本的实在世界回涉的可能性。在现实世界中，事件总是发生在一定的空间关系和意义联系中，这些空间关系和意义联系也是我们所栖居或者可能栖居的世界，正是在这样的世界中，我们才能够经验事件本身，接受和理解它们，回涉它们。但是，在电视图像中，事件却被从原有的空间关系和意义联系中抽离出来，而以一种十分混杂的方式被给予我们：一方面，它们在意义上是混杂而无联系的；另一方面，它们在地理来源上也是混杂而分散的。③ 也就是说，电视图像的空间并不是事件原初发生的空间，而是一种十分混杂的空间，电视图像通过这种混杂的空间形式而将众多毫无实在联系的事件拼贴在一起。这样一种空间既超越了我们实际上栖居的现实世界，也超越了我们可能栖居的现实世界。通过这样一种空间的运用，电视图像扰乱了我们现实世界的空间形式，使我们不再能够从图像本身呈现的东西回涉现实发生的事件本身，

---

① Jean-Luc Marion, *La croisée du visible*, p. 89. （中译文见马里翁：《可见者的交错》，张建华译，第 71 页。）

② 亨利在分析电视图像时，实际上也揭示了电视图像对实在性时间的盗用，只不过在他那里，这种实在性时间是主体性的生命力量的时间。相关分析参见 Michel Henry, *La barbarie*, pp. 190 – 194.

③ 参见 Jean-Luc Marion, *La croisée du visible*, p. 90. （中译本参见马里翁：《可见者的交错》，张建华译，第 71 页。）

理解它们的现实意义，而是只能停留在图像本身呈现的东西。因此，电视图像的空间形式取代了实在性的空间形式，进而封闭了正本。由此，混杂的空间形式构成电视图像以及整个自治图像生产方式的第五个核心原则。

至此，我们根据亨利和马里翁的分析，揭示了电视图像以及整个自治图像在生产方式方面的五个核心原则，即非连贯性、表面性、流动性、无限制的时间形式和混杂的空间形式。通过依据这些原则进行图像生产，电视图像以及整个自治图像将会在外观上显得是非连贯的、混杂的、表面化的、流动的、无所不在的等等。因此，有待我们追问的是：对这些原则的遵循和使用，尤其是对非连贯性原则、混杂的空间形式的遵循和使用，是否意味着在电视图像以及整个自治图像的生产中，对图像的选择和组织是任意的？

对于这个疑问，我们可以从海德格尔那里得到某种回应。在谈到"世界图像"中"图像"一词的意义时，海德格尔曾讲："'图像'……是指我们在'我们对某物了如指掌'这个习语中可以听出来的东西"①，"'我们对某事了如指掌'不仅意味着存在者根本上被摆到我们面前，还意味着存在者——在所有它所包含和在它之中并存的一切东西中——作为一个系统站立在我们面前"②。也就是说，世界的图像化并非以一种任意的方式展开，而是以一种系统化的方式展开。以此为基础，在整个图像的生产中，不同图像并不是被散乱、无序地简单并置在一起，而是被精心地组织在一起，进而构成一个系统。根据海德格尔的讨论，一方面，图像所构成的这个系统并不是某种只存在于思想中的关系，甚或某种思想幻觉，并不是某种只具有主观有效性的东西；相反，它存在于诸多图像本身之内，是具有客观有效性的东西，诸图像就其自身而言就构成和呈现为一个系统，"在世界成为图像之处，就有体系起着支配作用，

---

① 海德格尔：《世界图像的时代》，载《林中路》（修订本），孙周兴译，第90页。
② 同上书，第91页。

而且不只是在思想中起支配作用"①。另一方面，这个系统并不是以外在方式强加给图像，或者说，并不是外在于图像；相反，它内在于图像本身的整个生产和运作，属于图像的本质，"图像（Bild）的本质包含有共处（Zusammenstand）、体系（System）。但体系并不是指对被给予之物的人工的、外在的编分和编排，而是在被表象之物本身中结构统一体"②，可以说，系统化属于世界图像化之筹划的本质构成成分和原则之一。

就其实质而言，海德格尔对世界图像化之系统化原则的揭示并不限于我们当前所讨论的电视图像以及整个自治图像的生产，而是对包括这种生产机制在内的更为广泛的现代性之内在机制的揭示。然而，当前的自治图像的生产实践本身却正好契合并印证了海德格尔的相关讨论。只要对当前时代的图像生产稍做了解，我们就会发现，无论是在相对传统一些的电视图像的制作和传播中，还是在更为新兴的网络图像等的制作和传播中，无论是在专业性的图像生产中，还是在日常性的图像生产中，任何看似随意、混杂的图像显现（姿态、表情、情景等）都在一定程度上经过了精心且系统性的摆置、计算、剪辑、编织等，图像所展现的随意性本身也可以说是上述系统性的摆置、计算、剪辑、编织等的效果。这种随意性很多情况下会让图像显得更为真实、可信，进而使图像被指认为实在本身，并促进了图像向各个层面的渗透。在这个意义上，图像生产中的任何要素都被吸纳进整个系统中，被还原成系统的某个要素，进而屈从于系统的内在法则和结构，同时，众多服务于这种图像生产的系统理论话语也随之诞生出来。实际上，系统化原则不仅展现在我们有意识的图像生产行为中，而且内化于我们的观念深处，构成我们行为的未经批判的前见和原则。因此，在具体的图像生产实践中，无论我们是否自觉地遵守系统化原则，这个原则都在发挥着效应。正是基于上

---

① 海德格尔：《世界图像的时代》，载《林中路》（修订本），孙周兴译，第103页。
② 同上书，第102页。

述事实，在讨论到电视及其所归属的技术世界时，亨利同样也揭示了其所具有的系统性以及这种系统性对所有要素本身的吸纳、还原和同化；同时还指出，在这个系统内部，任何有关这个系统的评估、批判都是不可能的，"所有寻求对它进行评估的目光都将会被吸纳进它之中"①。由此，系统化原则构成电视图像以及整个自治图像生产方式的第六个核心原则。

当然，自治图像生产的系统化并不意味着自治图像必然会以我们传统观念所熟识的系统的外观呈现自身。在传统观念中，系统很多时候总是跟连贯性、意义、价值、深度、稳固性等关联在一起，而电视图像以及整个自治图像却具有非连贯性、表面性、流动性、混杂性的外观。实际上，在这里，电视图像以及整个自治图像的内在悖论性运作正好向我们显现出来：电视图像以及整个自治图像是非连贯的、表面的、流动的、混杂的，然而这种非连贯性、表面性、流动性、混杂性却并不是以任意的方式而实现的，相反，它们是系统化筹划的结果，是通过精心组织而实现的非连贯性、表面性、流动性、混杂性。

由此，我们终于根据相关分析界定出电视图像以及整个自治图像在生产方式上的六个核心原则：非连贯性原则、表面性原则、流动性原则、无限制的时间形式原则、混杂的空间形式原则和系统化原则。正是在依据这些原则而展开图像生产的基础上，电视图像篡夺了作为正本的实在本身，封闭了向正本的任何回涉，进而使自己成为独享实在性的正本。那么，这种图像生产的处所在哪里呢？对此，马里翁进行了揭示，他指出，电视图像的"实在性在电视屏幕（l'écran）上发现它唯一的现实性"②。根据他的讨论，屏幕在这里发挥着两种关键性的功能：第一种功能是屏蔽功能，即对作为正本的世界进行屏蔽。屏幕遮挡了我们的目光，并以其所呈现的图像的可见性魅力让我们的目光停留在它之上，

---

① Michel Henry, *La barbarie*, p. 188.
② Jean-Luc Marion, *La croisée du visible*, p. 90.（中译文见马里翁：《可见者的交错》，张建华译，第72页。）

痴迷于它所显现和传送的图像，进而使作为正本的经验世界落入晦暗中，变得对我们不再可见，使屏幕背后的世界不再对我们显现。第二种功能是生产功能，即生产电视图像。电视屏幕并不像电影银幕那样接受来自他处的图像投影，而是通过电子枪的不间断轰击而在自身中生产出图像。这种生产在时间上是不间断的，在空间上是混杂的，同时也是非连贯的、表面化的、流动性的和系统化的，它将不同类型、不同意义、不同时间、不同空间的图像并置在一起，在它之中我们再也无法区分出虚构与写实，再也无法回涉作为正本的实在本身。"屏幕——世界之中的这个敌世界——产生图像，但是并没有使之参照某种正本：没有质料的形式，图像只是维持着一种幽灵般的实在性，完全被精神化的实在性。"① 在马里翁看来，对于电视图像以及整个自治图像来说，这种具有屏蔽和生产功能的屏幕并不是外在性的、附加性的，而是与电视图像以及整个自治图像本身是同一的，或者说，电视图像以及整个自治图像通过自身的运作，本身就构成一块屏幕，它本身就遮蔽着正本，并按照自己的生产原则而进行自我生产、自我繁殖。②

三、窥视之欲与图像自治性的崩溃

屏幕构成电视图像以及整个自治图像的生产处所，电视图像以及整个自治图像正是在屏幕上依据自身的生产方式原则而生产自身，那么这种生产又是依据怎样的标准来进行呢？海德格尔曾指出，世界的图像化进程的另一面实际上就是人的主体化，而且这个被主体化的人构成图像化筹划的核心，它"把自身建立为一切尺度的尺度，即人们据以测度和

---

① Jean-Luc Marion, *La croisée du visible*, p. 91.（中译文见马里翁：《可见者的交错》，张建华译，第 72 页。译文有改动。）

② 正是基于这种意义，在马里翁的讨论中，屏幕在实质意义上既意指现实的作为技术装置的屏幕（例如电视屏幕、电脑屏幕、手机屏幕等），更超越这种现实意指的限制，而指向自治图像本身所具有的功能和机制，它成为界定图像以及整个形而上学的偶像逻辑的一个重要环节，相关讨论参见 Jean-Luc Marion, *Dieu sans l'être*, pp. 20-26, 58-75。

测算（计算）什么能被看作确定的——也即真实的或存在着的——东西的那一切尺度的尺度"①。以此为基础，有关电视图像以及整个自治图像标准的探究就必然需要追溯到主体之上。与海德格尔一样，亨利在分析电视图像时，同样将电视图像的生产追溯到主体之上。他认为，主体性生命构成电视图像及其所归属的技术系统的最终根源和可理解性原则，更具体来说，电视图像源自主体性生命的某种情感倾向，即"源自烦（l'ennui）"②，"电视在窥视癖（le voyeurisme）中发现了其完成与真理"③，它就是按照这种情感倾向的运作机制，按照这种窥视癖的要求，而展开图像的遴选和审查。

及至马里翁，电视图像的生产标准得到了更为详尽的讨论。在马里翁这里，电视图像同样被本质性地关联于主体及其窥视癖，他明确指出，电视的生产标准就是作为观看主体的窥视者（le voyeur）的观看之欲（libido vivendi），而以此标准自我生产的电视图像也就成为窥视者的偶像。根据马里翁的相关讨论，我们可以从如下四个层面来对此进行具体理解。

首先，电视图像的生产标准不是来自作为正本的实在本身，因为它通过在屏幕上运用无限制的时间形式和混杂的空间形式进行自我生产，通过非连贯性的、表面化的、流动性的和系统化的自我生产，封闭了向作为正本的实在本身的任何指涉，进而超越和脱离了对这个正本的任何依赖。

其次，由于断绝了与正本这一图像运作的端点的关联，电视图像的生产标准只能来自图像运作的另一个端点，即与图像相对而立、与图像相照面的主体。更为具体地说，在马里翁看来，电视图像依据的主体就是观看这些图像的人，他将其称作窥视者，而在现实生活中，人们往往用"观众""消费者"等更为中性的名称来指涉这个作为窥视者的主体。

---

① 海德格尔：《世界图像的时代》，载《林中路》（修订本），孙周兴译，第113页。
② Michel Henry, *La barbarie*, p. 191.
③ 同上书，第198页。

马里翁指出，作为窥视者的观看主体具有自身的特征，即他总是"狼吞虎咽地吃掉极其容易获得的可见者"①。

再次，窥视者之所以观看电视图像，是为了满足自身的观看之欲、观看之乐。根据马里翁的分析，这种观看之欲、观看之乐具有两个方面的核心特征：一方面，它是"观看一切之乐，尤其是观看我没有权利或力量去观看的东西"②，因此往往是一种在传统宗教、道德等观念和机制下被禁止与谴责的快感，一种越界的快感；另一方面，它还是一种绝对观看的快感，即在观看中，主体观看一切，但自身却不被观看，因此是不被观看的快感。在这种越界的绝对观看中，作为窥视者的主体似乎通过观看控制着一切东西（哪怕是那些被禁止的东西），或者说往往会具有一种绝对的掌控感。因此，马里翁讲到，观看之欲"就是这种享乐：在没有把自己暴露给他人的凝视的情况下，通过注视来控制不属于自己的东西"③。

最后，作为图像观看主体的窥视者为了满足观看之欲而观看电视图像，窥视者的观看之欲的要求和期待就成为电视图像的生产标准。以此为基础，电视图像的所有制作者都必须围绕这种观看之欲来展开自己对图像的系统且精心的组织、编排、修饰、虚构等，都必须努力把握这种观看之欲，并通过自己所制作的图像来努力满足这种观看之欲，因为同窥视者观看之欲的契合程度决定了图像本身的有效程度，图像越是契合和满足观看之欲，也就越受到窥视者的欢迎，并吸引越多的目光，从而也就越有效。因此，马里翁讲，"一切图像必须在图像那里复制一种欲望的尺度；这就是说，一切图像都必须使它自己成为它的窥视者的偶像"④，成为满足窥视者欲望的偶像是电视图像的最终追求，偶像的逻

---

① Jean-Luc Marion, *La croisée du visible*, p. 91.（中译文见马里翁：《可见者的交错》，张建华译，第 73 页。）

② 同上书，第 92 页。（中译文见马里翁：《可见者的交错》，张建华译，第 73 页。）

③ 同上书，第 92 页。（中译文见马里翁：《可见者的交错》，张建华译，第 73 页。）

④ 同上书，第 92 页。（中译文见马里翁：《可见者的交错》，张建华译，第 74 页。译文有改动。）

辑统治着电视图像的生产。

由此,电视图像以及整个自治图像的生产标准及其具体内涵就向我们显现出来。然而,正是在这里,以电视图像为代表的整个自治图像的自治性本身以及其所象征的图像解放却变得可疑起来。亨利指出,由于电视图像及其所归属的技术系统需要将其诞生的根源和可理解性原则追溯到主体性生命,所以它们所具有的自主性和自治性在实质上只是一种伪自主性和伪自治性,或者说只是自主性和自治性的幻象。① 与亨利一样,马里翁同样揭示出自治图像所实现的图像解放在实质上的幻象性,在他看来,"图像失去正本,变成快乐的寡妇;它没有实现什么解放,也没有开启什么新颖的视角:它只是确认一种得到规定的形而上学的境况,即虚无主义"②。那么,如何理解这种幻象性呢?下面我们就依据马里翁的分析来进行具体讨论。③

在马里翁的讨论中,形而上学的整个历程具有两种基本形态或者说两个基本阶段,即独断论的形而上学和虚无主义的形而上学,前者以柏拉图和黑格尔为代表,后者以尼采为代表。我们首先来看独断论的形而上学。马里翁指出,柏拉图开创了一种典型的独断论的形而上学。按照柏拉图的理论和策略,世界分为可知世界和可见世界。其中,可知世界是理念的世界,它是真实的、实在的、永恒的,但却是不可见的;可见世界则是现象的世界,它是可见的,但却只是因为模仿理念而具有实在性,因此在实在性和真实性上完全比不上可知世界。具体到图像,柏拉图则按照"真实性或不真实性程度的比例",又将可见世界划分为图像和实物。④ 以此为基础,便有了《理想国》中的那个著名的区分:理念

---

① 参见 Michel Henry, *La barbarie*, pp. 189-190。
② Jean-Luc Marion, *La croisée du visible*, pp. 92-93. (中译文见马里翁:《可见者的交错》,张建华译,第 74 页。译文有改动。)
③ 相关讨论参见上书,第 140-146 页。(中译本参见马里翁:《可见者的交错》,张建华译,第 118-124 页。)
④ 参见柏拉图:《理想国》,郭斌和、张竹明译,第 268-269 页。实际上,在柏拉图的讨论中,可知世界也以同样的方式被划分为两个部分,鉴于我们讨论主题的关联性,对此就不再展开。

的床，它是唯一实在的床，但却是不可见的床；现实的床，它是可见的，但却只是因为模仿了理念的床而具有实在性，因此是对理念的模仿；画家画的床，它是画家模仿现实的床所画的图像，因此只是模仿的模仿、影子的影子，只是幻象。在这里，模仿的逻辑统治着图像本身的运作，随着模仿程度的增加，可见性的光辉也在逐渐增加，但是其实在性程度却在逐渐减少。因此，一方面，图像具有卓越的可见性的光辉，它是感性的；另一方面，恰恰也由于它的可见性的光辉，图像使不可见的理念，使它所模仿的正本，对我们消失不见了，从而也使真理对我们隐而不现，因此它只是幻象。

及至黑格尔，柏拉图的图像逻辑得到了再次展现。在黑格尔的思想和策略中，包括绘画在内的所有艺术以及美的本质"就是理念的感性显现"①。在这里，艺术虽然因为显现了理念而不至于被贬低为幻象，而是构成理念自我辩证发展的一个阶段；但是，作为感性的显现，作为一种具有可见性的感性光辉的显现，艺术终究与理念不同，终究不能完全地显现理念，因而终究要成为一个被扬弃的阶段。也就是说，艺术对于理念这个正本来讲，只是一条间接的通达途径，它只是因为作为理念的感性显现，因为模仿理念，才获得实在性。因此，虽然作为理念的感性显现，它比纯粹的理念更为感性可见，但是在实在性和真实性上，它却远远不及理念。

由此，在以柏拉图和黑格尔为代表的独断论的形而上学中，作为可见者的图像与作为不可见者的正本依据模仿逻辑而处于一种紧张对立且固定的两端：一端是正本，它是不可见的、理性的，但同时也是真实的、实在的，只有它才存在；另一端是图像，它是可见的、感性的，拥有可见性的卓越魅力，但同时也是非真实的、非实在的，它模仿正本，并且依据这种模仿而获得实在性。正本因其独一无二的真实性和不可见性，而贬低图像，将图像斥为一种幻象、偶像；图像作为偶像，则以其

---

① 黑格尔：《美学》（第一卷），朱光潜译，商务印书馆，1979，第142页。

卓越的可见性的光辉而吸引着观者的注视，遮蔽着正本的理智的明见性。这是一种严厉的对抗和竞争关系，在这种对抗和竞争中，独断论的形而上学给予正本优先的地位，从而一再上演反图像或反偶像的戏剧。

我们再来看虚无主义的形而上学。马里翁指出，这种形而上学的形态和阶段由尼采开启，并以尼采为代表。在尼采的观念中，柏拉图和黑格尔所代表的传统形而上学受到了激烈的批判。例如，在《偶像的黄昏》中，尼采就明确指出，哲学家们总是混淆始末，因为"他们把最后出现的东西——可惜！因为它根本就不该出现——设定为'最高的概念'，就是说，最普遍、最空洞的概念，把蒸发中的现实的最后烟雾作为开端放置在最初"①。也就是说，在尼采看来，被传统形而上学赋予优先性的理念等只不过是一些空洞、无用的东西，它们只是对现实、对感性之物进行加工和抽象之后的衍生物。由此，尼采颠倒了柏拉图和黑格尔等传统形而上学家在不可见的理智之物和可见的感性之物之间所界定的对立，赋予了可见的感性事物更为优先和更为实在的地位。那么，依据尼采式的批判和颠倒，模仿逻辑对图像的统治是否发生了改变呢？马里翁认为，与人们可能想象的相反，尼采对传统形而上学的批判和颠倒不仅没有终结模仿逻辑对图像的统治，反而将这种统治推到了极致。

具体来讲，一方面，正如前面所讲，尼采否认了不可见的理智之物相对于可见的感性之物的优先地位，认为可见的感性之物比不可见的理智之物更为实在，更具优先性，所谓的不可见的理智之物在实质上只是可见的感性之物的衍生物。然而，尼采并未通过这种颠倒超越和脱离相关的独断论的形而上学观念所具有的理论框架，因为可见的感性之物（包括图像）与不可见的理智之物（正本）的不平等关系仍然存在，模仿逻辑仍然主导着可见者与不可见者的关系，只不过是以一种颠倒的方式：不再是唯独作为正本的理智之物才存在，而是相反，唯独在传统观

---

① 尼采：《偶像的黄昏——或者怎样用锤子进行哲思》，李超杰译，载《尼采著作全集》（第六卷），商务印书馆，2015，第92-93页。

念中只具有摹本地位的感性之物（包括图像）才存在；不再是感性之物（包括图像）模仿理智之物（正本），而是相反，理智之物（正本）在模仿感性之物（包括图像），并依据这种模仿而得到说明。

另一方面，更为重要的是，图像的模仿逻辑在尼采的超人观念中得到一种极限化的表达。在《查拉图斯特拉如是说》中，尼采指出，"我要把人类存在的意义教给人类：这种意义就是超人，那是来自乌云的闪电"①。也就是说，在尼采的观念中，只有超人才是真正具有完整存在的人。与之相应，尼采将这个超人界定为一切意义的评估者和创造者，他说："人类首先为事物创造了意义，一种人类的意义！因此人类把自己称为'人类'，此即说：估价者。估价就是创造：听啊，你们这些创造者！估价本身乃是一切被估价物中的宝藏和珍宝。"② 以此为基础，事物是否具有价值，是否能够显现，都需要经过超人的重估，只有满足了超人的要求，事物才变得有价值，才能显现。因此，马里翁指出，虽然在尼采的讨论中，可见的感性之物与不可见的理智之物的关系的颠倒、图像与正本的关系的颠倒，使可见的感性之物（包括图像）从不可见的理智之物以及正本那里解放出来，但是与这种颠倒和解放相应，可见的感性之物（包括图像）又被置于另一个东西的控制下，这个东西即超人，那个重估和创造一切价值的超人。对于可见的感性之物（包括图像）来说，超人同样充当着正本角色，因为它决定了前者存在与显现的意义和价值。

正是基于上述两个方面的缘由，在马里翁看来，尽管尼采对传统形而上学进行了激烈的批判，甚至提出了形而上学的终结，但他仍然处于形而上学的可能性范围内，他以一种反形而上学的形式实现了形而上学的另一种可能性形态，即一种与独断论的形而上学对立的虚无主义的形

---

① 尼采：《查拉图斯特拉如是说》，孙周兴译，载《尼采著作全集》（第四卷），商务印书馆，2010，第22页。
② 同上书，第87页。

而上学。① 马里翁指出，尼采的这种虚无主义的形而上学正好界定了获得解放的自治图像的境况。其一，在自治图像中，图像封闭了一切作为正本的实在本身，不再需求某个在其背后的正本来作为基础，而是自身就具有实在性，从而将自身从对正本的依赖中解放出来，获得了自治的外观，这正好对应了尼采依据可见的感性之物对不可见的理智之物的颠覆，对应了尼采对可见的感性之物的解放。其二，自治图像对作为正本的实在本身之实在性的篡夺，它通过自身的运作对实在本身的重构和再造，正好对应了尼采对可见的感性之物（包括图像）与不可见的理智之物（正本）之间的模仿关系的颠倒，即不再是前者模仿后者，而是后者模仿前者，并从前者那里获得其可能性。其三，最为关键性的是，自治图像是依据窥视者的观看之欲而被建构起来的，它的有效性取决于其是否满足窥视者的观看之欲，每个图像要想获得显现、获得存在，都必须经历窥视者的观看和评价，在这里，窥视者就是价值的评估者，它正好充当着尼采意义上的超人角色。以此为基础，图像虽然从作为正本的实在本身中解放出来，并获得了自治的外观，虽然不再模仿作为正本的实在本身，但它却在模仿并且必须模仿作为超人的窥视者的欲望，以便获得显现和存在的权力，在这里，作为超人的窥视者的欲望恰恰构成了图像本身生产的另一个正本。由此，我们可以说，就其实质而言，在其自我解放和自治的外观之下，自治图像实际上仍然屈从于另一个正本的统治，进而仍然处在传统的模仿逻辑的统治下，自治图像的自我解放和自治的外观就其实质而言只是一种幻象。

至此，我们终于依据海德格尔、亨利和马里翁等人的讨论，以电视图像为典范，较为完整地界定出当前时代的自治图像的整个运作逻辑及其实质：自治图像通过遵循非连贯性、表面性、流动性、系统化原则，通过运用不间断的时间形式和混杂的空间形式，在屏幕上生产出自身，

---

① 关于尼采与形而上学可能性的更详细的讨论，参见 Jean-Luc Marion, *L'idole et la distance*, pp. 45 - 107; Jean-Luc Marion, *Le visible et le révélé*, pp. 75 - 97。

这种图像封闭了向作为正本的实在本身的所有回涉，篡夺了正本的实在性，进而获得了自治的外观；同时，这种图像的生产还以作为观看主体的窥视者的观看之欲为标准，它将自身确立为窥视者的偶像，依据这个标准，自治图像将屈从于另一个正本的统治，即窥视者的观看之欲，由此它本身并未完全获得解放而成为自由、自主、自治的图像，而是仍然屈从了图像的模仿逻辑，其自治的外观就实质而言只是一种幻象。

第二章　对象性作为图像化的现象性本质

自治图像依据自身的运作逻辑而获得了自治的外观，但就其实质而言，它却依赖于作为窥视者的观看主体。那么，具有这样一种运作逻辑和实质的自治图像的现象性本质到底是怎样的呢？或者说，它在本质上是作为怎样一种现象在显现自身呢？依据这种现象性，它们同现代性与现代科学和技术的关系又是怎样的呢？在传统的艺术图像中，我们能够找到这种现象性机制的典范呈现吗？在本章中，我们就此进行具体讨论。

第一节　作为对象性的图像现象性

就自治图像的现象性本质而言，海德格尔、亨利和马里翁给出了一致的回答。根据他们的讨论，自治图像在本质上是作为对象而显现，因此其现象性本质就在于对象性（Gegenständlichkeit，l'objectité）。那么如何理解这种现象性呢？在这一节，我们就结合三位现象学家的观念来进行具体分析和讨论。

一、对象性作为世界图像化的本质

让我们还是回到海德格尔对"世界图像"的讨论。前面我们已经指出,在海德格尔的讨论中,"世界图像"就其实质而言意指世界的图像化。那么,这种图像化的本质到底是什么呢?对此,海德格尔首先从"Bild"(图像)一词的几个关联性习语出发进行了分析。其中,第一个习语是"wir sind über etwas im Bilde"。在德语中,就其字面语意而言,这个习语可被直接理解为"我们在关于某物的图像中",但就其实际意义而言,它意指"我们对某物了如指掌"。第二个习语是"sich über etwas ins Bild setzen"。同样,就其字面语意而言,这个习语可被直接理解为"把自身置入关于某物的图像中",但就其实际意义而言,它意指"去了解某物"①。通过这两个习语,我们可以发现,"图像"在意义上是同"了解""把握""了如指掌"等本质性地关联在一起的。因此,海德格尔讲:"'在图像中'(Im Bilde sein),这个短语有'了解某事、准备好了、对某事做了准备'等意思。"②

那么,图像所意指的对事物的这种了解、准备等到底是以什么样的形式展开的呢?海德格尔指出,"'我们对某物了如指掌'……要说的是:事情本身就像它为我们所了解的情形那样站立在我们面前。'去了解某物'意味着:把存在者本身如其所处情形那样摆在自身面前,并且持久地在自身面前具有如此这般被摆置的存在者"③。在这里,我们可以从海德格尔的讨论和规定中界定出两个相互交织的关键性要素:其一,存在者,以及存在者的那种"站立"或"被摆置";其二,对存在者本身进行摆置的那个"自身",或者说事情本身站立时所面向的那个"我们"、那个"人"。通过对这两个关键性要素的分析,我们能够具体

---

① 海德格尔:《世界图像的时代》,载《林中路》(修订本),孙周兴译,第90页。
② 同上书,第91页。
③ 同上书,第90页。

理解图像所意指的那种了解（准备，等等）的展开形式。

首先，是第一个要素，即存在者及其"站立"或"被摆置"。根据海德格尔的分析，在世界图像化的筹划中，存在者或事物是以这样一种方式向着人们（自我）显现自身，即它被人们（自我）规定和理解为一种与人们自身（自我）相对而立的东西，一种与人们自身（自我）相对峙的东西，甚至是一种外在于人们自身（自我）并独立于人们自身（自我）的客观之物。海德格尔指出，存在者的这种显现方式就是一种表象化的方式，因为"表象"（vorstellen）这个概念就其"原始的命名力量"而言，就是"摆置到自身面前和向着自身而来摆置"①，或者更具体地说，它意指"把现存之物当作某种对立之物带到自身面前来，使之关涉于自身，即关涉于表象者"②。以此为基础，世界的图像化就意味着"表象着的制造之构图"③，意味着存在者或事物本身将被置于与作为表象者的自身（自我）的一种本质性关系中，它将会被表象者还原成一种被表象之物，将作为一种被表象之物而显现自身，它的本质将依据一种被表象性（Vorgestelltheit）而得到规定。

其次，是第二个要素，即对存在者或事物进行摆置并与之相对而立的那个"自身"、"我们"或"人"，总而言之，也就是面对着存在者或事物并与其处在本质性关系中的自我。根据前面的讨论，如果说在图像化的运作中，存在者或事物被还原成被表象之物，那么自我（"自身"、"我们"或"人"）就是对这种被表象之物进行表象的那个表象者。海德格尔指出，就其实质而言，这个作为表象者的自我是作为一个主体而显现自身，"世界之成为图像，与人在存在者范围内成为主体，乃是同一个过程"④。根据他的讨论，我们可以从如下四个层面对这个主体进行简单的界定：

---

① 海德格尔：《世界图像的时代》，载《林中路》（修订本），孙周兴译，第94页。
② 同上书，第93页。
③ 同上书，第96页。
④ 同上书，第94页。

其一，人或自我的主体化并不展现为对自我的一种外在强加或强迫，而是展现为自我的一种有意识的自身建构，"人本身特别地把这一地位［主体地位。——引者注］采取为由他自己所构成的地位，人有意识地把这种地位当作被他采取的地位来遵守，并把这种地位确保为人性的一种可能的发挥的基础"①。

其二，这种作为主体的自我会寻求并确保某种确定性。在海德格尔的分析中，一方面，这种确定性并不是由主体之外的某个东西确保的确定性，例如它并不是由上帝确保的拯救的确定性，而是由主体自身为自己确保的确定性。在这种确定性中，主体"为自己确保了真实"②，他不再依赖自身之外的某个东西，而是依赖自己，因此对这种确定性的寻求具有某种解放的外观和性质，它展现为主体的自我解放。另一方面，这种确定性是主体通过自己的认识而获得和确保的，它展现为认识的确定性，而主体之所以能够确保这种确定性，恰恰是因为他从根本上确定和保证了可知之物本身的内在显现机制，主体"从自身出发并为了自身，确定了对他来说什么是可知的，知识和对意识的确证（即确定性）意味着什么"③。

其三，这个寻求并确保认识确定性的主体是进行着表象活动的主体。如前所述，主体所进行的这种表象展现为对存在者或事物的一种摆置。根据海德格尔的讨论，这种作为摆置的表象在笛卡尔的我思（cogito）中获得了其典范性的呈现，"表象乃是 coagitatio［心灵活动］"④，"在 co-agitatio［心灵活动］中，表象把一切对象事物聚集到被表象性的'共同'之中"⑤，而依据这种活动，主体之主体性将被本质性地规定为意识（conscientia）。由此，作为摆置的表象将典型地呈现为意识活动。与此同时，主体所展开的表象还同计算（Berechnen）本质性地

---

① 海德格尔：《世界图像的时代》，载《林中路》（修订本），孙周兴译，第 93 页。
② 同上书，第 109 页。
③ 同上书，第 109 页。
④ 同上书，第 111 页。译文有改动。
⑤ 同上书，第 113 页。译文有改动。

关联在一起。海德格尔说："表象在此意谓：从自身而来把某物摆置（stellen）到面前来，并把被摆置者确证为某个被摆置者。这种确证必然是一种计算，因为只有可计算状态才能担保要表象的东西预先并且持续地是确定的。"① 也就是说，主体对存在者或事物的表象必然展开着一种对存在者或事物的计算，他通过这种计算确保了与之对立的被表象之物的可预测性和可把握性，确保了自己对被表象之物的了解（准备，等等），确保了自己所要追寻的认识的确定性。

其四，人或自我的主体化构成所有有关自我的二元对立的根基。我们知道，在现代社会的发展历程中，关于人或自我的问题（例如，人的身份、地位、本质，等等）一直都是人们争论最为激烈且最为繁杂的问题之一。在这些争论中，众多为我们所熟知的有关自我的二元对立观念被不断建构出来，例如，利己主义与利他主义、个人主义与集体主义、主观主义与客观主义、人性的普遍主义与人性的特殊主义，等等。在海德格尔看来，所有这些争论和观念都必须以人的主体化为基础，"唯因为人根本上和本质上成了主体，并且只是就此而言"，人（自我）才必须去面对上述争论和观念所关涉的那些问题（例如，人在本质上"是作为个人还是作为社会"，等等），并在对那些问题的应对中走向对自身的不同定位。②

至此，我们根据海德格尔的分析简单地澄清了"图像"意指的那种对存在者或事物的了解（准备，等等）所具有的两个关键性要素。通过这种澄清，我们可以看出，图像意指的那种了解（准备，等等）实际上就是作为主体的自我对存在者或事物的表象，世界的图像化以表象化的形式展开自身，它具体展现为存在者或事物的表象化。那么，这种表象化的实质到底是什么呢？对此，海德格尔明确指出，"表象……是'对……的把捉和掌握'。在表象中，……是进攻（Angriff）占着上风。……存

---

① 海德格尔：《世界图像的时代》，载《林中路》（修订本），孙周兴译，第110页。
② 参见上书，第94页。

在者……是在表象活动中才被对立地摆置的东西，亦即是对象（Gegenständige）。表象乃是挺进着、控制着的对象化。由此，表象把万物纠集于如此这般的对象的统一体中"①。也就是说，在海德格尔看来，表象化就其实质而言就是对象化，在表象化的运作中，被主体还原成被表象之物的存在者或事物就其实质而言就是主体的对象。

实际上，不仅是海德格尔，亨利和马里翁也从不同层面及方向确认了表象化与对象化的同质性。就亨利而言，他同海德格尔一样，对表象及其实质进行了讨论。亨利讲到，表象实际上是意识或思想的功能，它就其实质而言是对事物的一种对象化，它一般具有三种效应：其一，将某物"作为对象置于其凝视之前"②，在此意义上，事物被理解为外在于我并作为对象与我对峙的东西；其二，设定对象的具体本质，依据该意义，事物被理解为某个具有确切规定性的具体对象；其三，设定对象的一般存在，在此意义上，事物被理解为以某种方式存在的对象。亨利指出，无论是哪种效应，意识或思想的表象就其实质而言都只是一种赋义行为，即将某种对象性的意义赋予实在或存在。③

就马里翁而言，我们可以从他对"对象"一词的内在结构和意义的分析中，获得对表象化和对象化两者同质性的反向确认。马里翁指出，在法语中，"l'objet"（对象）一词由"ob"和"jet"这两个部分构成，前者的意思是对面、对立，后者的意思则是抛掷、投掷，因此"l'objet"（对象）一词意指的就是"被抛掷在我面前的东西"④。马里翁进一步指出，在这里词语的重心是落在"ob"上，而不是落在"jet"上，也就是说，构成"l'objet"（对象）一词核心内涵的东西并不是"抛掷"，而是对象与我的对面、对立，对象是与我处在本质性关联中的

---

① 海德格尔：《世界图像的时代》，载《林中路》（修订本），孙周兴译，第 110–111 页。
② Michel Henry, *Du communisme au capitalisme. Théorie d'une catastrophe* (Paris: Éditions Odile Jacob, 1990), p. 38.
③ 参见上书，第 39 页。
④ Jean-Luc Marion, *Ce que nous voyons et ce qui apparaît* (Bry-sur-Marne: INA Éditions, 2015), p. 33.

东西,"是在我面前成为障碍的东西,是抵抗我的东西,是我所瞄向(vise)的东西"①。实际上,马里翁的这个分析不仅适用于法语 l'objet(对象)一词,而且适用于英语 object 和德语 Gegenstand,因为英语 object 一词的前缀"ob"和德语 Gegenstand 一词的前缀"Gegen"意指的同样是对面、对立,等等。同时,在汉语的构词中,"对象"之"对"同样也包含了事物与自我的相对而立。由此,作为对象显现,也就是在与自我的本质性关联中作为自我所瞄向的东西而显现,作为与自我相对而立的东西而显现,而这种显现方式正好对应了我们前面所揭示和援引的海德格尔对表象化方式的界定:表象就是"把现存之物当作某种对立之物带到自身面前来,使之关涉于自身,即关涉于表象者"。

总而言之,无论是依据海德格尔的讨论,还是依据亨利和马里翁的讨论,表象化在其实质上都能被界定为一种对象化。以此为基础,如果说世界的图像化以表象化的形式展开自身,那么这种图像化的本质实际上就是一种对象化。在这种图像化的机制下,存在者或事物将作为对象而显现自身,依据这种图像化机制而产生的图像(现象)的现象性本质就是对象性。

二、对象性的实质内涵和特征

那么,我们应当如何理解这种对象性的实质内涵和特征呢?如果说依据对象性的显现方式,图像(现象)是与自我处在本质性的关联中,它是被自我所瞄向并与自我相对而立的东西,那么我们应该如何在上述讨论的基础上,更为具体地理解自我与图像(现象)的这种本质性关联的实质呢?

在讨论作为主体之自我与作为对象之存在者(被图像化的存在者)的关系时,海德格尔指出,在以对象性为其本质的世界图像化(表象

---

① Jean-Luc Marion, *Ce que nous voyons et ce qui apparaît*, p. 33.

化）机制中，作为主体的"人成为那种存在者，一切存在者以其存在方式和真理方式把自身建立在这种存在者之上。人成为存在者本身的关系中心"①。也就是说，在这种机制中，主体是处在一种决定性的位置，他为所有存在者奠基。根据海德格尔的讨论，这种奠基至少具有两个本质性的突出表现形式：

第一，主体决定了存在者的存在方式和显现方式。海德格尔讲到，依据世界图像所意指的表象化（对象化），"存在者整体便以下述方式被看待了，即：唯就存在者被具有表象和制造作用的人摆置而言，存在者才是存在着的。在出现世界图像的地方，实现着一种关于存在者整体的本质性决断。存在者的存在是在存在者之被表象性（Vorgestelltheit）中被寻求和发现的"②。具体来说，在表象化（对象化）的运作中，主体构成存在者存在和显现的条件，他的表象（对象化）活动决定了什么样的存在者以及存在者的什么内容和什么特征能够显现出来，并能够获得其存在的资格。以此为基础，正如前面已经指出的，进行表象（对象化）的主体会将存在者的存在还原成被表象性（对象性），存在者整体将不会首先从其自身显现自身，而是会依据主体的制造、摆置等首先作为被表象之物的系统而显现，也就是说，作为一种对象的系统而显现自身。

第二，主体赋予了作为对象的存在者价值。由于在对象化的机制中，存在者并不是从其自身显现自身，而是依据主体的对象性筹划而显现自身，所以，在海德格尔看来，依据对象性来界定存在者的存在实际上是对存在者的存在的一种错失。他指出，为了弥补这种错失，主体"赋予对象和如此这般得到解释的存在者一种价值，并根本上以价值为尺度来衡量存在者，使价值本身成为一切行为和活动的目标"③。事实上，我们可以说，通过价值之赋予，作为主体的自我以主体构造的价值

---

① 海德格尔：《世界图像的时代》，载《林中路》（修订本），孙周兴译，第89页。
② 同上书，第91页。译文有改动。
③ 同上书，第103页。

替换了存在者本身的存在意义。以此为基础,价值以及价值观本身成为现代人谈论得最为频繁的话题之一,价值评估者成为作为主体之自我的最为惯常的形象之一,而对存在者本身的价值评估也成为人们把握存在者之存在意义的最为通常的方式之一。

与海德格尔一样,马里翁也从不同侧面对对象性显现机制下的自我与对象的本质性关联进行了深入讨论,进而对对象性的实质内涵和特征进行了揭示。在这里,我们可以延续前面已经提到的对"对象"一词内在结构和意义的分析来具体讨论马里翁的相关观念。根据马里翁的分析,对象性的实质内涵和特征实际上关涉"l'objet"(对象)一词的另一个关联词语"objectif"。在法语中,"objectif"一词具有多重含义:一方面,它是"l'objet"(对象)一词的形容词,意指客体的、客观的、对象的,在这种意义上,"objectif"界定了归属于对象的东西。另一方面,它又意指目标、目的。马里翁讲到,就其意指目标、目的而言,"objectif"其实指涉了"某种还未实现的东西",自我在构想、瞄向、意向这种东西,但却还未达到它,并且也不能完全确定最终是否能够达到它,因此,"在这种意义上……objectif 是完全主观的(subjectif)"①。由此,在"objectif"的多重含义之间似乎存在着一种明显的悖论,即客观性(l'objectivité)和主观性(la subjectivité)之间的悖论。

马里翁指出,"objectif"一词的这种看似明显的悖论并未将该词分裂成两个互不相关的含义,相反,在这个悖论的两个端点之间存在着内在一致性,它们可以通过自我对对象的"瞄向"而得到统一理解,或者说它们界定了"瞄向"的两个侧面。一方面,自我意向、瞄向某个对象,这个对象是自我设想的,是自我想要通达的,而当自我还未能现实地通达它时,它就是自我的目标,在这种情况下,它是主观的。另一方面,当自我现实地通达了这个对象,当这个对象现实地亲身显现在自我的面前时,或者说,当作为目标的对象现实地实现时,这个对象就成为

---

① Jean-Luc Marion, *Ce que nous voyons et ce qui apparaît*, p. 33.

客观的。由此，自我对对象的意向、瞄向就是从主观走向客观，它内在地包含着主观性和客观性这两个不可分割的侧面。

在马里翁看来，瞄向的这两个内在方面并不处在同一意义层次，而是存在着层次差异，而依据这种差异，我们能够界定出对象性的实质内涵和特征。首先，根据前面的讨论，客观性体现为作为主观目标的对象的实现，因此它并不对立于主观性，相反，它是主观性的一种实现和现实化。马里翁指出，"在这种意义上，就像所有人都知道的，客观性是主观性的一种规定"①，或者说，客观性从主观性那里获得其意义，主观性高于客观性。其次，马里翁指出，自我在瞄向对象时，总是瞄向它所欲望和期待的东西，自我的欲望、期待等主观要素构成意向、瞄向的尺度和标准。由于自我的欲望和期待总是指向还未现实化的东西，指向自我匮乏的东西，所以，自我总是瞄向还未现实化的对象，而不是瞄向已经现实化的对象，也就是说，自我的瞄向总是侧重于主观方面，而不是客观方面。以此为基础，作为自我瞄向的东西，"对象的本己特征就在于，它以一种特定的方式并不在此"②，或者说，对象总是不亲身显现和在场。最后，瞄向以自我的欲望、期待等为标准，这也意味着自我构成对象显现的可能性条件。在这里，符合这种标准的东西将会得到自我的注意，将会被自我瞄向，进而作为自我的对象而显现出来，并进一步获得其客观性。由此，我们也就获得了对象性的实质内涵，即作为"自我瞄向的东西"，对象就是依据自我的欲望、期待等而显现的东西，更一般地说，作为对象而显现（对象性）也就是依据自我的条件而显现，在对象性的显现模式中，自我处于支配性地位，自我构成对象显现的可能性条件，并掌握着显现的主动性。

依据"对象"一词的内在结构和意义，马里翁界定出对象性显现模式的实质内涵和特征。在他看来，这种显现模式其实就是胡塞尔的构造

---

① Jean-Luc Marion, *Ce que nous voyons et ce qui apparaît*, p. 34.
② 同上书，第 34 – 35 页。

现象学所揭示的现象显现机制，因此，在这里我们可以依据胡塞尔的讨论来进一步深化对这种显现模式的理解。在《现象学的观念》中，胡塞尔指出，"根据显现和显现者之间本质的相互关系，'现象'一词有双重意义"①，也就是说，现象是依据显现和显现者这两个端点之间的本质关系而运作起自身。马里翁指出，这两个端点其实可以用胡塞尔的其他术语来表述，例如直观与意义、直观与意向、意向活动与意向相关项、意向体验与意向对象等。那么，如何理解这两个端点之间的本质关系呢？在这里，我们可以根据胡塞尔的讨论界定出如下三个要点：

首先，现象的两个端点之间的本质关系体现为意识的本己的意向性结构，即意识是"相对于某物的意识"②，它总是超越自身的实项内涵而意向某个对象，也就是说，现象的两个端点被内含在意识的本己结构中。

其次，在意识的意向性结构中，意识通过综合把握直观、意向活动、体验等而构造出意义、意向相关项等，即构造出意向对象。与此同时，意识对意向对象的构造必然伴随着一个纯粹自我，意识的杂多意向活动是这个自我的活动，它们"从自我发生"③，并在这个自我中得到综合。总而言之，在胡塞尔看来，对象总是意识构造的意向对象，而这种构造又发自纯粹自我，由此，纯粹自我构成意向对象显现的条件，以对象性的方式显现也就是从自我出发构造意向对象，自我掌握着对象显现的主动性。

最后，同前面所揭示的瞄向从主观走向客观一样，在现象的两个端点之间，直观能够充实意向、意义等，即能够充实意向对象，从而让它们从一种不在场和空乏的意指走向亲身在场和现实化，也就是获得明见性，而最理想的情况就是完全充实，即直观提供的内容与意向、意义等

---

① 胡塞尔：《现象学的观念》，倪梁康译，第15页。
② 胡塞尔：《纯粹现象学通论——纯粹现象学和现象学哲学的观念（第1卷）》，李幼蒸译，中国人民大学出版社，2014，第158-159页。
③ 同上书，第151页。

包含的内容相等。但是胡塞尔指出，这种完全充实很难实现，它在某种程度上是一种理想①，实际上最经常出现的情况是部分充实或者没有充实。也就是说，相对于意向、意义等意指的东西而言，直观总是匮乏的，"含义的区域要比直观区域宽泛得多，即是说，要比可能充实的整个区域宽泛得多"②。由此，在构造中，意向对象就只能部分地亲身在场和现实化，或者完全无法现实化，而只能空乏地被意向、意指。也就是说，就像前面所揭示的，意向对象总是"以一种特定的方式并不在此"，总是不能亲身显现。马里翁指出，其实直观的这种匮乏正好是自我构造现象的要求，因为只有在直观是有限的情况下，自我的意识才能对其进行综合把握，进而构造出意向对象。③

由此，我们依据胡塞尔构造现象学的现象机制确证并深化了通过依据"对象"一词的内在结构和意义而获得的对象性的实质内涵和特征。那么，自我应该如何经验以这种模式显现的现象呢？马里翁指出，面对作为对象的现象，自我总是首先预见（prévoir）它，而不是观看（voir）它，在这里对它的预见远比亲身观看重要，甚至为了确保其作为对象显现，它不能被观看，而只能被预见。④ 在马里翁看来，这种经验方式实际上是现象的对象性的显现模式和特征的后果。他讲到，由于作为对象的现象总是以自我的欲望和期待等为标准，由于它总是被空乏地意指、意向，而不亲身在场和显现，或者只是部分地亲身在场和显现，所以它"在亲身被看到之前"⑤，就已经依据自我的意向、瞄向而被预见，它"依据一种被限制和被异化于我的凝视之中的现象性而在预见的模式之下显现出来"⑥。

---

① 参见胡塞尔：《逻辑研究（第二卷第二部分）》（修订本），倪梁康译，上海译文出版社，2006，第 123-135 页。
② 同上书，第 206 页。
③ 参见 Jean-Luc Marion, *Étant donné*, pp. 324-325。
④ 参见 Jean-Luc Marion, *Ce que nous voyons et ce qui apparaît*, p. 35。
⑤ Jean-Luc Marion, *Étant donné*, pp. 329-330.
⑥ Jean-Luc Marion, *Certitudes négatives*, p. 260.

为了更具体地揭示作为对象的现象的可预见性，马里翁在不同的著作中从不同的角度进行了详细分析①，在此我们可以依据对象的两个基本类型——现成（vorhanden）对象和上手（zuhanden）对象——来进行简单的讨论。一是现成对象，这种对象又被马里翁称为持存（constant）对象，因为它看起来总是持续存在于自我面前。面对这种对象，自我总是以认识的态度去对待它，也就是说，总是依据一套概念体系去对其进行操作、实验、计算等，以便去认识它的可能性条件、内在规则、性质等，进而获得关于它的客观知识。在这种客观知识的基础上，自我既能够反复地预测这个对象的出现，又能够反复地再生产这个对象，因此也就没有必要去亲身观看这个对象。由此，马里翁指出，在这种持存对象中，"我能够使我自身免于对它进行经验确证，因为通过它的被理性认识的可能性条件，我预见到了它"②。

二是上手对象，也就是所谓的用具或技术对象。关于这类对象，马里翁延续了海德格尔在《存在与时间》中的分析。③ 根据海德格尔和马里翁的分析，对于所有用具或技术对象来说，当它们作为有用的对象而被我们使用时，我们不会也无须观看它们，而只需按照合目的性的指引来同它们打交道，也就是说按照我们的预见来使用它们，我们越是通过预见而不是观看来把握它们，它们就越是称手、合用，只有在我们不能使用它们（例如用具坏了）时，我们才观看它们。因此，"为了正常的技术使用，我们以这种方式不需要观看对象：对于我们来说，预见它们就足够了"④。

至此，我们终于依据海德格尔、马里翁和胡塞尔等现象学家的讨论界定出了对象性显现机制的实质内涵和特征。总而言之，如果说世界的图像化就其本质而言就是对存在者本身或者说现象本身的一种对象化，

---

① 参见 Jean-Luc Marion, *Étant donné*, pp. 329 - 330; Jean-Luc Marion, *De surcroît*, p. 43; Jean-Luc Marion, *Certitudes négatives*, p. 260。
② Jean-Luc Marion, *Ce que nous voyons et ce qui apparaît*, p. 37.
③ 参见海德格尔：《存在与时间》（修订译本），陈嘉映、王庆节译，第 78 - 85 页。
④ Jean-Luc Marion, *De surcroît*, p. 44.

这种对象化将存在者本身或现象本身的现象性还原成对象性，那么在这种对象性的显现机制下，存在者本身或现象本身将不能亲身地存在或显现，而是必须以作为主体的自我为其存在或显现的可能性条件，必须服从于自我对它们的价值赋予和评估而显现，必须满足自我的期待和预见而显现，因此那种超越自我的期待和预见的全然新颖的现象（可见者）的可能性也就被封闭了。

第二节　对象性与现代性

世界的图像化在其本质上是作为主体的自我对存在者整体或现象整体的对象化，以这种对象化为基础，存在者整体或现象整体的现象性本质将会被还原成对象性。根据海德格尔等人的讨论，依据这种对象性，我们就能理解世界的图像化与现代性的同质性，同时也能理解图像化与现代科学和技术在运作机制和本质上的同构性。

一、对象性作为现代性的本质

前面我们已经提到，在海德格尔看来，世界的图像化界定了现代性的本质。这意味着世界的图像化是独属于现代性的，我们能够依据它而将现代世界和前现代世界本质性地区别开来。由于世界的图像化在本质上是对象化，是作为主体的自我依据对象性而展开的存在者或现象解释，所以就其实质而言，世界的图像化对现代性本质的界定实际上意指的是：对象性界定了现代性的本质，它是独属于现代性的。更为具体地说，在海德格尔看来，存在者整体或现象整体的对象化以及与之本质性地关联在一起的人或自我的主体化是独属于现代性本质的东西，是使现代世界本质性地区别于前现代世界的东西，"对于现代之本质具有决定性意义的两大进程——亦即世界成为图像和人成为主体——的相互交叉,同时也照亮了初看起来近乎荒谬的现代历史的基本进程"①。为了对此进行论证,海德格尔对前现代世界(古希腊和中世纪)的存在者解释进行了分析,并将其与现代的存在者解释进行了对比。

首先,我们来看古希腊的境况。海德格尔指出,在古希腊世界,"存在者乃是涌现者和自行开启者",而人则是"作为存在者的觉知者(Vernehmer)而存在"②。他依据巴门尼德的一则广为人知的残篇而展开相关讨论:"Τὸ γὰρ αὐτὸ νοεῖν ἐστιν τε καὶ εἶναι"。这则残篇涉及思想和存在的关系,在传统的中文翻译中,它通常被译为"因为思想和存在是同一的",而在当前学界,很多学者会在充分参照目前国内外已有研究和理解的基础上,依据原文提出自己的译解,例如在国内出版的《巴门尼德著作残篇》中,该则残篇就被译为"因为能被思考的和能存在的是在那里的同一事物"③。海德格尔说:"巴门尼德的这个命题说的是:存在者之觉知归属于存在,因为这种觉知是存在所要求和规定的。"④也就是说,在存在者和人对存在者的觉知之间,在存在和思想之间,存在者及其存在居于主导性位置,它们要求和规定着人对存在者的觉知或思想,进而使后者归属于它们,并与它们具有同一性。由此,如果说在现代世界,人或自我变成主体,进而构成存在者存在和显现的可能性条件,他依据对象性规定了存在者的存在和显现,或者说,存在者的存在和显现是依据作为主体的人的对象化表象而展开,由此在与存在者的关

---

① 海德格尔:《世界图像的时代》,载《林中路》(修订本),孙周兴译,第94页。
② 同上书,第92页。
③ 巴门尼德:《巴门尼德著作残篇》,大卫·盖洛普英译、评注,李静滢汉译,广西师范大学出版社,2011,第75页。需要指出的是,无论是在国外学界,还是在国内学界,学者们在巴门尼德这则残篇的真正意义到底是什么以及我们到底应该将其翻译成什么等问题上,都存在很大分歧,并且围绕这些问题展开了激烈争论。在这里我们的讨论重点并不会聚焦于巴门尼德的哲学观念以及相关争论,而是仅限于以其残篇为引子,对海德格尔的相关观念进行阐释和讨论。
④ 海德格尔:《世界图像的时代》,载《林中路》(修订本),孙周兴译,第92页。译文有改动。

系中，作为主体的人处在主导性位置，那么在古希腊，情况则完全相反。具体来说，根据海德格尔的讨论，在古希腊的存在者解释中，存在者本身掌握着自身存在和显现的主动性，它并不依据人或自我而存在和显现，而是自身显现自身，是"自行开启者"，并在这种自身显现和自行开启中遭遇并呼唤着人或自我的觉知；与之相应，人或自我并不依据自身的期待等而主动地对存在者展开对象化操作，而是必须接受存在者的自身显现，并在这种接受中获得自身的身份和本质，必须作为觉知者接受存在者的呼唤并对其进行觉知，即"必须把自行开启者聚集（λέγειν）和拯救（σώζειν）入它的敞开性之中，把自行开启者接纳和保存于它的敞开性之中，并且始终遭受着（ἀληθεύειν）所有自身分裂的混乱"①。

然而，在这里我们似乎立刻就会遇到一个明确的质疑，即古希腊智者派的代表普罗泰戈拉曾讲，"人是万物的尺度，既是存在者存在的尺度，也是不存在者不存在的尺度"（πάντων χρημάτων μέτρον ἐστὶν ἄνθρωπος, τῶν μὲν ὄντων ὡς ἔστι, τῶν δὲ μὴ ὄντων ὡς οὐκ ἔστιν）②。依据惯常的理解，这则格言看起来同现代世界中作为主体的人或自我对存在者之存在的主导和决定是一致的，进而有悖于前面所揭示的古希腊的存在者解释。面对这个质疑，海德格尔联系相关文本进行了详尽的分析。他指出，普罗泰戈拉的这则格言确实言及了人与存在者之存在的关联，并且这种关联以"尺度"这个词而得到界定，但是这种关联的意义和这个所谓的"尺度"的内涵却不能依据主体所展开的对象化来理解，因为对普罗泰戈拉的形而上学基本立场和现代性的形式上学基本立场进行必然规定的"一切本质性因素，是各各不同的"③。具体来讲，就人与存在者之存在的关联而言，海德格尔讲到，在普罗泰戈拉的格言中，"其存在有待决断的存在者被理解为在人的周围自发地于此领域中在场的东西"④。

---

① 海德格尔：《世界图像的时代》，载《林中路》（修订本），孙周兴译，第92页。
② 柏拉图：《泰阿泰德》，贾冬阳译，载《柏拉图全集：中短篇作品（上）》，刘小枫主编，华夏出版社，2023，第211页。
③ 海德格尔：《世界图像的时代》，载《林中路》（修订本），孙周兴译，第106页。
④ 同上书，第105页。

也就是说，与前述的古希腊存在者解释一样，普罗泰戈拉是依据在场（Anwesen）来理解存在者的存在，以此为基础，存在者就是在场者，是自行开启、去蔽和自身显现的东西，同时，也是在这种自行开启、去蔽和自身显现中有所遮蔽的东西，而不是对象。与之相关，那个与存在者处在关联中的人或自我"是当下具体的人"，他"觉知着作为存在者的在此范围内［无蔽领域的范围内。——引者注］在场的一切东西"①，也就是说，他仍然是那个接受存在者自身显现和存在的觉知者。

如果说依据海德格尔的解释，普罗泰戈拉所谈及的人或自我与存在者的关系仍旧是作为觉知者的人或自我对存在者之自行开启、去蔽和自身显现的接受与觉知，那么在这种关系下，人如何能够成为万物的尺度呢？根据海德格尔的讨论，一方面，存在者作为自行开启者总是在进行着自行开启、去蔽和自身显现的同时，又在自我遮蔽，在这里，无蔽和遮蔽、在场和不在场总是相互伴随着；另一方面，人或自我作为当下具体的人，作为存在者自行开启和自身显现的觉知者，又总是归属于并被限定在无蔽和在场者中。由此，这种形式的人或自我就能界定出在场者和不在场者之间的界限，"从这些界限中，人获得并且保持着在场者和不在场者的尺度"②。也就是说，人作为万物的尺度，作为存在与不存在的尺度，就其实质意义而言，是通过自身对在场者和无蔽的归属而划分出在场者和不在场者，划分出无蔽和遮蔽。在作为这种尺度时，或者说在进行这种在场者和不在场者的划分、无蔽和遮蔽的划分时，人或自我并没有主导和决定存在者的存在，相反，存在者的在场与不在场、无蔽与遮蔽是出自存在者自身的显现和开启，是不受他控制的，他只是通过自身的觉知来接受存在者的自行开启和自身显现自身。

由此，通过对普罗泰戈拉的格言的详尽分析，海德格尔超越惯常的理解，提出一种与他所揭示的古希腊存在者解释一致的格言解释，进而

---

① 海德格尔：《世界图像的时代》，载《林中路》（修订本），孙周兴译，第106页。
② 同上书，第107页。

回应了相关质疑。海德格尔认为，在我们惯常的理解中，之所以会将普罗泰戈拉的格言理解成作为主体的人或自我决定了存在者的存在，主要出于两个方面的原因：其一，我们作为现代人总是依据现代性的观念来重释古代哲学，或者说，这种惯常的理解恰恰是现代性的存在者解释的一种投射。其二，在普罗泰戈拉的格言得到讨论的柏拉图哲学中，以及在后来的亚里士多德哲学中，关于存在者之存在的解释确实发生着某种关键性的转变，这种转变虽然仍然被限制在古希腊的存在者解释中，但是它为现代世界的存在者解释提供了某种可能性，进而预示了这种解释。①

其次，我们来看中世纪的境况。海德格尔讲到，在中世纪的存在者解释中，居于主导性和决定性位置的并不是作为主体的人或自我，而是作为世界创造者的上帝。具体来说，依据中世纪的存在者解释模式，作为世界的创造者，上帝构成包括人在内的所有存在者的最高原因，它为所有存在者都规定了对应的等级序列，规定了相应的位置。以此为基础，包括人在内的所有存在者都将被还原为受造物（ens creatum），它们都需要从上帝这个创造者那里获得存在的可能性和方式，而"存在者存在意味着：归属于造物序列的某个特定等级，并且作为这样一种造物符合于创造因"②。由此，中世纪的存在者解释模式在本质上是一种基督宗教的神学模式，而不是一种对象性的模式，它完全不同于现代世界的存在者解释模式。

总而言之，无论是在古代世界，还是在中世纪，对存在者的解释都不是依据对象性模式而展开，换句话说，对象性的存在者解释模式是独属于现代性本质的，它将现代世界和前现代世界（古代世界和中世纪）完全本质性地区别开来。以此为基础，由于对象性模式同样构成世界图像化的本质，所以世界的图像化与现代性的同质性就向我们显现出来。

---

① 参见海德格尔：《世界图像的时代》，载《林中路》（修订本），孙周兴译，第 92-93、100-101、104-105、108 页。

② 同上书，第 91 页。

二、对象性作为图像化与现代科学和技术的同构基础

实际上，在海德格尔等人的讨论中，对象性不仅构成世界的图像化与现代性在本质上的同质基础，而且构成世界的图像化与现代科学和技术在运作机制和本质上深层同构的基础。在这里，我们可以继续根据海德格尔的相关分析，以现代科学的具体运作机制和本质为例，来揭示这种以对象性为基础的同构性。①

海德格尔指出，现代科学的"本质乃是研究（Forschung）"②，这种研究具有三个本质性特征，即程式（Vorgehen）、方法（Verfahren）和企业活动（Betrieb）。对于这三个本质性特征，海德格尔进行了十分晦涩又缠绕的讨论。就对象性意义而言，我们尤其需要关注前两个本质性特征。

首先，我们来看研究的第一个本质性特征，即程式。在海德格尔的讨论中，与通常被理解为方法（Methode）和程序等不同，程式在这里首先指向区域之开启，因为只有预先完成这种开启，所有方法、程序等才能获得赖以展开和运作起自身的区域。那么，如何理解这种区域之开启呢？根据海德格尔的分析，其一，这种开启意指对存在者的某种基本轮廓（Grundriß）的筹划（Entwurf），它是由这种筹划完成的。在这个意义上，区域之开启意味着作为认识者的我们赋予存在者某种基础性框架，或者说，依据某种基础性框架来规定和理解存在者本身，进而使其构成或归属于某个特定的研究区域。其二，这种开启指向研究的严格性（Strenge），"筹划预先描画出，认识的程式必须以何种方式维系于被开启的区域。这种维系乃是研究的**严格性**"③。具体来说，在区域之开启

---

① 关于海德格尔对现代技术的分析，相关基本文献可参见海德格尔：《存在的天命：海德格尔技术哲学文选》，孙周兴编译，中国美术学院出版社，2018。关于亨利对现代科学和技术的分析，我们将在本书后续部分有所涉及。
② 海德格尔：《世界图像的时代》，载《林中路》（修订本），孙周兴译，第79页。
③ 同上。

中，对基本轮廓的筹划使存在者被构造成某个特定的研究区域，进而使认识的程式获得赖以运作起自身的区域。然而，一方面，认识程式并不是以任意的方式同这个区域关联在一起并在这个区域内运作起自身，也不是以任意的方式来处理处于这个区域内的存在者；另一方面，认识程式与研究区域的关联不是由处于这个领域内的存在者依据其自身存在和自身显现而决定的。相反，认识者对存在者基本轮廓的筹划已经在先地严格决定了认识程式与研究区域的关联方式，在先地严格决定了研究区域内的存在者被处理的方式，所有程式的展开和运作都必须依据这种由筹划界定的严格性而展开。

基于上述意义，程式所指向的区域之开启既是对研究区域的在先筹划，也是对研究或处理方式的在先决定。然而，无论是在先筹划，还是在先决定，都向我们揭示出，在作为研究之本质要素的程式中，作为认识者的自我并不是依据存在者的自身存在和自身显现来把握与理解存在者及其存在，相反，在存在者从其自身并就其自身向自我显现之前，在自我接受存在者的自身存在和自身显现之前，自我已经预先地依据某种基本轮廓或基础性框架对存在者及其存在进行了规定、理解、制作等，或者说，已经预先地为存在者的存在和显现规定了某种或某些条件。以此为基础，只有符合自我筹划或赋予的这种基本轮廓或基础性框架的存在者才能向自我显现，才能获得存在的资格，进而得到自我的科学研究。程式所意指的自我对存在者的在先筹划和在先决定恰好与我们前面讨论的对象化对应，因此海德格尔讲，"凭借对基本轮廓的筹划和对严格性的规定，程式就在存在领域之内为自己确保了对象区域"①。

其次，我们来看研究的第二个本质性特征，即方法。海德格尔指出，"筹划和严格性唯有在方法中才展开为它们所是的东西"②。根据他的讨论，在对研究区域的筹划中，我们总是会遇到各种各样的处在其特

---

① 海德格尔：《世界图像的时代》，载《林中路》（修订本），孙周兴译，第79页。
② 同上书，第81页。

殊性、偶然性和变动性中的事实，但是，对研究区域的筹划并不是简单地将这些事实纳入某个区域内，而是需要将这些事实表象为对象，或者说，需要赋予它们某种基本轮廓，需要让它们依据我们赋予的某种可能性条件而显现。因此，筹划需要超越事实的特殊性、偶然性和变动性而去寻求它们的普遍性、恒常性和必然性，并依据这种普遍性、恒常性和必然性来规定事实的存在，以便确保事实对于我们来说的可预测性、可控制性和可认识性。海德格尔讲到，筹划的这种基本需要就决定了科学研究中的方法的使用，或者说，筹划就是通过方法的使用来达成自身的这种基本需要。依据他的分析，科学研究的方法具有说明（Erklärung）特性，这种说明"通过一个已知之物建立一个未知之物，同时通过未知之物来证明已知之物"①，以此来完成对存在者的支配和摆置。它展现为一种探究（Untersuchung）、一种计算（Berechnung）。

具体来说，在自然领域，事实的普遍性、恒常性和必然性展现为法则（Regel）和规律（Gesetz），而依据自然科学的筹划，"唯在法则和规律的视界内，事实才作为它们本身所是的事实而成为清晰的。自然领域中的事实研究本身乃是对法则和规律的建立和证明"②。为了完成这种建立和证明，自然科学的说明性方法具体呈现为实验（Experiment）。我们知道，科学实验往往是通过人为的精细设计来设定一个事物或存在者显现的理想境况，或者说，让事物或存在者的显现境况完全处于人为可控的状态，在此背景下，通过有计划地调控事物或存在者显现的某个条件或变量，来测试事物或存在者的不同反应或应答。以此机制为基础，事物或存在者的规律才逐渐向我们显现出来并得到我们的界定，或才能得到我们的证明并确立起自身的合法性，而依据这些规律，我们以后在事物或存在者亲身显现之前，就能不断预测和控制事物或存在者的显现。因此，海德格尔指出，"实验始于对规律的奠基。进行一项实验

---

① 海德格尔：《世界图像的时代》，载《林中路》（修订本），孙周兴译，第82页。
② 同上。

意味着：表象出一种条件，据此条件，在其过程之必然性中的某种运动关系才能成为可追踪的，亦即通过计算事先可以控制的"①。

就历史领域来说，情况似乎更为复杂。与自然领域不同，历史领域似乎充满着更多的特殊性、偶然性和变动性。与之相应，尽管我们总是以科学的名义尝试运用各种方法为历史界定出很多规律，但是这些尝试最终似乎总会以失败而告终，或者它们所界定的规律至少没有自然领域的那些规律有效和精确。因此，在历史领域，科学之筹划似乎无法通过方法来有效完成对历史的对象化、计算和摆置，或者至少说，科学之筹划在事实上似乎并没有通过方法来有效完成对历史的对象化、计算和摆置。实际上，海德格尔也认同历史领域与自然领域在精确性上的差异，他讲到，在自然科学中，我们总是能获得精确的规律，而对历史领域的研究恰恰很多时候是非精确的。但是，他认为，这种差异并不意味着现代科学没有或无法对象化、计算和摆置历史，而只是意味着科学之严格性具有两种不同的表现形式，意味着不同科学所展开的对象化、计算和摆置在具体形式上存在差异。

具体来说，在海德格尔看来，我们并不能完全依据自然科学的方法和严格性来展开精神科学的研究。在自然科学中，严格性展现为精确性，但"一切精神科学，甚至一切关于生命的科学，恰恰为了保持严格性才必然成为非精确的科学……历史学精神科学的非精确性并不是缺憾，而纯粹是对这种研究方式来说本质性的要求的实行"②。他根据自己所处时代科学化的历史学研究的境况指出，在历史学精神科学的筹划中，存在一种与实验匹配的方法形式，即史料批判（Quellenkritik），或者说，历史科学的说明性方法具体呈现为史料批判。根据他的讨论，我们可以从如下两个层面来理解这种方法：其一，就其目标而言，同自然科学的实验一样，这种"方法的目标乃是把持存因素表象出来，使历

---

① 海德格尔：《世界图像的时代》，载《林中路》（修订本），孙周兴译，第82页。
② 同上书，第81页。

史成为对象"①，但与实验不同，这种方法并不旨在建立与证明历史的规律和法则，或者说，并不对历史展开一种预先计算。其二，就其具体运作方式而言，这种方法会面向已然过去的事实，但却并不是单纯地记录事实，或者说并不是停留在单纯的事实上，而是展开一种事后计算和解释。一方面，这种方法会追溯或探察过去事实中的那些"总是已经一度在那里的东西"（das Immer-schon-einmal-Dagewesene），那些"可比较的东西"（das Vergleichbare），并依据它们来理解和解释历史的事实。根据海德格尔的讨论，那些东西构成了历史的持存因素，构成了历史的"惯常和平均之物"，正是在对它们的持续追溯、探察、比较和计算中，"人们清算出可理解之物（das Verständliche），并且把它当作历史的基本轮廓证实和固定下来"②，也就是说，达到历史的可认识性，进而完成历史的科学筹划。另一方面，这种方法会依据其所追溯到的那些持存因素或者那些惯常和平均之物，依据其所清算出来的那种可理解之物，来说明众多无法被还原成上述那些东西的特殊性、偶然性和变动性等，它将这些无法被还原的东西解释成历史的例外，进而排除在历史的正常进程和秩序之外。以上述两个方面为基础，历史科学的史料批判就将历史的过去事实置入"一种可说明和可观察的效果联系"③中，进而完成对历史的控制、计算和摆置，完成对历史的对象化。

总而言之，无论是在自然领域，还是在历史领域，现代科学的说明性方法都对存在者展开一种计算和摆置，都依据一种对象化的方式来处理存在者。正如海德格尔所讲："作为研究，认识对存在者做出说明，说明存在者如何以及在何种程度上能够为表象所支配。当研究或者能预先计算存在者的未来过程，或者能事后计算过去的存在者时，研究就支配着存在者。可以说，在预先计算中，自然受到了摆置；在历史学的事后计算中，历史受到了摆置。自然和历史便成了说明性表象的对象。这

---

① 海德格尔：《世界图像的时代》，载《林中路》（修订本），孙周兴译，第84页。
② 同上。译文有改动。
③ 同上。译文有改动。

种说明性表象计算着自然，估算着历史。"①

至此，我们通过对作为科学之本质性特征的程式和方法的分析，揭示出科学在本质上同对存在者整体或现象整体的对象化是关联在一起的，或者说，科学本身就是基于对象性的筹划，海德格尔曾讲："唯当存在者之存在于这种对象性中被寻求之际，才出现了作为研究的科学。"② 以此为基础，现代科学本身构成了现代性的本质性现象之一，同时也走向了同世界的图像化的同构。

第三节　透视法作为对象化机制的典范

对象性或者说对象化机制构成了世界图像化的本质，构成了现代性的本质，同时也构成了图像化与现代科学和技术在运作机制和本质上深层同构的基础。在马里翁的分析中，这种机制实际上在一种被广泛运用的西方古典绘画技法——透视法（la perspective）——中得到了典范性的呈现。因此，我们可以根据他的分析，以透视法为例进一步理解作为世界的图像化之本质的对象化机制。

透视法是西方绘画理论和实践中的一个重要问题。在其著作中，马里翁围绕可见者与不可见者的关系这个核心问题，揭示了绘画透视的悖谬特质及其现象学实质，进而从现象学角度将关于透视问题的探讨推进到全新的境地。那么，马里翁是如何以可见者与不可见者的关系为核心从现象学角度具体展示透视的悖谬特质及其现象学实质的呢？下面我们就来具体讨论。

---

① 海德格尔：《世界图像的时代》，载《林中路》（修订本），孙周兴译，第88页。
② 同上。

一、第一个悖谬：可见者与不可见者的交错

在此，我们首先讨论的是透视的悖谬特质。马里翁指出，"就其自身来说，透视运用着一种悖谬"①。然而，悖谬（le paradoxe）在此意指什么呢？在马里翁的讨论中，当我们在最一般的意义上使用"悖谬"概念时，它往往指的是对常识或者可能性条件的违背，例如，在悖谬中本来不可能显现的现象显现出来，本来不应该被看到的东西被看到，等等。因而，透视的悖谬特质就是透视在自身的运作中突破和超越了常识或者可能性条件。马里翁指出，透视在自身中实施着一种可见者与不可见者的悖谬性关系，从而实现了自身的悖谬性运作。那么，透视的这种悖谬性关系是如何具体展开和运作的呢？

马里翁讲到，在透视展现的可见者与不可见者的悖谬性关系中，我们遇见的第一个悖谬是，在透视中，"可见者的增强与不可见者成正比。不可见者越是增强，可见者就越是被深化"②。如何理解这一点呢？这得从透视的运作机制开始说起。

在透视绘画中，如果我们仅仅观看（voir）画面给予我们的可见者，而不调动凝视（regarder）③的任何功能，那么画面直接提供给我们的是什么呢？马里翁指出，除了一块平板以及上面混乱而无序堆积的线条和色块，它不向我们提供任何东西，我们看不到任何东西。然而，正是在这样一块二维的平板上，透视围绕着没影点（le point de fuite）将这些混乱而无序堆积的线条和色块组织起来，松弛它们的密度，使它

---

① Jean-Luc Marion，*La croisée du visible*，p. 11.（中译文见马里翁：《可见者的交错》，张建华译，第1页。）

② 同上书，第17页。（中译文见马里翁：《可见者的交错》，张建华译，第8页。）

③ 马里翁严格区分了观看（voir）和凝视（regarder）：他认为，观看的功能仅仅在于其接受性，即纯粹被动地接受事物自身给予我们的东西；而凝视则意味着对接受的东西进行整理、照看、照料，因而是主动性地把握、控制和构造被给予物。参见 Jean-Luc Marion，*Étant donné*，pp. 351 – 353；Jean-Luc Marion，*De surcroît*，pp. 67 – 71，145。

们变得有秩序，从而使画面比无序堆积的线条和色块更加可见，使我们能够凝视到突出而可见的景观。因此，在透视绘画中，透视具有松弛、组织混乱无序的可见者，从而使其更加可见的功能。

马里翁指出，绘画中透视的这样一种功能与日常生活中凝视的功能极为一致，在日常生活中，凝视也进行着一种透视的运作。他以我们面对一间会议室时的境况为例：当面对一间会议室时，我们如果仅仅观看而不凝视，那么面对的就是一团密集、混乱而无序堆积的形状和色块，我们看不到任何事物。但是通过凝视的松弛和组织，这些形状和色块成为有秩序、有形式、有深度的事物，即成为一间可使用、可栖居的会议室，这样一间会议室比先前无序堆积的形状和色块更加可见、更加易于分辨。因此，马里翁讲到，日常凝视中也进行着一种透视的运作，广义地讲，透视首先是凝视的一种根本职能，而不仅仅是特定历史时期的一种绘画理论和技术，"不应该把透视首先（也不应该特别地）当作是在历史的确定时期出现的一种绘画理论来理解（尽管它的确如此），而是应该将其理解成凝视所具有的一种根本职能，没有这种职能的话，我们就永远不会看到世界"[①]。

那么，作为凝视之根本职能的透视是使用什么来松弛可见者，从而使其更加可见呢？显然不可能是等待着被松弛的可见者，因为它原本就是无形式和秩序的，因而无法赋予秩序；同样也不可能是其他任何可见者，因为在这里等待着被松弛的可见者通过凝视的运作，虽然变得更加可见，但却没有被添加任何新的可见者，它只是被松弛、被赋予秩序，因被松弛、被赋予秩序而更加可见。这里涉及的是可见者的可见性的强度增加，而不是可见者的数量的增加。所以，在这里只能是不可见者，凝视的透视只是运用不可见者来安排可见者，从而使可见者更加可见。

这种不可见者是什么呢？马里翁讲到，这种不可见者就是虚空（le

[①] Jean-Luc Marion, *La croisée du visible*, p. 15. （中译文见马里翁：《可见者的交错》，张建华译，第5-6页。）

vide），凝视的透视凭借一种不可见的虚空来松弛可见者，从而使其更加可见。如何理解透视的这种虚空呢？马里翁指出，首先我们要将它与物理虚空（le vide physique）区别开来。所谓物理虚空，就是一个实在的（réel）空的空间，即无物的实在空间，在这个空间中，我们看不到任何事物或景观，因而它是虚空。但是，这种虚空本身是实在的、可见的：一方面，我们可以进入这个空间，在其中栖居、游走等，因而它是实在的；另一方面，这个空间为其周围的事物所界定，从而在与周围事物的参照中勾画出自身的边界线，因而它是可见的。作为一种实在的、有秩序的可见者，这个虚空本身就是凝视的透视运作的一个结果，需要以这种运作作为其可能性条件，因而不能成为透视的虚空。

与物理虚空相反，透视的虚空是非实在的（irréel）、不可见的，它是"一个理想的（idéal）空间，比实在的空间更为现实，因为它使实在的空间成为可能"①，这一理想的空间由理想性的左、右和深度三个维度组织起来。在这里，虚空的理想性、非实在性和不可见性有两层内涵。一方面，它们体现在透视虚空的不可测度性和不可通达性上。马里翁以位移的经验来对此进行说明：以深度为例，马里翁指出，无论我们在何处，总有一个深度在我们之前，当我们试图穿越它时，它会随同我们的穿越向前推进，进而还是作为深度在那里，我们虽然可以穿过一段实在的空间距离，但却永远无法穿越它、测度它。因此，这个深度是不可栖居的，是非实在的、理想的、不可见的。就理想性的左、右这两个维度而言，情况同样如此。

另一方面，这种虚空构成实在空间和对象的显现条件，与透视首先作为凝视的根本职能对应。马里翁明确指出，"透视超出其历史上的美学意义之外，致力于现象的现象性"②，也就是说，致力于现象之显现，

---

① Jean-Luc Marion, *La croisée du visible*, p. 15. （中译文见马里翁：《可见者的交错》，张建华译，第6页。）
② 同上书，第17页。（中译文见马里翁：《可见者的交错》，张建华译，第7页。）

"透视成为经验的一项先天条件"①。在这一层内涵中，我们便可以完整地界定出透视的第一个悖谬：作为某个特定历史时期的绘画理论，尤其是作为凝视的根本职能和现象的可能性条件，透视以不可见者——由左、右和深度三维组织起来的理想性的、非实在的虚空——松弛、组织着无序堆积的实在可见者，使这些可见者成为对象、景观和实在的空间，进而比原来的可见者更加可见。对象、景观和实在的空间等有秩序的可见者的显现以凝视的透视运作为其可能性条件，在凝视的透视运作中，理想性的空间的权威越强，它对可见者的松弛、组织就越有力，实在的空间和对象就越清晰地显现出来，也就是说，不可见者的力量越强，可见者的可见性就越强。通过凝视的透视运作，现象和空间显现出来，进而整个世界开放出来，然而理想性的不可见者却并不随着它们的显现和开放而显现，相反，它在这些更加可见的可见者中退隐，它为这些可见者服务。这就是透视的第一个悖谬。

二、第二个悖谬：可见性与理想性的交错

然而，马里翁指出，透视的第一个悖谬并不是绘画透视的整个运作，在绘画中，透视的这个悖谬在其另一个悖谬中被强化，即在透视中，"把可见者加以展现的虚空，并不是实在的，就其本身来说也不是实在的，以至于实在的可见者的增强与虚空的虚空成正比"②。

在讨论透视的第一个悖谬时，我们主要以广义的透视为基础，即以日常凝视的透视运作为基础，因而是在自然景观的基础上进行的。在日常凝视中，不可见的非实在的虚空松弛着实在的可见者，使其变得有序而更加可见，从而使其成为实在的对象和空间。就其使实在的对象和空间成为可能而言，这种透视可以被称为实在的透视。在这里，每一个透

---

① Jean-Luc Marion, *La croisée du visible*, p. 16. （中译文见马里翁：《可见者的交错》，张建华译，第 7 页。）

② 同上书，第 26 页。（中译文见马里翁：《可见者的交错》，张建华译，第 16 页。）

视的空间都对应着一个实在的空间,并使这个实在的空间成为可能,而这个实在的空间是我们能够触及和栖居的。因此,在自然景观中,实在的透视所运用的虚空虽然是非实在的、理想性的,但这种虚空却服务于实在的对象和世界的开启,并不是以自身的理想性为目的。因而,在第一个悖谬中,这种虚空的非实在性和理想性还没有得到完全展现,透视的悖谬还没有发挥出其最大的可能性。

那么,我们应该去哪里寻找这种可能性的最大限度发挥呢?马里翁讲到,在绘画中,透视的悖谬的可能性可以完全发挥出来。与日常凝视中的透视一样,绘画的透视以作为理想性虚空的不可见者松弛着可见者,并且使可见者更加可见。但是在绘画中,透视将虚空的理想性推到极致,使画面摆脱了实在的深度,并在画面上组织起理想的深度,从而使实在的可见者完全服从理想性,成为一个非实在的对象和空间。正是这个理想深度的开启,绘画以二维的平面展现了日常凝视需要三维才能展现的东西,因而在这里"凝视拥有更多的可见者,多于能够被画面所容纳的"[1],由此透视在这里开启的对象虽然是非实在的,但它却比实在的对象更加可见,它因服从于理想性而更加可见。在绘画中,由于透视开启的不再是一个实在的对象和空间,而是一个完全遵循着理想性的非实在的对象和空间,我们无法触及这个对象,也无法穿越和栖居于这个空间,因此绘画的透视不再是实在的透视,而是非实在的透视,不可见者不再使实在的对象和空间成为可能,因而不再服务于实在的对象和空间,不再以通达实在的对象和世界为目的。这种依据虚空的理想性来组织的可见的对象和景观,并不是幻象,而是将透视推到极致的结果,因此是凝视本身具有的一种功能。在这里,透视为我们敞开了一个世界,一个在实在的世界中但却比实在的世界更可见的世界,即绘画的世界。因此,透视的第二个悖谬讲的其实就是可见者的可见性随着非实在

---

[1] Jean-Luc Marion, *La croisée du visible*, p. 26.(中译文见马里翁:《可见者的交错》,张建华译,第16页。)

性和理想性的增加而增强。

然而，后来马里翁又在《塞尚的确信》（"La certitude de Cézanne"）一文中对绘画透视的成就进行了否定。在那里，马里翁从塞尚的观点出发，指出绘画透视只能展示一种虚构的深度、一种深度错觉，而不是真正的深度本身，在透视中"没有深度能够就其本身而显现"①，只有上帝才能运用透视来揭示真正的深度本身。为了进一步确认对透视法成就的这样一种否定，马里翁举出了查尔斯·布兰科（Charles Blanc）的相关研究，指出虽然布兰科拥护透视法，但是在透视法的成就上他却得出了与塞尚一样的结论。②

那么，如何理解马里翁后期对透视成就的这样一种否认呢？如何协调这种前后期的不一致呢？在此，我们可以从两个层面进行考虑。单单从文本来说，后期《塞尚的确信》一文主要是从塞尚的理论角度出发，是以塞尚的视角进行的讨论，因此我们可以说该文对透视成就的否定并不是马里翁对透视的真正态度，而只是塞尚对透视的真正态度。从这样一个层面来说，马里翁前后期对透视的讨论并不存在真正的矛盾，而只是讨论视角的不同。

然而，如果考虑到马里翁在《塞尚的确信》一文中对塞尚的赞赏和肯定，上述第一个层面的解释就变得可疑起来，因而我们需要更深层面的解释。如何进行这种解释呢？在此我们必须界定出马里翁赞赏和肯定的是什么。根据《塞尚的确信》一文中的相关讨论，马里翁赞赏和肯定的主要是塞尚对绘画现象之显现自主性的揭示③，更具体地说，是塞尚通过自身的讨论和实践达到了海德格尔对现象的形式定义，即"就其自身显示自身者"④。

那么，塞尚是如何做到这一点的呢？这需要对马里翁前后期关于透

---

① Jean-Luc Marion, *Courbet ou la peinture à l'œil* (Paris: Flammarion, 2014), p. 181.
② 参见上书，第 182-184 页。
③ 参见上书，第 194-196 页。
④ 海德格尔：《存在与时间》（修订译本），陈嘉映、王庆节译，第 34 页。

视的两种矛盾性的讨论进行一番对比。如同前面透视悖谬所揭示的，在前期关于透视的讨论中，理想性（观念性）的虚空控制着实在的可见者和非实在的可见者的显现，并构成它们的显现条件，它比实在更为真实，因而在那里体现的是理想性（观念性）的优先性，是一种康德式或胡塞尔式的现象（可见者）模式。在这种现象（可见者）模式中，现象（可见者）并不是完全从其自身显现，而是必须以先验主体为其可能性条件，因此现象（可见者）显现的主动性不在于现象（可见者）自身，而在于主体，现象是自我构造的对象。而在后期《塞尚的确信》一文对透视的否认中，理想性（观念性）的虚空不再比实在更为真实，不再构成实在性的条件，相反，它沦为一种虚构和错觉。如果再联系到在该文中，作为主体的画家的作用不再是主动性的构造功能，而只是一种否定性作用，即被动地接受可见者（现象）的自我给予[1]，那么我们可以说，在这里实现了一种颠倒：主动性从主体转向现象（可见者），被动性从现象（可见者）转向主体。因此，在这里关键性的东西并不在于透视是否实现了它所宣称的成就，而在于透视所展现的是主体对现象（可见者）显现自主性的侵蚀。在马里翁对塞尚的肯定中，关注的重心从塞尚对透视成就的可能性和现实性的否认，转向了塞尚所实现的主动性与被动性的颠倒，转向了其对现象显现自主性的揭示。从根本上说，马里翁前后期讨论的关注点是不一样的，因此在此并不存在实质性的矛盾。

如果我们联系到马里翁在其现象学中对现象可能性的一般讨论，那么上面的结论和解释将会得到进一步的确认。在其现象学中，马里翁从被给予性出发对现象本身的可能性进行探索，并提出充溢现象（le phénomène saturé）的观念：在这种现象模式中，现象不再以主体为条件，不再被主体构造为对象，而是自我给予、自我显现，它拥有显现的完全自主性；同时主体只能被动地接受充溢现象的自主显现，并从中接受自身的规定，从而被现象构造。在这里，马里翁也并未否定康德式或

---

[1] 参见 Jean-Luc Marion, *Courbet ou la peinture à l'œil*, pp. 188–194。

胡塞尔式现象模式的可能性和现实性，而只是不再将它们作为现象可能性的唯一模式或者标准模式，认为充溢现象才是"现象的标准形象"①。这里的矛盾和不一致是两种现象模式之间的矛盾和不一致，涉及的是哪种现象模式才能真正体现现象本身的本真可能性，而不是各自模式本身的可能性和现实性。

至此，我们就可以完全一致地揭示透视的两个悖谬，即可见者的可见性随着不可见者的增加而增加，随着非实在性和理想性的增强而增强。透视既是特定的绘画理论和技法，又是凝视的根本职能和现象的可能性条件，正是因为透视的悖谬性运作，我们不仅开启并通达了实在的世界和对象，而且尤为开启了比实在的世界和对象更具可见性的非实在的、理想性的世界和对象，也就是作为可见者本身的绘画世界和景观。在透视中，不可见者控制、安排着可见者，使可见者成为可能，并以成就这种可见者为目的，但自身并不在可见者中显现。

三、透视悖谬的现象学转写

马里翁并未止足于对绘画透视的悖谬特性的这种独特描述，他对照胡塞尔现象学的构造机制对透视机制进行了现象学的转写，进而界定了其现象学实质。马里翁指出，在绘画中，未经松弛和组织的无序堆积的可见者（线条和色块）就相当于胡塞尔现象学中的意识体验，或者更精确地说是未经意向性立义和把握的原素（hylé），是原初被给予物，是具有充实功能的原初被给予的直观；绘画中的透视运作——以不可见者松弛和组织可见者——就相当于意向性的指向、把握和瞄准；而经过不可见者松弛和组织的更可见的有秩序的可见者——画面呈现出来的非实在的可见的景观、对象等——就相当于意向对象。通过这样一种转写，马里翁为我们确定出两个方面的意义：一方面，一般地讲，马里翁在这

---

① Jean-Luc Marion, *Étant donné*, p. 359.

里指涉了一种透视主义（le perspectivisme），即透视与现象之构造的等同；另一方面，特殊地说，这一转写预示了胡塞尔现象学的经典构造机制与透视一样，是由本质性的悖谬规定的，而非由通常所认为的同一律和矛盾律规定的①，也就是说，绘画透视的悖谬具有平凡性（la banalité）②，它通达一切现象之构造。那么，这样一种转写是合法的吗？

其实，如果只是一般性地确认一种透视主义，即从形式上确认透视机制与构造机制的等同，这对于我们来说是很简单的，也是很容易理解的。首先，从哲学史来说，马里翁并非第一个提出透视主义的哲学家，很多哲学家都提出过类似的看法。例如，尼采就规定过一种彻底的透视主义。他指出，不存在任何自在的事实和事件以供我们认识，存在的只有解释和阐释，而解释和阐释又以透视的方式进行，即从某个透视视角出发，我们正是以这种透视主义的方式解释现象，使现象显现出来，进而以同样的方式组织起整个世界。③ 更为重要的是，现象学经典构造机制的提出者胡塞尔也谈论过某种透视主义，例如，他在《逻辑研究》中明确指出"对象并没有真的被给予……它只是'从正面'显现出来，只是'以透视地被缩减和被映射的方式'以及如此等等地显现出来"④；他在《纯粹现象学通论》中更是不断地讲到时空事物的侧显（Abschattung），"物体必然只能'在一个侧面中'被给予"⑤，也就是说，只能从某个透视视角出发被给予。在胡塞尔看来，意向体验，尤其是时空事

---

① 参见 Jean-Luc Marion, "The Reason of the Gift," trans. Shane Mackinlay and Nicolas de Warren, in *Givenness and God: Questions of Jean-Luc Marion*, eds. Ian Leask and Eoin Cassidy (New York: Fordham University Press, 2005), pp. 101 – 134。

② 平凡性是马里翁现象学中的一个重要概念，它指涉的是某个现象的某个特征或规定并非独属于该现象，而是适应于一切现象或大部分现象，通达一切现象或大部分现象，参见 Jean-Luc Marion, *Le visible et le révélé*, pp. 153 – 156。我们在本书后续章节会具体讨论这一概念。

③ 参见尼采：《权力意志》（上下卷），孙周兴译，商务印书馆，2007，第 37、109、219、352 – 353、1109、1112 页。

④ 胡塞尔：《逻辑研究（第二卷第二部分）》（修订本），倪梁康译，第 61 页。

⑤ 胡塞尔：《纯粹现象学通论——纯粹现象学和现象学哲学的观念（第 1 卷）》，李幼蒸译，第 77 – 78 页。译文有改动。

物的知觉,在本质上是透视性的,意识只能从一个透视视角出发来构造对象,进而使现象显现。① 因此,我们可以说马里翁对透视机制的转写并非某种随意的创造,而是在哲学史中——尤其是在胡塞尔现象学中——有其根源。

其次,就透视机制与构造机制本身来说,我们也很容易界定出它们在形式上的一致性。如前面的讨论所指出的,如同现象学的构造一样,透视关涉到的是现象之显现,即现象的现象性,它是凝视的根本职能和现象的可能性条件,而不仅仅是一种绘画技法和理论,通过它的运作,世界现象和绘画现象被构造成(实在或非实在的)对象,进而成为可能的现象,它们的现象性也被还原成对象性。而在进行现象学转写时,透视机制的构成要素与构造机制的构成要素之间的严格对应进一步确证了两种机制在形式上的一致性。

然而,虽然这种形式上的一致性很易于确认和理解,但透视的平凡性却仍不是明证的,仍然需要追问:就其实质来说,构造机制真的如同透视一样在本质上是以悖谬的方式运作的吗?因为,很明显的是,一方面,胡塞尔在谈论体验的透视特性时,更多是在视角的意义上谈论透视;另一方面,更为根本的是,根据"一切原则之原则",对于现象学来说,就合法性而言,没有什么比原初给予的直观(可见者)更具权威②,而现象(对象)的明证性(可见性)的来源也在于这种原初给予的直观,现象的可见性是随着原初可见者的增加而增强的。然而,这样一些反驳很快就因如下三个原因而失去效力。

其一,在这里关于构造的讨论中并未涉及现象(对象)的合法性问题,并未涉及现象(对象)的真与假、存在与非存在等,因而并未涉及作为明证性的可见性问题。在这里,关键性的问题是现象(对象)的给

---

① 参见 Sean D. Kelly, "Edmund Husserl and Phenomenology," in *The Blackwell Guide to Continental Philosophy*, eds. Robert Solomon and David Sherman (Malden: Blackwell Pub., 2003), pp. 112 – 142。

② 参见胡塞尔:《纯粹现象学通论——纯粹现象学和现象学哲学的观念(第1卷)》,李幼蒸译,第41页。

予，是现象（对象）依据怎样的可能性条件而显现出来。

其二，那么依据构造机制，对于现象（对象）之显现来说什么是最重要的呢？是原初被给予的可见者还是意向性的把握和综合？马里翁讲到，当然是意向性的把握和综合。就像透视凭借作为理想性虚空的不可见者来松弛和组织无序堆积的可见者，进而形成更可见的景观和对象，构造机制中意向性也依据观念性（理想性）的本质可能性来把握和综合原初被给予物，进而构造出作为意向对象的现象。在构造机制中，如果只有原初被给予物而没有意向性的把握和综合，现象（对象）就无法显现出来；但如果没有原初被给予物而只有意向性的把握和综合，现象（对象）却仍能被空乏地意指，仍能显现。实际上，对象之构造需要主体从原初可见者那里抽身，需要主体"不要使自身被可见者的未区分性眩惑"①。在这里，意向性的把握和综合的功能越强，现象（对象）就被构造得越完美、越可见；而在整个意向性构造中，最终显现出来的只是意向对象（可见者），意向性的把握和综合却隐而不显（不可见者）。因此，如同透视一样，在构造机制中，不可见者既是主人又是仆人：它是主人，因为它主导着可见者的构造，是可见者得以被构造为对象的条件；同时它又是仆人，因为它为可见者被构造为对象服务，并以这种构造为目的，它展现可见者，使可见者更加可见，自己却不显现。

其三，马里翁指出，就对象之构造而言，原初被给予的直观的有限性构成其必不可少的可能性条件，"原则上讲，除非依据直观的匮乏，因而是被给予性的缺乏，否则现象不会显现"②。因为只有在这些直观是有限的、匮乏的条件下，它们才能进入构造的运作，即一个先验自我才有能力依据观念的可能性或者说依据某个视域将这些直观把握和综合成一个意向对象。而且马里翁指出，实际上，在胡塞尔的现象学中，相对于意向对象而言，直观确实是匮乏的，而最理想的状况也只是两者的

---

① Jean-Luc Marion, *De surcroît*, p. 68.
② Jean-Luc Marion, *Étant donné*, p. 324.

相等,但这种相等极为稀有,胡塞尔甚至将其称作理想。因此,与通常认为的可见性与原初可见者的增加成正比相反,可见性的显现和强度在本质上要求原初可见者的匮乏。

至此,我们终于界定出透视机制与胡塞尔的现象学构造机制之间的实质一致性,也就是从本质上说,透视机制就是对象、景观之构造,就是构造机制,而构造机制也由可见者与不可见者的一种悖谬性关系规定,透视机制的悖谬是平凡的,它不独属于绘画,而是通达一切对象之构造。以此为基础,对象性的现象显现在本质上呈现的就是可见者与不可见者的一种悖谬性关系:作为自我之意向的不可见者决定了作为对象的可见者,自我之意向、期待或操控越强烈,可见者就越可见,越作为对象向我们显现。在这里,可见者被完全还原成对象,而不可见者则被完全还原成自我之意向、期待,等等。

第三章　图像化的效应与图像现象性的开放

从世界图像化的表层显象及其所关联的图像神话，到自治图像的具体运作逻辑，再到自治图像的现象性本质（对象性）以及这种本质机制在绘画透视法中的典范性呈现，我们终于界定出世界图像化的实质以及图像化时代的可见性逻辑。那么，这样一种图像化具有怎样的效应呢？这种效应会将我们导向对图像现象性的怎样一种探索呢？在本章，我们就来进行具体讨论。

第一节　现象显现自主性的压抑

这里首先涉及的就是世界图像化对现象整体显现的效应。实际上，在第二章讨论世界图像化的本质时，我们就已经涉及这种效应。通过追寻海德格尔、亨利和马里翁的分析，我们已经发现，世界图像化的本质是对存在者或现象的对象化，在这种对象化的机制下，存在者或现象丧失了自身存在和显现的主动性，它需要以作为主体的自我为可能性条件，需要依据主体的意向、期待等而显现，进而获得作为现象或存在者的资格，获得存在的意义。在这里，为了更充分地说明这种效应，我们将继续追随马里翁的讨论，首先选取对象化机制中的几个重要思想节点，一般性地分析在此机制下的现象显现的可能性与不可能性；然后以此为基础，讨论具体意义上的图像化本身对现象显现的影响。

一、莱布尼茨两大原则下的现象显现

在依据对象性来规定现象之现象性的思想历程中，形而上学构成一个重要节点，而根据马里翁的讨论，在形而上学的现象的可能性规定中，最具代表性的是莱布尼茨和康德。莱布尼茨在《单子论》和《以理性为基础，自然和神恩的原则》等著作中，提出了既界定现象的可能性与不可能性，又界定形而上学的基本特征的两大原则，即矛盾原则（le principe de contradiction，又译为矛盾律）和充足理由原则（le principe de raison suffisante，又译为充足理由律）。马里翁指出，这两大原则后来被康德进一步继承和强化。下面，我们先讨论莱布尼茨两大原则下的现象的可能性与不可能性。

在这里，我们先看充足理由原则。充足理由原则是莱布尼茨哲学最为基本的一个原则，也是形而上学的一个基本规定性，马里翁甚至指出，"被理解为形而上学的哲学是通过持续地（从笛卡尔到黑格尔）彻底化充足理由原则的内涵而被实现的"[①]。那么，充足理由原则的具体内涵是什么呢？它又是如何规定现象的可能性与不可能性的呢？在这样一个原则的规定下，现象呈现为什么样的形象呢？下面我们就来具体讨论。

在《以理性为基础，自然和神恩的原则》中，莱布尼茨给出了对充足理由原则的一个精确表达，"没有充足理由，就没有东西能够发生，也就是说，如果没有可能给一个应当充足了解事物的人以充足的理由，

[①] Jean-Luc Marion，*Le visible et le révélé*，p. 14.

去确定何以事物是这样而不是那样的话,就没有东西能够发生"①,这便是形而上学必须遵循和使用的"伟大原则"。在这里我们可以看出两个要点:第一,任何事物的发生和显现都必须以充足理由为基础与可能性条件,都必须要有充足理由来对其发生和显现的合法性与权利进行证明。事物已经发生和显现的既成事实并不能证明这种发生和显现的合法性与权利,相反,这个既成事实必须要得到充足理由的奠基和证明。第二,这样一种充足理由并不是无法认识或预知的,而是能够被认识和预知的,"尽管这些理由我们常常是没有认识到的"②,但还是能够"给一个应当充足了解事物的人以充足的理由",也就是说,这种充足理由能够被理智健全的人认识和预知。马里翁甚至认为,在莱布尼茨的讨论中,事物发生和显现的可能性"等同于认识这样一种显现的充足理由的可能性"③。

那么,这样一种能够被认识和预知的充足理由来自何处呢?根据莱布尼茨的讨论,事物发生和显现的充足理由并不源自它们自身,而是源自一个在它们之外并先于它们的理由,这样一个理由就是上帝这个无限者。④ 因此,我们可以说,事物的发生和显现并不是从自身出发并基于自身,并不是从自身的自主性和主动性出发,而是以一种先于自身并不同于自身的充足理由——上帝——为其发生和显现的可能性条件,其发生和显现的合法性与权利也并不是源自其自身,而是源自有别于其自身的上帝,上帝为所有事物的发生和显现奠定了基础,并掌握了所有事物发生和显现的主动性。

如果具体到现象的可能性问题,即现象的显现可能性,那么我们就可以说在莱布尼茨看来,现象显现的可能性并不源自其自身,而是以先

---

① 莱布尼茨:《以理性为基础,自然和神恩的原则》,载陈乐民编著《莱布尼茨读本》,江苏教育出版社,2006,第54-55页。
② 莱布尼茨:《单子论》,载陈乐民编著《莱布尼茨读本》,第40页。
③ Jean-Luc Marion, *Étant donné*, p.299.
④ 参见莱布尼茨:《单子论》,载陈乐民编著《莱布尼茨读本》,第40-41页;莱布尼茨:《以理性为基础,自然和神恩的原则》,载陈乐民编著《莱布尼茨读本》,第55页。

于其自身并有别于其自身的可认知的充足理由（上帝）为其可能性条件，其显现的合法性与权利也不能从这样一个既成事实——该现象已经显现了——中获得证明，而是必须由充足理由（上帝）为其进行保证，现象之外的充足理由（上帝）掌握了现象显现的主动性，界定了现象的可能性和合法性，奠定了现象显现的基础。现象是被奠基的现象，它自身并不掌握显现的自主性和主动性，因此马里翁讲，"在形而上学领域中，显现的可能性从来不属于显现者，其现象性也不属于现象"①。

那么，以充足理由为其可能性条件的现象，将会以怎样一种形象显现呢？这里涉及莱布尼茨对事物的分类。在1714年8月15日的一封信件中，莱布尼茨将其所谓的"绝对、持久的创造物"（creatura permanens absoluta; an absolute, enduring creature）分成如下两大类："统一体本身或完全的存在"（Unum per se seu Ens plenum; A unity per se or complete being）与"聚合的统一体或半-存在、现象"（Umum per aggregationem seu Semiens, phaenomenon; A unity by aggregation or semi-being, a phenomenon）。② 也就是说，在莱布尼茨看来，现象并不是一种完全的存在，而仅仅是一种半-存在。如何理解现象的这样一种半-存在的形象和地位呢？对此，马里翁进行了详细的说明。马里翁指出，在莱布尼茨那里，现象之所以被看作半-存在，并不是因为现象缺乏显现的充足理由，并不是因为现象的显现是可疑的，而是因为它具有显现的充足理由。具体地说，根据充足理由原则，现象只有在具有一个充足理由的情况下才能如此这般显现，而既然现象如此这般显现了，那就说明必然有一个保证它如此这般显现的充足理由，所以现象如此这般显现的事实并不是可疑的、缺乏根据的，而是被充足理由充分奠基的，充足理由保证了现象如此这般显现的合法性与权利。但是，这样一个充

---

① Jean-Luc Marion，*Étant donné*，p. 300.
② 莱布尼茨的划分，参见 G. W. Leibniz，*The Leibniz-Des Bosses Correspondence*，translated, edited, and with an introduction by Brandon C. Look and Donald Rutherford（New Haven/London：Yale University Press，2007），pp. 354 - 357。

足理由却并不是源自现象及其显现本身,而是外在于现象、先于现象并有别于现象,因此它体现的正是现象显现对外在条件的依赖性,是现象本身自主性和主动性的缺乏,是现象本身作为存在的不充分性。也就是说,只是由于现象本身是不充分的,是缺乏内在理由的,才需要一个外在的充足理由来为其提供显现的可能性条件,来保证其显现的事实的合法性,充足理由越是强有力地保证了现象显现的可能性和合法性,现象本身就越是不充分,越是只能作为一个半-存在。因此,在莱布尼茨那里,现象之所以是半-存在,恰恰是因为它的显现具有一个莱布尼茨意义上的充足理由。①

至此,我们便可以界定出莱布尼茨的充足理由原则下的现象的可能性:以充足理由原则为基础,现象并不掌握显现的自主性和主动性,并不从自身出发并基于自身而显现,而是以外在于它、先于它并有别于它的充足理由为基础,充足理由构成现象显现的可能性条件和界限,缺乏充足理由的现象是不可能显现的。以此为基础,现象成了有条件的现象,成了不具有独立性和自主性的半-存在。

与充足理由原则密切相关的是莱布尼茨提出的另一个原则,即矛盾原则。对于这一原则,莱布尼茨进行了这样一种界定:"'矛盾的原则',我们依据这一原则,判断包含矛盾的东西为假,则凡与假相对或与之矛盾者为真。"② 如果从我们此处讨论的问题的角度进行界定,那么矛盾原则所指涉的无非就是同自身矛盾的现象是不可能的,而非矛盾的现象则是可能的,也就是说,现象的可能性与不可能性取决于其是否存在矛盾,非矛盾性成为现象的可能性的前提。

在通常的理解中,这样一个原则看似是自明的和无可置疑的,但是马里翁仍然通过讨论其概念内涵的实质揭示了其相对性和不稳固性。根据马里翁的讨论,我们可以界定以下四个层次的问题:首先,就其运作

---

① 参见 Jean-Luc Marion, *Étant donné*, pp. 299 – 300。
② 莱布尼茨:《单子论》,载陈乐民编著《莱布尼茨读本》,第 39 页。

而言，我们对矛盾与非矛盾的判定总是在概念中进行的，也就是说，事物是否同自身矛盾，主要体现在它自身的概念是否同自身矛盾。而由于这些概念总是我们的概念，是我们构想出来的概念，所以事物是否矛盾就体现在它是否"在我们的概念中同自身矛盾"[1]，或者说体现在我们有关事物的概念是否自相矛盾。其次，在概念中对矛盾的判定总是需要依据一定的标准和尺度，也就是说，"人们不能谈论绝对的和无条件的矛盾，而只能且总是谈论一种在概念的尺度中并依据概念的尺度的矛盾"[2]。再次，那么，这种标准和尺度来自何处呢？当然是来自我们对概念进行构想的可能性，来自我们对某个概念或者概念组合进行表象的可能性。也就是说，当我们判断事物的某个或者某些概念是否自相矛盾时，我们依据的是我们对这些概念进行表象和设想的可能性，我们总是将形式上不可设想的概念界定为矛盾的。

最后，以上述讨论为基础，我们便可以知道，矛盾原则其实建立在我们自身的能力之上，而并非基于事物本身，它只有以我们为基础，才能获得完整的意义，进而运作起自身。众所周知，我们是有限的存在，而不是全能的存在，这就意味着我们的表象和设想能力是有限的，以这种有限的能力为基础，我们并不能设想所有在这种能力之外的可能性。因此，与其表面的绝对自明性和不可置疑性相反的是，在实质上，它最终界定的只是我们能力的界限，只有相对于我们的能力，它才具有效用。当矛盾原则成为现象的可能性与不可能性的前提时，我们其实是在以我们自己的尺度和能力来界定现象的可能性与不可能性，因此在其根本上，矛盾原则所界定的现象的可能性与不可能性其实体现的是自我对现象的奠基性，也就是现象的显现以自我的能力为可能性条件。[3]

至此，我们终于界定了莱布尼茨两大原则下的现象显现的可能性与不可能性。纵观两大原则的内涵及实质，我们可以说，在这些原则的界

---

[1] Jean-Luc Marion, *Certitudes négatives*, p. 269.
[2] 同上书，第121页。
[3] 参见上书，第121-122、268-269页。

定下,现象其实是被奠基的现象,它需要从自身之外获得显现的可能性条件,而非从自身出发并基于自身而自主显现。

二、康德先天形式条件下的现象显现

澄清了莱布尼茨两大原则下的现象的可能性与不可能性之后,我们便可以讨论形而上学的现象可能性规定的另一个代表康德。马里翁指出,尽管在康德和莱布尼茨之间存在着表面的差异,但是在实质上,康德继承并且彻底化了莱布尼茨的两大原则。① 很明显,康德继承了矛盾原则,因为他将这一原则看作"一切分析判断的至上原理"。② 那么,康德对充足理由原则的继承和彻底化体现在何处呢?马里翁指出,这种继承和彻底化体现在康德对现象的可能性的界定上。那么,在康德那里,现象具有怎样的可能性与不可能性,又是以怎样的形象显现的呢?为了更方便地澄清这样一个问题,我们必须首先讨论一下康德对现象的定义。

在《纯粹理性批判》中,康德分别在"原理分析论"第三篇的第一版和第二版提出了两个现象定义:"……我们把某些作为显象的对象称为感观物(Phaenomena [现象])"③;"种种显象,就它们作为对象按照范畴的统一性被思维而言,就叫做现象"④。综合起来讲,康德对现象有两个重要的定位:首先,现象是一种对象,对象地位是康德对现象的定位,或者说在康德那里,现象的现象性就在于其对象性,现象作为自我(主体)的对象显现;其次,现象作为对象是一种已经得到规定和思维的显象,而不是其他东西,而这种规定和思维的根据就是范畴的统一性。那么,什么是显象呢?按照康德规定,"一个经验性直观的未被规

---

① 参见 Jean-Luc Marion, *Étant donné*, p. 301。
② 参见康德:《纯粹理性批判》,李秋零译,第 171 - 173 页。
③ 同上书,第 241 页。
④ 同上书,第 243 页。

定的对象就叫做显象"①。也就是说，显象是经验对象的未被规定的状态，联系前面对现象的定义，显象一旦被规定，就成为现象，因此可以说现象就是已经被规定的经验对象，经验对象在未被规定的状态下被称作显象，而一旦依据范畴被规定，则被称作现象。

以对现象的这样一种界定为基础，我们便可以讨论康德哲学中的现象的可能性与不可能性。那么，康德认为什么是可能的呢？在《纯粹理性批判》中，康德在讨论"一般经验性思维的公设"时对可能性进行了如下规定："凡是与经验的形式条件（按照直观和概念）一致的，就是可能的。"② 而在讨论"一切综合判断的至上原理"时，康德又明确指出，"一般经验的可能性的种种条件同时就是经验对象的可能性的种种条件"③。我们已经指出，现象就是已经被规定的经验对象，因此，康德在此实质上就是在界定现象的可能性条件。根据这两处对可能性的讨论，我们可以得出两个要点：第一，在康德看来，现象的可能性并不是无条件的，而是有条件的，这种有条件性决定了现象显现的有限性；第二，现象的可能性条件来自经验的可能性条件，也就是经验的形式条件，现象只有在满足这些形式条件的基础上才是可能的，也就是才有可能作为现象显现。那么，经验的这些形式条件会对现象的显现造成什么样的影响呢？或者说在这些形式条件下，现象会以怎样的形象和方式显现呢？为了更清楚地说明这个问题，在此我们必须要对经验的形式条件的具体内容和来源进行更详尽的规定。

根据康德的讨论，经验的形式条件分为两类，即感性形式条件（时间和空间）和知性形式条件（纯粹知性范畴）。我们先看经验的感性形式条件。康德指出，无论如何我们都是通过直观而与对象直接发生关系的，对象通过直观而被给予我们。对于人类来说，这种给予对象的直观只能被动地进行，即只有在对象刺激我们时，我们才能获得关于对象的

---

① 康德：《纯粹理性批判》，李秋零译，第 56 页。
② 同上书，第 217 页。
③ 同上书，第 175 页。

直观，因而我们人类只有感受性的感性直观，这样一种直观是经验性的，这种直观将显象给予我们。

那么，显象由什么构成呢？一方面，显象具有由对象刺激我们而给予的感觉，这些感觉是对象给予的后天的杂多，是显象的质料；另一方面，这些后天的杂多质料只有在一定的感性形式中才能被整理出来，进而成为显象，因此显象还必须具有形式。因为显象的形式必须为显象的杂多质料提供统一性，所以它不可能是对象通过刺激而给予我们的感觉，而只能是主体先天蕴含在心灵中的形式。只有通过这些形式，对象给予的杂多质料才能被整理，显象才得以可能，进而我们对对象的直观才得以可能，因此这些条件是显象的可能性的先天形式条件。

那么，这些先天形式条件有哪些呢？康德通过对一切属于感觉和思维的东西的排除，最终得出显象的可能性的两个先天形式条件，即作为外感官形式条件的空间和作为内感官形式条件的时间，并对空间和时间进行了形而上学阐明和先验阐明，进而证明了它们是经验的可能性的先天感性形式条件。

我们再看经验的知性形式条件。康德指出，感性直观虽然给予了被先天感性形式整理了的感觉，即给予了我们显象，但这种显象还是未经联结的感性直观的杂多，因而还没有给予我们作为认识对象的经验。对于杂多表象的联结并不在我们的感性直观能力的纯形式中，也不能通过感官被给予我们。因为一切杂多表象的联结（包括感性直观的联结和概念的联结）都是"主体的自发性的一个行动"①，而感性恰恰是一种被动的感受性能力，所以我们不能通过感性（不管是其纯形式，还是其被给予的感觉杂多）实现杂多的联结。康德指出，与感受性的表象力即感性相对，主体的自发性的表象力就是知性，因而联结是知性的一种行动。也就是说，作为感性直观杂多的显象要想成为作为经验的对象，还需要知性的联结，因而需要知性为其提供可能性条件。

---

① 康德：《纯粹理性批判》，李秋零译，第117页。

知性通过自发性的一种行动将杂多联结起来，也就是将杂多综合起来，杂多与综合是"联结"概念的两个构成要素。但是，联结要想实现杂多的综合，还必须以一种杂多的统一为前提。康德指出，"这种统一性的表象不能从联结中产生，毋宁说，它通过附加到杂多的表象上才使得联结的概念成为可能"①。因此，这种统一性先行于知性的联结，并为知性的联结提供可能。

那么，这种统一性从何处寻找呢？康德指出，肯定不能从知性的范畴中寻找统一性，"因为一切范畴都建立在判断中的逻辑功能之上，但在判断中已经思维了联结，从而思维了被给予的概念的统一性"②。因而范畴已经以统一性和联结为前提了。康德指出，这种统一性只能是更高处的统觉的源始综合统一性。"一切直观的可能性与知性相关的至上原理就是：直观的一切杂多都从属于统觉的源始综合统一的条件。"③也就是说，作为感性直观杂多的显象只有以统觉的源始综合统一性为前提，才能被联结成经验，从而实现直观的统一。

康德接着指出，作为感性直观杂多的显象之所以能够被置入源始综合统一的统觉中，是凭借判断的逻辑功能的作用。而知性范畴就是进行判断的功能，因此，作为感性直观杂多的显象是从属于范畴的，范畴是使作为感性直观杂多的显象能够被置入源始综合统一的统觉中的条件。康德从判断的逻辑功能推出一系列知性范畴，并就它们对经验的客观有效性进行了严格的先验演绎，以此来说明范畴是经验的可能性的先天知性条件。

至此，我们终于澄清了康德意义上的经验的可能性的先天形式条件的具体内容，也就是规定了现象的可能性条件。根据这种澄清，我们知道，经验的这些形式条件并非源自事物本身，并非事物本身的属性，而是源自主体，更准确地说是源自主体的先天认识能力。以对现象的可能

---

① 康德：《纯粹理性批判》，李秋零译，第117页。
② 同上。
③ 同上书，第120页。

性条件的具体内容和来源的这种澄清为基础,我们便可以具体规定这些条件对现象显现的影响。在这里,有两个方面的影响是关键性的。

其一,以源自主体的认识能力的形式条件为其可能性条件的现象将不会是事物自身,而只是事物向我们显现的样子。康德在《纯粹理性批判》中明确区分了显象与物自身、现象与本体。康德指出,我们只有感性直观,而没有理智直观,因此所有事物都必须通过感性直观被给予我们,也就是通过显象被给予我们,现象也只是经过规定和思维的显象。就显象来说,它的形式(时间和空间)源自主体的先天认识能力的感性形式,而其质料也只是事物通过感性直观刺激我们而留下的主观性状,因此无论从形式还是质料来说,显象都不是对事物自身的反映,而只是我们对事物的表象。就现象来说,它又在显象的感性形式条件之上添加了知性形式条件,因此更加与事物自身无关。由此,现象与事物自身之间将存在着不可逾越的间距,现象将只是事物自身的显象,而事物自身永远也不能就其自身而在现象中向我们显现。① 总而言之,在主体的认识能力的先天形式条件的规定下,现象丧失了自身显现的特征,也就是它将不会是从事物自身并作为其自身而显示自身。

其二,现象以主体的认识能力的先天形式为其可能性条件,将意味着现象并不是从自身获得显现的可能性,而是从自身之外的主体获得这种可能性,它的现象性不是源自自身,而是源自主体,由此现象丧失了显现的自主性。马里翁指出,正是在这里,康德继承了莱布尼茨的充足理由原则对现象的规定。根据充足理由原则,显现需要一个自身之外的理由为其奠基,进而说明其发生和显现的可能性;而在康德的现象讨论中,现象同样需要一个自身之外的主体为其提供发生和显现的可能性条件,它只有在这个条件之上才能显现,因而它需要这个主体作为其显现的基础为其显现奠基。马里翁还讲到,康德不仅继承了莱布尼茨的充足

---

① 关于显象与物自身、现象与本体的关系及差异的更详细的探讨,参见张志伟:《〈纯粹理性批判〉中的本体概念》,《中山大学学报(社会科学版)》2005 年第 6 期。

理由原则，而且对其进行了彻底化。这种彻底化就表现在现象的基础和可能性条件从无限之物转向有限之物：在莱布尼茨那里，现象的最终根基和理由在于无限的上帝，上帝为现象奠基；而在康德这里，现象的可能性条件则源自主体的有限的认识能力。①

至此，我们界定了康德意义上的现象的可能性与形象。在康德那里，现象仍然是被奠基的现象，它既不是自身显现的，也不是自主显现的，它的显现的可能性源自主体的先天认识形式，它需要这种形式为其奠基。

三、胡塞尔与现象性的解放和限制

在形而上学中，现象是被奠基的，它需要来自自身之外的基础和理由，以便获得自身发生和显现的权利，而并非从自身并依据自身而自身自主显现。及至在现象学中，这种奠基要求受到广泛质疑，很多现象学家都宣称要让现象自身显现。然而，马里翁指出，由于现象学本身的任务和方法的困难性，所以事实上现象学家们在突破对现象的限制并解放现象的同时，往往都会自觉不自觉地使现象落入新的限制中，从而阻碍了现象的自身自主显现。在现象学中，就现象之显现的可能性而言，存在着解放与限制的纠缠，现象学就是在不断突破这种纠缠中进入新的更本真的可能性。在这种纠缠中，最具代表性的是经典现象学的创立者胡塞尔，而他也正好构成依据对象性来规定现象之现象性的一个重要思想节点。因此，在这里我们需要以胡塞尔为例，具体讨论一下经典现象学对现象之显现的解放和限制。

胡塞尔对现象之显现的解放和限制，马里翁称之为对现象性的解放和限制。在此，马里翁关注的焦点还是我们前面讨论过的胡塞尔的"一切原则之原则"："每一种原初给予性直观都是认识的合法源泉（une

---

① 参见 Jean-Luc Marion, *Étant donné*, pp. 299–302。

source de droit，a source of right，权利的源泉），在直观中原初地（可说是在其肉身性现实中）给予我们的东西，只应按如其被给予的那样，而且也只在它在此被给予的限度内，被加以理解。"① 胡塞尔赋予这一原则极高的地位和明见性，他指出"没有任何可想象出的理论会使我们……产生误解"②。然而，马里翁却指出，这一原则的内部存在多重矛盾和不明之处，这些矛盾使胡塞尔在获得现象学突破并解放了现象性的同时，又给现象性带来了新的限制，从而错失了其关键性的突破。

我们先看胡塞尔实现的突破和解放，马里翁将这种突破和解放界定为三个方面。首先，"这一原则将现象性从形而上学的奠基要求解放出来"③。根据"一切原则之原则"，"每一种原初给予性直观都是认识的合法源泉"，也就是说，直观本身是自足的，它已经是权利的来源，已经足以证明权利的合法性，它不再需要诉诸其他基础，不再需要诉诸充足理由，它自己就可以证明自己。因此，就现象之显现来说，其显现的权利只需从直观这种显现形式那里得到证明，不再需要奠基于先于并有别于显现的东西，不需要奠基于充足理由。作为现象之显现的直观构成现象性（现象之显现）的事实上和事理（权利）上的证明。

其次，"这一原则将现象性从康德式分析论的框架和限制中解放出来"④。在"一切原则之原则"中，由于直观是现象之显现的事实上和事理（权利）上的源泉，而直观又并没有被置于康德式先天形式条件的束缚下，并没有将这些先天形式条件作为其可能性条件，所以现象之显现（现象性）也就没有被置于这些先天形式条件的限制中，也就从这些条件的束缚中解放出来。

最后，现象性脱离了半-实体的地位，并"在其肉身性现实"

---

① 胡塞尔：《纯粹现象学通论——纯粹现象学和现象学哲学的观念（第1卷）》，李幼蒸译，第41页。译文有改动。
② 同上。
③ Jean-Luc Marion, *Étant donné*, p. 20.
④ 同上。

(effectivité charnelle)中找到了"在场的最高形象"①。为了说明这一点,马里翁援引了法国现象学家迪迪埃·弗朗克(Didier Franck)对胡塞尔的分析。弗朗克在《肉体与身体:论胡塞尔的现象学》(*Flesh and Body: On the Phenomendogy of Husserl*)中指出,胡塞尔在其现象学中寻求科学的绝对基础,寻求明见性,但是这种基础和明见性不再是通过演绎来获得,而是通过原初给予的直观来获得,原初的直观被给予性是明见性最一般的特征,并且成为科学的绝对基础。因此,在原初给予的直观中显现的现象就不再是一种半-实体,相反,它具有绝对的明见性,它是所有科学赖以展开的绝对基础,因而也是最完善的事物显现,是事物在场的最高形象。而如"一切原则之原则"第二分句所显示的,直观原初地给予也就是"在其肉身性现实"中给予,也就是说,现象在自身的肉身中被给予,现象以其鲜活的躯体亲身在场,进而亲身被给予,因此原初的直观被给予性也就是肉身的(亲身的)被给予性。② 由此,肉身给予性(亲身给予性)也就成为现象学的绝对基础,并界定了明见性最一般的特征,它先于现象学的任何区分。而一切现象的自身给予性也就通过成为肉身给予性(亲身给予性)而获得绝对明见性,肉身给予性(亲身给予性)成为现象的自身给予性的最高模式,在肉身中显现(亲身显现)也就成为现象之显现、现象在场的最高形象。"并不是所有自身给予性都必然是肉身化的(亲身的),但是在肉身中的(亲身的)自身给予性却是其最高模式,是其目的。"③

---

① Jean-Luc Marion, *Étant donné*, p. 21.
② 弗朗克在此用的词组为"incarnée (incarnate)""en chair (in the flesh)"等,这些词组的含义就是肉身的、亲身的、亲自的、以肉体形式的,因此就此处讨论的意义来说,直接译为"亲身的"最为恰当,但是在弗朗克的著作中,这种讨论凸显的是肉身和身体在胡塞尔现象学中的作用,并且最后指向的也是对肉身和身体的讨论。为了凸显和指涉这样一种关联,我们在此将这些词组分别译为"肉身化的(亲身的)""在肉体中的(亲身的)"等。另外,马里翁同样将这里的原初的直观被给予性理解为自身的亲身被给予性(参见马里翁:《还原与给予——胡塞尔、海德格尔与现象学研究》,方向红译,第90页)。
③ Didier Franck, *Flesh and Body: On the Phenomenology of Husserl*, trans. Joseph Rivera and Scott Davidson (London/New York: Bloomsbury Academic, 2014), p. 20.

"一切原则之原则"将现象性从以上诸多限制中解放出来,并且将直观这种显现形式作为现象之显现的事实上和事理(权利)上的源泉,这也就是说,现象之显现不再需要求助自身之外的任何基础和条件,它是在自身基础上显现自身的。因此,马里翁指出,通过"一切原则之原则",胡塞尔实际上已经表达出海德格尔意义上的现象,即"就其自身显示自身者"①。

然而,"一切原则之原则"真的实现了现象性的彻底解放吗?它真的使现象彻底地"就其自身显示自身"了吗?在此,情况远比我们想象的复杂。马里翁讲到,"一切原则之原则"充满了矛盾和不一致,它在解放现象性的同时,也付出了沉重的代价,这种代价就体现在直观对现象性的限制上,正是这种限制使"一切原则之原则"在解放现象性的同时又错失了现象性。那么,直观如何限制了现象性呢?根据出发点和视角的不同,马里翁在不同的地方对这一限制的论述有所区别。综观马里翁的论述,直观对现象性的限制主要体现在以下四个方面。

我们先看第一个方面,即"直观在其自身中成为一种先天:根据'一切原则之原则',直观之外,没有被给予性"②。如何理解这一点呢?这得从直观与现象之显现的关系着手。毫无疑问,直观是现象显现的一种方式,因而将直观从形而上学的奠基要求、从先天形式条件等中解放出来,也就是将现象性从这些要求和条件中解放出来。但是问题也恰恰出在这里。从根本上说,现象性之解放——现象之显现的解放——必须从一般显现本身着手,它关涉的是显现的一般本质,而不是显现的特殊形式。正如亨利所说,这里包含着一种灾难性的混淆,即把显现的特殊形式与显现的一般本质相混淆,以显现的特殊形式来界定显现的一般本质,进而遮蔽了其他显现形式和可能性。③ 这样,现象性的解放就不是以现象性的一般本质为基础,而是以直观这种特殊的显现形式为基础,

---

① 海德格尔:《存在与时间》(修订译本),陈嘉映、王庆节译,第34页。
② Jean-Luc Marion, *Étant donné*, p. 21.
③ 参见 Michel Henry, *Phénoménologie de la vie* I, p. 86。

现象之显现的一般本质就被还原成直观,也就是说,直观成为界定一般显现之本质的唯一形式。直观这种特殊显现形式由于界定了现象性的一般本质,也就成为现象显现的先天条件,继而成为被给予性的唯一形式,从而遮蔽了显现的其他形式和可能性。

"一切原则之原则"中的"直观"是怎样的一种特殊显现形式呢?这得从胡塞尔对直观的界定开始谈起。直观是胡塞尔现象学的核心概念之一,胡塞尔在其现象学著作中对直观进行了大量详细讨论。虽然随着时间的推移和语境的转换,胡塞尔对直观的界定稍有差异,但是以下两个特征却一直伴随着胡塞尔对直观的规定:一方面,直观是意识的一种意向活动,意向性就是直观的基本特征,它规定了直观;另一方面,直观具有充实功能,它根据有待被充实的意向来组织自身,进而充实意向性。因此,无论从哪个层面的规定来看,意向性都界定了直观的整个特征和运作,直观这种特殊显现形式其实就是意向性的显现形式。由此,我们说直观界定了现象性的一般本质,并将自身限定为被给予性的唯一形式,进而遮蔽了其他显现形式和可能性,也就是意向性界定了现象性,现象之显现也就被封闭在意向性的显现这样一种形式中,或者如亨利所指出的,"意向性产生了现象性"[①]。

这种意向性的显现形式又是怎样的一种形式呢?意向性会将现象性界定为什么呢?这得从意向性的一般内涵出发进行说明。在胡塞尔的现象学中,意向性指涉的是意识的这样一个基本特征,即所有意识都是"对某物的意识",它使意识行为超越自身而指向某个对象,使一个意向对象被显现出来,在意向性的讨论中,始终伴随着意向活动和意向对象的并置,因而意向性的显现形式其实也是一种对象化的形式。具体到直观的两个特征:一方面,直观作为意向活动,使一个意向对象显现出来;另一方面,直观具有充实功能,它充实一个意向对象。由此,意向性界定现象性,将现象的显现封闭在意向性的显现中,也就是将现象的

---

① Michel Henry, *Phénoménologie de la vie I*, p. 86.

显现封闭在对象化的显现中，将对象化的显现变成现象显现的唯一形式，将现象性界定为对象性。由此，我们获得了直观对现象性的第二个方面的限制，即以意向性为根本特征的直观将现象性限定为对象性，进而封闭了现象显现的其他形式和可能性。

这种限定是合理的吗？马里翁指出，毫无疑问，对象化的显现实现了现象的一种显现，并且在我们的日常生活中，这种显现形式也是最常见的显现形式，但是这种完成和这种常见性并不能证明这种显现形式就是现象显现的唯一形式，不能证明现象性就是对象性。因此，意向性的直观将现象性限定为对象性是成问题的。

以意向性为特征的直观不仅将现象的显现封闭在意向性的对象化显现中，将现象性封闭在对象性中，而且为现象的显现添加了一个非直观的条件，即视域（l'horizon），这是直观对现象性的第三个方面的限制。视域是胡塞尔现象学中的一个重要概念，胡塞尔认为，每一体验都有其视域，每一直观都是在一个视域下进行的，内在直观的无限进程"从被固定的体验通向其体验视域中的诸新体验，从新体验的固定化通向新体验视域的固定化，如此等等……一个成为某一自我目光对象的因而具有注视对象之样式的体验，具有其未被注视的体验的视域"[①]。

马里翁指出，对于胡塞尔来说，视域对直观的限制在现象学上是必然的，这种必然性源自意向性的对象化行为。意识要构造一个意向对象，要完成一个意向活动，仅仅有体验流还不行，还必须围绕某个对象内核对已经发生、正在发生或将要发生的体验流进行统握和综合，进而构造出一个意向对象，完成一个意向活动。因而，在意向性的对象化行为中，所有体验都被统握在同一的确定的视域中，这个视域在先地规定了需要被统握和综合的体验。具体到具有充实功能的直观，直观以其连续的体验流充实某个意向性的指向，为了能进行这种充实，直观就必须

[①] 胡塞尔：《纯粹现象学通论——纯粹现象学和现象学哲学的观念（第1卷）》，李幼蒸译，第156页。译文有改动。

依据这个有待被充实的意向来组织自己的体验流,就必须依据一个在先的视域来统握和综合这些体验。由此,直观便在先地被限定在一个视域中。

那么,视域对直观的这种在先的限定会造成怎样的后果呢?视域在先地规定直观,按照某个对象内核来统握和综合直观的体验流,但这些体验有已经发生和正在发生的(即已知的),也有即将发生的(即未知的)。对于已知的直观体验来说,意识可以直接按照对象内核进行统握和综合;但对于未知的体验来说,意识的统握和综合就只能通过预测来进行,即按照对象内核和已知的体验来预测与指涉未知的体验,来预测它们的兼容性、同质性等,预测它们构成同一个对象。因此,在此已知者成为未知者的尺度和标准,未知者在自身到来之前都在先地根据已知者而被理解,根据已知者而被同化,都被还原成一种被预知者、被预见者,进而真正的不可还原的新颖性被封闭了,不可见者成为一种潜在的可见者。因此,马里翁说:"通过猜测它们总是已经与已被直观经验、凝视以及内在化的东西兼容、捆压和同质,视域在先地占据着未知者、未被经验者和未被凝视者……视域因而并未将不可见者的光晕环绕着可见者,而是在先地将这种不可见者指定给这个或那个焦点(对象),而这个焦点则被铭刻在已被见者之中。"①

以意向性为核心特征并具有充实功能的直观将现象性限定为对象性,同时将现象的显现置于视域的限制下,与此相关联,这种意向性的直观在与"自我"(le Je)的关联中为现象性增添了第四个方面的限制,即自我对现象性的限制。胡塞尔在讨论体验流和视域时指出,"体验流形式是一个必然包含着一个纯粹自我的一切体验形式……每一现在体验

---

① Jean-Luc Marion, *Étant donné*, pp. 306 - 307. 除了在《既给予》一书中讨论到了胡塞尔的现象模式中视域对现象性的限制,马里翁还在其前期的很多论文——例如《可能者与启示》("Le possible et la révélation")、《充溢现象》("Le phénomène saturé")、《形而上学与现象学:一种为了神学的扬弃》("Métaphysique et phénoménologie: une relève pour la théologie")等——中讨论了这一点,这些论文大部分被收录在《可见者与被启示者》一书中,参见 Jean-Luc Marion, *Le visible et le révélé*, pp. 10 - 11, 39 - 44, 88 - 96。

都具有一个体验视域，它也具有同样的'现在'原初性形式，并这样构成了纯粹自我的一个原初性视域，即他的完全原初性的现在意识"①。因此，一个纯粹自我始终伴随着体验流，也就是伴随着直观，并构成在一个视域中综合体验流、统握直观，进而完成一个意向活动并构造一个意向对象的条件，因而也就成为现象之显现的条件，成为现象性的条件。在这里意向性是这个纯粹自我的意向性，视域是这个纯粹自我的视域，直观也是这个纯粹自我的直观，进而现象之显现被限制在这个纯粹自我之下。

马里翁指出，这种限制其实就体现在"一切原则之原则"的这样一个表述中："给予我们的东西"。他认为，这个表述并不是无关紧要的，它表明了一个"自我"对现象性的限制。胡塞尔现象学的发展正印证了这一点，也就是说，胡塞尔最终放弃了他对纯粹被给予性（尽管在胡塞尔那里还只是以直观被给予性的形式出现）的决定性发现，放弃了纯粹被给予性的优先性，而转向了先验自我对现象的构造。②

至此，我们终于以莱布尼茨、康德和胡塞尔三位哲学家为节点，较为详尽地界定出经典形而上学和经典现象学的对象化机制对现象之显现的效应。那么，如果具体到当前时代的图像化，现象之显现的可能性与不可能性会呈现出怎样的形态呢？下面我们就来具体分析。

四、作为-图像的-自身

在分析图像化的具体效应时，马里翁明确指出，以电视图像为代表的图像解放使作为观看主体的窥视者成为重估一切价值的超人，与之对应，图像解放改变了窥视者之外的一切事物和人的存在方式，使它们的存在方式成为"存在就是被感知"。根据马里翁的讨论，由于自治图像

---

① 胡塞尔：《纯粹现象学通论——纯粹现象学和现象学哲学的观念（第1卷）》，李幼蒸译，第155-156页。译文有改动。

② 更详细的讨论，参见 Jean-Luc Marion, *Étant donné*, pp. 308-311.

摆脱了正本，篡夺了正本的实在性，并使自己成为独一无二的具有实在性的正本，因此，图像本身就不再是某种派生的、第二性的存在样式，而是原生的、第一性的存在样式。在这样一种运作机制下，无论是事物还是人，要想存在，都必须作为图像而存在。一方面，在自治图像机制下，事物或人只要拒绝进入图像，或者未能进入图像，就会如同作为正本的实在世界一样，被图像封闭，坠入不可见的晦暗中，丧失自身的实在性，进而被剥夺存在的权利。另一方面，事物或人进入图像后，就被从原有的实在关系和秩序中抽离出来，而被置于自治图像的不间断的时间和混杂的空间中，置于自治图像的系统中，由此，我们不再能够回溯事物或人在实在世界的样子，事物或人的存在就是事物或人在图像中显现的样子，就是作为-图像的-自身（moi-comme-image）。马里翁将事物和人的这种存在样式称作公开性（publicité），即"我存在，因为我被看到，而且，我如同我被看到的那样存在"①。

那么，在自治图像的机制下，我们如何才能顺利成为图像，进而获得自身的存在呢？根据马里翁的讨论，为了顺利成为图像，我们需要进行两次让渡。第一，我们必须将自身让渡给窥视者的凝视，将自身变成一个图像，即变成作为-图像的-自身，从而让自己能够被窥视者凝视。第二，仅仅作为-图像的-自身还不足以让自我显现，进而确证自我的存在，我们要显现，要存在，还必须让窥视者对我们所成为的图像做出肯定的评价，即要满足窥视者的观看之欲，将自我让渡给窥视者的欲望，进而成为窥视者的偶像。萨特曾在《存在与虚无》中指出，在他人的注视下，自我会因某些契机而放弃自己的自为存在，进而成为他人想要我成为的样子，成为为他的存在。② 马里翁指出，在自治图像的机制下，作为图像的所有事物和人的存在样态完美契合了萨特的界定。他讲到，

---

① Jean-Luc Marion, *La croisée du visible*, p. 95. （中译文见马里翁：《可见者的交错》，张建华译，第76页。）

② 参见萨特：《存在与虚无》，陈宣良等译，杜小真校，生活·读书·新知三联书店，2007，第319–377页。

在这样一个图像化的时代，政治家、运动员、作家等所有那些期待进行统治或者获得认同的人都必须使自己图像化，使自己成为满足窥视者欲望的偶像。①

以电视图像为代表的视听时代的图像解放改变了所有存在者的存在方式，使它们要么作为观看图像的窥视者，要么作为被观看的图像，也就是说，图像统治了所有存在者的方方面面。由此，马里翁指出，就其实质而言，图像化时代的图像解放其实是一种图像专制。他讲到，这样一种专制具有一个十分重要的后果，即它使我们陷入彻底的唯我论，进而封闭了真正沟通的可能性。更具体地说，在图像专制机制之下，图像呈现给我们的东西，或者说通过图像得到沟通的东西，并不是异于我们自身的东西，而是我们自身欲望的表达，是内在于我们的东西。因此，通过自治图像，我们并未越出自身，而是永远处在与自身的关系中。自治图像通过抓住我们的欲望、满足我们的欲望，编织出无所不在的欲望之幕，将我们与世界隔绝，与他者隔绝，与不可见者隔绝，从而将我们囚禁在这图像的世界中，使我们只能处在唯我论的处境中。在这样一种被欲望之幕包裹的图像专制中，我们无所逃避，享受着单子式的、孤独的快乐，但被"禁止观看别的面容——不可见的而且是真实的面容，由此也就免除了爱"②，也就是说，我们无法通向他者本身，无法实现真正的沟通。

第二节　图像现象性的开放

那么，这种被奠基的现象显现模式构成现象的本质可能性吗？与此

---

① 参见 Jean-Luc Marion, *La croisée du visible*, p. 97.（中译本参见马里翁：《可见者的交错》，张建华译，第 78 页。）

② 同上书，第 98 页。（中译文见马里翁：《可见者的交错》，张建华译，第 80 页。）

相应，由作为窥视者的自我构造并以这个窥视者为其可能性条件的作为对象的自治图像构成图像显现的本真可能性吗？无论是在亨利那里，还是在马里翁那里，答案都是否定的。在他们看来，奠基要求或者说主体所展开的构造本身是成问题的，它们并不是不言自明的东西，而只是在长期的思想历程中被当作了不言自明的东西。与之相应，在对象性的显现模式之外，图像现象性还有更多可能性，而现象学恰恰可以为我们开放出这些可能性。如何理解这一点呢？这就涉及现象学的核心任务、方法、原则等问题。在这里，我们以马里翁的相关考察为基础来进行具体说明。

那么，在马里翁看来，现象学的核心任务、方法、原则等是什么呢？这个问题看起来很容易回答，因为他在不同著作中已经很明确地指出了对这些问题的看法。在他看来，现象学实现的是对现象的解放，即现象从一个需要被奠基的现象变成自身显现的具有独立性的现象；现象学的任务就在于探究现象的显现形式（现象性），探究现象显现的可能性；其方法就在于通过现象学的还原为现象的自主显现扫清障碍，从而让现象自主显现；其原则就是被给予性原则，即"多少还原，多少给予"（autant de réduction, autant de donation），也就是说，在马里翁看来，现象学还原最终应该导向作为被给予性的现象性，现象最终将会在被给予性中获得其显现之可能性的最彻底的实现。

然而，虽然我们可以很容易地通过其著作来明确指出马里翁的这些现象学观念，但是这些观念在其内涵和合法性上却并不是明证的。这里涉及一个基础性的困难，即当马里翁从这诸多的角度对现象学进行界定时，他是明确地将现象学对立于形而上学的，那么我们应当如何理解现象学对形而上学的这些规定的转变和超越呢？换句话说，现象学的这些转变和超越是源自实事本身的可能性的要求，源自形而上学本身的内在矛盾的要求呢，还只是基于另一种形而上学信念所进行的转变，因而只是实现了另一种形式的形而上学呢？

一、形而上学的奠基要求和证明方法

在此,我们首先追随马里翁来讨论一下形而上学对哲学任务、方法等的规定。根据马里翁的讨论,形而上学(包括实证科学)的根本方法是证明(démontrer),它的任务就在于为现象提供可能性、现实性甚至必然性的基础。他对这种证明方法进行了如下界定:"证明在于为了确定地认知而为显象奠基,在于为了将它们带回到确定性而将它们带回到基础。"① 也就是说,形而上学的证明方法在实质上就在于为现象寻求一个自身之外的基础,从而能够对现象进行确定的认知。那么,形而上学为什么需要这种证明方法并以寻求基础为其任务呢?为什么这种方法和任务又需要被现象学的方法和任务取代呢?根据马里翁的讨论,这主要源自形而上学本身的思维实质和内在矛盾。

在其1993年的一篇重要文章《形而上学与现象学》中,马里翁从形而上学的概念历史和概念运作两个层面对形而上学进行了定义。从其概念历史来看,他指出形而上学概念"能够以一种几乎单义的方式被历史地定义"②。在文章中,他回顾与考察托马斯·阿奎那、苏亚雷斯(Francisco Suarez)、康德等人对形而上学概念的定义和讨论,指出形而上学通常具有双重主题,即普遍存在者(l'étant en commun)和卓越的存在者(l'étant par excellence,最高存在者),与之对应,形而上学这门单一的科学就包含一般形而上学和特殊形而上学。

然而,从概念历史角度得出的这样一种二元性的形而上学定义在其概念运作上却并不是自明的,而且这种二元性的定义似乎还存在显著的内在分裂和矛盾,从而影响到形而上学概念本身的统一性。因为按照通常的理解,这种二元性的定义中存在着两种不相容的抽象:当讨论普遍

---

① Jean-Luc Marion, *Étant donné*, p. 11.
② Jean-Luc Marion, *Le visible et le révélé*, p. 76.

存在者，或者说当作为一般形而上学时，形而上学关涉的是所有实在存在者，它探求的并非某个具体的实在存在者，而是所有存在者的普遍存在，因此在此它涉及的是对所有实在存在者的抽象，是往普遍化、一般化的方向进行抽象，这种抽象"仅仅是一种理性抽象"①；而当讨论卓越的存在者、最高存在者，或者说当作为特殊形而上学时，形而上学探求的则是某个特殊的具体的存在者，而且是最为具体、最为个体化的存在者，即能够影响其他存在者却不受其他存在者影响的最高存在者，因此在此它涉及的是对某个具体实在存在者的抽象，是往个体化、具体化、特殊化的方向进行抽象，这种抽象是"一种实在的抽象"②。从关于两种形而上学的抽象的这种理解中，我们可以看出，两种形而上学是往两个完全相反的方向演进，它们在抽象方法上存在着明显的对立和分裂。那么，我们应该如何理解两种方向相反、方法对立的形而上学都被称作形而上学呢？也就是说，形而上学本身的统一性在何处呢？我们能够在从概念历史角度得出这种二元性形而上学定义中界定出某种内在统一性，从而使其在概念运作和学理上真正成为形而上学的定义吗？

为了说明这种二元性定义的内在统一性，马里翁又从概念运作角度对形而上学概念的定义进行了解释。在此，马里翁遵循的是海德格尔在《同一与差异》中界定的形而上学的存在-神-逻辑学（Onto-Theo-Logik，l'onto-théo-logie）机制。③ 海德格尔在《同一与差异》中同样指明了形而上学在其追问和思考中所存在的两条路径，"形而上学既在探究最普遍者（也即普遍有效者）的统一性之际思考存在者之存在，又在论证大全（也即万物之上的最高者）的统一性之际思考存在者之存在"④。这两条路径正好对应了我们在前面通过概念历史的考察所界定

---

① Jean-Luc Marion, *Le visible et le révélé*, p. 79.
② 同上。
③ 海德格尔界定的存在-神-逻辑学（Onto-Theo-Logik，l'onto-théo-logie，onto-theo-logy）机制深刻地影响着马里翁，并成为他界定和批判形而上学的主要理论资源，相关讨论参见马里翁的《无需存在的上帝》以及他对笛卡尔的相关探讨，例如《论笛卡尔的形而上学棱镜》。
④ 海德格尔：《同一与差异》，孙周兴、陈小文、余明锋译，商务印书馆，2011，第62页。

的两条路径,即一般形而上学和特殊形而上学,而海德格尔则将这两条路径分别界定为存在之逻辑学(Ontologik)和神之逻辑学(Theologik,因为最高存在者往往被界定为作为自因〔causa sui〕并且是一切其他存在者之原因的神),因而整个形而上学则可以被界定为存在-神-逻辑学,"更合乎实事、更明确地来思,形而上学是存在-神-逻辑学"①。

那么,存在之逻辑学与神之逻辑学之间依据怎样的统一性而共同归属于形而上学呢?海德格尔讲到,无论是在"普遍的和第一性的存在者"的意义上考察存在者之存在,因而是在存在之逻辑学的路径上考察存在者之存在,还是在"最高的和终极的存在者"的意义上考察存在者之存在,因而是在神之逻辑学的路径上考察存在者之存在,"存在者之存在先行被思考为奠基性的根据了"②。在这里就两条路径的关系来讲,"终极的东西以其方式论证着第一性的东西,第一性的东西以其方式论证着终极的东西"③,也就是说,在形而上学的整体机制中,两条路径的考察是相互论证、相互奠基的,而"一切形而上学根本上地地道道是一种奠基(Gründen),这种奠基对根据作出说明,面对根据作出答辩,并最终质问根据"④。至此,我们终于在存在-神-逻辑学机制中达到了形而上学概念真正的内在统一性,即形而上学在根本上是一种奠基。正是形而上学的这种奠基性实质,使证明成为形而上学的根本方法,使寻求基础成为形而上学的根本任务。

马里翁指出,依据海德格尔界定的这种存在-神-逻辑学机制,我们既能够对形而上学进行定义,并说明其内在统一性的根源,即形而上学的奠基性实质,同时也能够设想形而上学的不可能性,或者说"形而上学的终结"⑤ 的可能性,最后还能够设想克服与超越形而上学的可能性。

---

① 海德格尔:《同一与差异》,孙周兴、陈小文、余明锋译,第 63 页。
② 同上书,第 62 页。
③ 同上书,第 64 页。
④ 同上书,第 62 页。
⑤ Jean-Luc Marion, *Le visible et le révélé*, p. 80.

在此，我们先看这种终结中的一个关键性人物尼采对形而上学的批判。马里翁指出，尼采对形而上学的批判完美地对应着海德格尔界定的存在-神-逻辑学机制，他就是从这种机制的各个要素出发对形而上学进行着颠倒和批判。从一般的、普遍的存在对所有存在者，包括最高存在者的奠基来看，尼采在《偶像的黄昏》中明确指出，哲学家们总是混淆始末，因为"他们把最后出现的东西——可惜！因为它根本就不该出现——设定为'最高的概念'，就是说，最普遍、最空洞的概念，把蒸发中的现实的最后烟雾作为开端放置在最初"①。也就是说，在尼采看来，一般形而上学中所探究的普遍存在及其概念就实质而言只是我们在对现实之物和感性之物进行加工之后的产物，它们是在现实之后并以现实为基础出现的，因此它们并不能为现实奠基，而形而上学的错误就在于将这些最后出现的空洞无用的产物当作最初的基础。就此而言，尼采动摇了一般的、普遍的存在及其奠基功能的合法性，进而动摇了一般形而上学，或者说动摇了存在之逻辑学。从卓越的存在者或者说最高存在者的角度看，尼采同样质疑并否认了这种存在者对其他所有存在者和普遍存在所具有的奠基功能。在特殊形而上学中，具有奠基功能的最高存在者往往是作为自因的存在者，这种存在者以自身为原因，并且是其他存在者的原因。然而尼采指出，这种自因的设想同所有普遍概念一样，是空洞无用的，它们都只是基于现实的虚构物和衍生物，因而并不能成为现实的基础，真正说来"没有'原因与结果'"②。正如马里翁所指出的，在此尼采质疑的是"为什么存在者本身，也就是作为感觉之物的存在者，需要另一个存在者作为它们的基础来过度决定它们呢？"③ 由此，特殊形而上学或者说神之逻辑学，也被尼采动摇了。马里翁指出，尼采对形而上学所进行的双重动摇最终趋向的是对任何基础和奠基功能的否

---

① 尼采：《偶像的黄昏——或者怎样用锤子进行哲思》，李超杰译，载《尼采著作全集》（第六卷），第 92–93 页。
② 尼采：《权力意志》（上卷），孙周兴译，第 360 页。
③ Jean-Luc Marion, *Le visible et le révélé*, p. 80.

认，"没有什么东西能够成为基础，因为没有什么东西要求或需要一个基础"①，由此以奠基为其实质的整个形而上学也就不再可能或者不再必要。

那么，从尼采对形而上学的批判和否定中，我们可以得出怎样的启示呢？马里翁指出，在此可以有两个方面的收获。首先，尼采的批判揭示了形而上学的可疑性，进而揭示了形而上学终结的可能性，而且是从其定义出发揭示了这种可能性。马里翁在这里通过三个相互联系和相互否定的问题，界定了形而上学的奠基功能的成问题性和限制。第一个问题是："为什么有一个存在者，而不是虚无？"② 这个问题导向的是对存在者之根据和基础的寻求，形而上学所具有的奠基功能正好满足了这个问题的要求，而这种奠基要求也是形而上学得以可能和合法的根据。然而，马里翁指出，"基础确保了形而上学的合法性，但却没有确保自身的合法性"③，因为在这里另一个具有同样效力的问题可以被提出："为什么要一个理由，而不是虚无？"④ 也就是说，在某种境况中，这样一个事实本身——需要一个基础和理由来进行奠基——所具有的有效性和合法性也是需要论证与说明的。在这里真正问的是：为什么一个存在者非要一个基础和理由来进行奠基，而不可以是完全没有基础和理由的？事实上，需要一个基础看似并不比不需要一个基础更具效力。对基础和理由本身存在的有效性与合法性的这种质疑在第三个问题中被更明显地表述出来，这个问题是："为什么要问'为什么'？"⑤ 这个问题直接指向和质疑了"为什么"这种提问方式本身的有效性与合法性，而由于"为什么"这种提问方式导向的是对基础和理由的寻求，导向的是奠基活动，所以通过对这种提问方式的质疑，作为形而上学的实质的奠基的有效性与合法性就变得可疑起来，进而整个形而上学的有效性与合法性

---

① Jean-Luc Marion, *Le visible et le révélé*, p. 81.
② 同上。
③ 同上。
④ 同上。
⑤ 同上。

也变得可疑起来。

通过对上述三个问题的讨论，形而上学的可疑性和限制被揭示出来。马里翁指出，由于以下两个方面的原因和事实，它的这种可疑性和限制将会得到进一步强化：一方面，我们是依据形而上学的定义来揭示其可疑性和限制的，这就意味着形而上学的可疑性和限制本来就暗含在使形而上学得以可能的定义中，对于形而上学来说，它的可能性就暗含着它的不可能性和终结的可能性。另一方面，对形而上学的这种怀疑并没有停留在一种观念设想的层次，事实上它甚至在没有论证的情况下就已经导向了作为理性事实的"形而上学的终结"，而这就是我们时代的形而上学现状。实际上，自尼采之后，"形而上学的终结"已经成为我们不得不直接面对和认知的哲学事实，这个终结的事实迫使我们对其进行思考和回应；哪怕不认同这种终结，我们也必须首先面对和承认这个事实，进而反驳它。

其次，尼采依据形而上学的定义而揭示的形而上学的可疑性和限制同时导向了克服与超越形而上学的可能性。这里的推理逻辑就在于，我们只有明确了界限之后，才能找到越界的切入点和参照点，才能有越界的确切可能性。形而上学的定义确切地界定了形而上学，而通过依据这个定义所进行的批判，形而上学的整个限制和界限就被揭示出来，从而我们也就找到了对形而上学进行克服与超越的切入点和参照点，这样形而上学的概念"也就能够提供其克服的可能视域"①。因此，在这里"形而上学的终结"并不是完全否定性的和消极的，它还具有更为积极的效果，即以这种终结为基础，我们可以走向"形而上学的终结的终结"，也就是走向形而上学的克服与超越，走向更高的哲学形象。

那么，这个克服与超越形而上学的更高的哲学形象是什么呢？马里翁认为，这个哲学形象将在现象学中得到实现。为什么现象学能够具有这样的功能呢？这就涉及接下来对现象学的任务和方法的讨论。

---

① Jean-Luc Marion, *Le visible et le révélé*, p. 82.

二、现象学的自身显现

在马里翁的观念中，现象学一直是作为克服与超越形而上学的更高的哲学形象出现的，这样一种哲学形象在其任务和方法上超越了形而上学的奠基要求和证明方法，转而寻求让现象自身自主显现。那么，现象学是如何实现对形而上学的克服与超越的呢？我们又如何理解它的这种新任务和方法的具体内涵呢？下面我们就来分别讨论。

在此我们可以从现象学最为著名的一个原则——"无前提性原则"——开始。胡塞尔在《逻辑研究》第二卷中将这个原则最早表述为"严格地排斥所有在现象学上无法完全实现的陈述"①。在这里"在现象学上完全实现"意指什么呢？根据胡塞尔在提出这一原则时所做的讨论，这种现象学实现指的就是陈述"可以得到相即的、现象学的合理证实，因而可以满足在最严格意义上的明见性"②，也就是陈述所言说的东西能够在直观中相即地被给予，能够在直观中将自身显现给观者，能够作为现象显现。由此，"无前提性原则"要求的就是排斥那种不能相即地被给予的陈述，而回到那些能够相即地被给予的陈述。

这样一种内涵在胡塞尔后来提出的另一原则中得到进一步的丰富，这个原则即我们在前文讨论的"一切原则之原则"。结合"无前提性原则"，我们可以说，在"一切原则之原则"中，胡塞尔界定了两个层面的内容：一方面，胡塞尔指明了前述现象学实现的确切形象，即"在其肉身性现实中"被给予，也就是说，陈述的现象学实现指向的是陈述"获得肉身"③，陈述在现象中以肉身的方式给予和显现自身，即亲身地给予和显现出来。另一方面，胡塞尔指明了陈述的现象学实现的方式，

---

① 胡塞尔：《逻辑研究（第二卷第一部分）》（修订本），倪梁康译，上海译文出版社，2006，第19页。
② 同上书，第22页。
③ Jean-Luc Marion, *Le visible et le révélé*, p. 85.

即直观。根据胡塞尔在"一切原则之原则"中的表述,直观就是"认识的合法源泉",现象通过它就能以肉身的方式亲身地给予自身,因此直观具有不可辩驳的有效性和合法性。当然,按照我们的经验,直观往往可以被另一个直观否定,但是马里翁指出,无论这种否定如何进行,最后作为合法源泉的仍然是直观,而不是其他东西。那么,为什么直观具有这种效力和作用呢?因为它是原初给予性的,它在原初地给予。马里翁根据胡塞尔对直观的这种原初给予性的界定,指出在这里真正关键性的是现象的被给予性,而直观本身也需要依据被给予性来界定其真正的内涵和效用。因此,在这里陈述(现象)、直观和被给予性的整个关系就在于,"话语的肉身向精神的肉身显现——现象向直观显现",而这种显现的真正内涵就是"直观给予现象,现象通过直观给予其自身"①。

在介绍了胡塞尔的这两个原则之后,马里翁进一步揭示了这两个原则——尤其是"一切原则之原则"——所实现的诸多突破,例如对直观的拓展、以意向性消弭康德的现象与物自身之区分等。然而,马里翁指出,所有这些突破的真正根源都在于"一切原则之原则"对直观和被给予性的优先性地位的确立。根据胡塞尔的讨论,"每一理论只能从原初被给予物中引出其真理"②,而能够作为"绝对开端"的陈述也是与原初被给予物严格一致的陈述。也就是说,对于任何认识的有效性和合法性来说,起决定性作用的是作为直观的原初被给予物,这种作为直观的原初被给予物是所有认识的有效性和合法性的源泉。因此,在这里作为直观的原初被给予物是绝对优先于任何其他先天原则和条件的,"被给予性先于任何事物"③。但是,马里翁指出,作为直观的原初被给予物的这种优先性并不是在现象之上添加了另一个先天原则,相反,它是后天原则,因为直观以及更为根本的被给予性都不是先天给予我们的,而

---

① Jean-Luc Marion, *Le visible et le révélé*, p. 85.
② 胡塞尔:《纯粹现象学通论——纯粹现象学和现象学哲学的观念(第 1 卷)》,李幼蒸译,第 41 页。译文有改动。
③ Jean-Luc Marion, *Le visible et le révélé*, p. 86.

是后天给予我们的，只是在现象给予自身之后，我们才能通过直观接受现象的原初被给予物。① 马里翁讲到，正是在这里，现象学实现了对形而上学的克服与超越，"现象学在这样一个严格意义上毫不含糊地超越了形而上学，即它摆脱了任何先天原则，以便承认被给予性，这种被给予性恰好在它对于接受它的人来说是一种后天的限度内是原初性的"②，这样一种现象学被马里翁称作"最终彻底的经验论"③。

为了更具体地揭示现象学对形而上学的这种超越的内涵，马里翁又从两个方面进行了讨论，这两个方面分别关涉形而上学的两个分支，即一般形而上学和特殊形而上学。从一般形而上学或者存在之逻辑学来看，根据"一切原则之原则"，原初给予性的直观，或者说现象的原初被给予性，就足以确保现象的合法性，也就是说，现象完全不需要任何一般的、普遍的存在来为其奠基，在这里一般形而上学中作为现象（存在者）之基础的普遍的存在失去了其奠基功能；同时，任何普遍的存在，甚至海德格尔意义上的存在，要想获得其有效性，都必须首先给予自身，必须首先作为被给予的存在（étant-donné）④，也就是依据被给予性来对其进行界定。因此，马里翁说："现象学不仅能将其自身从一般形而上学（ontologia，本体论、存在论）那里解放出来，而且能将其

---

① 虽然在《形而上学与现象学》一文中马里翁将"一切原则之原则"界定为一条后天原则，但实际上无论是在这篇文章之前还是在它之后，在马里翁看来，"一切原则之原则"并未完成这种作为后天原则的现象学原则的转变，它在最后还是将自身演变成了现象的先天原则（正如我们在前文的分析中已经看到的）。真正说来，马里翁的观点其实是"一切原则之原则"具有后天化自身的可能性，但是胡塞尔最终却错失了这种可能性，而作为后天原则的现象学原则将在他自己提出的"多少还原，多少给予"中得到真正的实现。

② Jean-Luc Marion, Le visible et le révélé, p. 86.

③ 同上书，第 87 页。

④ "étant-donné"是马里翁现象学中的一个重要概念，根据马里翁自己的介绍，这个概念在《形而上学与现象学》中首次被提出（参见 Jean-Luc Marion, Le visible et le révélé, p. 185)，并在《既给予》一书中得到详尽的阐释。就其内涵来说，除了此处讲到的"被给予的存在"，它还具有"既给予"的含义，即某个东西已经在事实上不可逆转地被给予了。但无论在哪个层次理解这个概念，它最终指涉的都是被给予性的无可辩驳的优先性。参见 Jean-Luc Marion, Étant donné, pp. 1 - 9，286 - 293。

自身从存在问题（Seinsfrage）那里解放出来。"①

从特殊形而上学或者神之逻辑学来看，形而上学往往通过因果性的探求而为存在者（现象）寻求一个自身之外的最终原因，走向作为自因的最高存在者，从而为存在者（现象）及其存在（现象性）奠基。然而，根据胡塞尔的"一切原则之原则"，对于存在者（现象）来说，其合法性的源泉在于原初给予性的直观，也就是原初被给予性的直观或者说存在者（现象）自身的被给予性足以保证存在者（现象）的合法性，因此它不再需要在自身之外寻求存在或显现的原因，而只需自身给予和显现，这样现象或者说作为被给予物的存在者便摆脱了对自身之外的最高存在者的依赖性，摆脱了形而上学的奠基要求。以此为基础，现象学也就克服了特殊形而上学或者神之逻辑学。②

综合马里翁的相关讨论，我们可以看出，无论是从一般形而上学来看，还是从特殊形而上学来看，现象学对形而上学的克服与超越的关键都在于对奠基要求的克服与超越。通过赋予原初给予性的直观或者说更为根本的现象的原初被给予性优先地位，通过将这种直观和被给予性界定为合法性的最终源泉，现象学使现象（存在者）摆脱了对自身之外的基础的依赖，摆脱了形而上学的奠基要求。从此，现象要想获得合法性，只需给予自身、显现自身，它的这种自身给予和显现的事实就足以确保它自身的合法性，因此现象学将现象显现的自主性还给现象自身。就其根本原则来讲，现象学不会为现象规定任何自身之外的基础，不会为现象规定任何前提和限制，而只会根据现象自身的给予和显现来接受与描述现象，而这就决定了现象学的任务和方法就在于让现象自身自主显现。因此，马里翁说："在现象学中……问题在于显示（montrer）。显示意味着让诸显象（l'apparence）以这样一种方式显现，即它们完成它们自己的显现，以便如同它们给予其自身那样被确切地接受。"③

---

① Jean-Luc Marion, *Le visible et le révélé*, p. 87.
② 参见上书，第 88 - 89 页。
③ Jean-Luc Marion, *Étant donné*, p. 11.

那么，现象学的这种任务和方法的确切内涵又是什么呢？对此马里翁在《既给予》第一卷中进行了详细讨论。马里翁指出，"显示、让显现（apparaître）以及完成显现（l'apparition）并不意味着视觉（la vision）的任何特权"①，也不意味着任何种类的感觉（les sens）的优先性。他讲到，视觉或者其他感觉的优先性的基础在于某种感觉决定了现象的显现，在于主体决定了现象的显现，主体掌握着显现的主动性，因此它界定的是主体的优先性。依据这种优先性，现象的显现将是从主体出发，而不是从自身出发，因而不能达到自身显现。在马里翁看来，无论是胡塞尔的构造现象学，还是海德格尔的基础存在论，最终都落入了这种优先性，落入了某种主体（先验自我、此在）对现象的奠基，从而背离了现象学让现象自身自主显现的要求，由此，也构成了我们需要超越的界限。②

与视觉或者其他感觉的优先性相反，现象学的"让显现"恰恰是要"试图达到显象中的显现，因而是要依靠事物自身的意向性而超越每一被知觉的印象"③，进而通达事物自身。因此在这里，考察的重点不再是现象以何种感觉显现以及引发何种主观显象和印象，而是在这种印象中什么现象（事物）亲身显现出来，是在主观性的显象中什么样的现象（事物）自身显现出来，等等，它最终导向的是现象（事物）自身显现的自主性。马里翁指出，"在其显象中的显现的特权也可以被命名为显出（la manifestation）——事物从自身并作为自身的显出，使自身显出的特权，使自身可见的特权，显示自身的特权"④。

以此为基础，我们终于可以在更确切的意义上理解现象学与形而上学在任务和方法上的差异。在这里，问题不仅仅是从证明到显现、显示，因为显现和显示同样可以从主体出发，因而体现的是主体对现象的

---

① Jean-Luc Marion, *Étant donné*, p. 11.
② 参见上书，第 46—67 页。
③ 同上书，第 12 页。
④ 同上书，第 13 页。

制作，进而是主体成为现象显现的条件，从而最终落入形而上学的奠基要求中。因此，在显现、显示之前，我们还得加一个限定语，即自身自主显现、自身自主显示，也就是让现象从自身自主显现、显示自身，从而让现象获得显现的自主性。

在此，我们也可以界定出现象学在任务和方法上的一个悖谬性特征与难题。一般而言，某个学科的任务、方法等的界定体现的是研究者和学科对研究对象的主动性，研究者就是凭借这些界定来对研究对象进行制作、综合等，进而生产出知识。然而，现象学中的情况却完全不一样，因为现象学在其任务和方法上都是让现象自身自主显现，所以现象学通过对其任务、方法等的界定而掌握的主动性并不是为了制作现象，而是为了将主动性让渡给现象，从而让现象自身自主显现。马里翁指出，这就是现象学还原的要义，现象学还原就在于"清除显现的障碍……它让拥有权利显现其自身的东西显现其自身，仅仅用其悬搁的力量来反对非法的理论暴力行为"[1]。

至此，我们终于依据马里翁的讨论，界定出对现象之显现进行奠基的可疑性，界定出主体对现象展开对象性构造的可疑性，界定出现象学的真正任务和方法恰恰是要清除所有现象显现的障碍，从而让现象能够自身自主显现。

那么，如果具体到图像问题的话，我们应该如何依据现象学的方法来清除图像显现的障碍呢？或者说，图像如何超越对象性模式，如何超越主体对它的构造，而自身自主显现呢？对此，亨利和马里翁进行了不同的探索，并且给出了不同的答案。

---

[1] Jean-Luc Marion, *Étant donné*, p. 13.

下篇

作为非对象的图像

第四章 从可见者到不可见者

在此，我们首先看亨利对图像显现之全新可能性的现象学探索。在亨利的观念中，图像被典型地划分为两种类型。其一，是电视和媒体图像，这种图像就是我们前面讨论的自治图像，它以对象性为其现象性本质。其二，是审美图像，这种图像在作为艺术作品的绘画中得到典范性的呈现，它的现象性本质超越了对象性，也就是说，它不再作为对象而显现。① 因此，亨利对超越对象性显现模式的图像显现之可能性的探索主要是通过对绘画的现象学分析来展开的。

从文本上说，亨利的相关分析主要聚焦于对现代抽象艺术的奠基人康定斯基（Wassily Kandinsky）的绘画作品和理论著作进行现象学解释。这些解释和考察集中地体现在亨利的重要著作《观看不可见者——论康定斯基》中，另外还有一些访谈和文章被收入相关访谈录②和在其死后被整理出版的《生命现象学》的第三卷《论艺术与政治》③中。对

---

① 参见 Michel Henry, *La barbarie*, pp. 190-191。
② 参见 Michel Henry, *Auto-donation*。
③ Michel Henry, *Phénoménologie de la vie III. De l'art et du politique* (Paris: Presses Universitaires de France, 2004).

于亨利来说，康定斯基是一个既具有独特性又具有普遍性的画家，他能够成为我们通达绘画乃至艺术的现象性本质的线索。

就其独特性而言，亨利指出，"康定斯基是抽象绘画的发明者，他寻求颠覆传统的审美表象（la représentation esthétique）观念，并在这一领域界定了一个新的时代"①，因此康定斯基是一个开拓者。根据亨利的讨论，康定斯基的开拓通过两个方面的努力得以完成：其一，通过他的绘画实践。亨利指出，在其绘画创作上，康定斯基的抽象绘画不再表象外在的对象性世界，而是断绝了绘画与对象性世界的任何关系，开辟了一种纯粹内在性的世界，进而开拓出一种全新的绘画领域和观念。他讲到，康定斯基的这种创作不仅完全不同于西方传统绘画，而且同现代绘画的其他流派和画家也具有本质性差异。在这里，亨利列举了一长串的名单：印象主义（l'impressionnisme）、后印象主义（le postimpressionnisme）、立体主义（le cubisme）、至上主义（le suprématisme）、构成主义（le constructivisme）、塞尚（Paul Cézanne）、毕加索（Pablo Picasso）、蒙德里安（Piet Cornelies Mondrian）、马列维奇（Kazimir Severinovich Malevich）、阿尔普（Jean Arp）、克利（Paul Klee），等等。其二，通过他的理论阐释。在其一生中，康定斯基在创作了大量抽象绘画的同时，还发表了一系列具有影响力的艺术理论著作，例如《论艺术中的精神》（*On the Spiritual in Art*）、《从点与线到面》（*Point and Line to Plane*）等。亨利指出，这些著作对抽象绘画的观念、原则等进行了深入的理论阐释，使抽象绘画脱离晦涩的境地，而变成可理解的。而康定斯基也超越画家的身份，而成为一位伟大的艺术理论家。

就其普遍性而言，亨利指出，虽然抽象绘画是出现在特定历史时期的特定绘画形式，但是抽象绘画的观念、原则等却揭示了所有绘画本身以及所有艺术本身的现象性本质。与之对应，康定斯基对抽象绘画的观念、原则等的阐释就不再只是对他自己创作的绘画的阐释，而是通向绘

---

① Michel Henry, *Voir l'invisible*, p. 9.

画和艺术"所有创造的永恒源泉"①，通向绘画和艺术本身的现象性本质。如何理解这一点呢？这就涉及现象学的原则和方法以及它们与康定斯基相关阐释的关系。

现象学的创始人胡塞尔曾针对现象学的研究提出一个"无前提性原则"②，与这个原则相应，他要求我们回归现象的原初给予性的直观，因为在他看来，"每一种原初给予性直观都是认识的合法源泉……应当看到，每一理论只能从原初被给予物中引出其真理"③。依据该原则和要求，我们要想以现象学的方式澄清绘画的现象性本质，首先需要对绘画现象进行还原，以便悬搁任何作为超越物的前提、假设等，实现对绘画的原初被给予性的回归。在对绘画的现象性进行生命现象学考察时，亨利在康定斯基的抽象绘画及其观念那里恰好发现了这种还原。

亨利讲到，经典的美学理论往往借助柏拉图、亚里士多德、康德、谢林、黑格尔、叔本华、海德格尔等思想家的思想来理解绘画以及整个艺术，但是"所有这些思想家的共同特征是，他们实际上并不从绘画那里期待任何东西"④。换句话说，这些思想家对绘画以及整个艺术本身的分析并不是从作品本身出发，而是依据已经形成的思想原则、框架等对作品进行外在解释，使作品服务于外在的目的等。以此为基础，他们的绘画和艺术理论并不能揭示绘画和艺术本身的现象性本质，并不能帮助观者通过对作品本身的观看而提升自身的感觉能力。

亨利指出，与上述理论相反，康定斯基对绘画的讨论则是直接面对绘画及其作品本身，直接揭示作品本身的各个要素（点、线、面、颜色等）的内在意义，揭示作品本身的显现方式，进而是对绘画及其作品本身现象性本质和意义的揭示。在这种意义上，可以说康定斯基的绘画分析就其实质而言恰恰是一种现象学的分析，因为他并不是从任何理论或假设出发，而是直接回到绘画现象本身，回到绘画现象的原初被给予

---

① Michel Henry, *Voir l'invisible*, p. 12.
② 参见胡塞尔：《逻辑研究（第二卷第一部分）》（修订本），倪梁康译，第19-22页。
③ 胡塞尔：《纯粹现象学通论——纯粹现象学和现象学哲学的观念（第1卷）》，李幼蒸译，第41页。译文有改动。
④ Michel Henry, *Voir l'invisible*, p. 11.

性，他实践着胡塞尔意义上的对既有理论等超越物的现象学还原。

正是基于对康定斯基的上述洞察，亨利将他的抽象绘画及其观念作为考察绘画现象性的一个重要基点。那么，我们应该如何理解康定斯基意义上的抽象绘画对对象性显现模式的克服与超越呢？这种绘画又是如何超越特定的绘画形态而界定了所有绘画的现象性本质，进而界定了图像显现的一种全新的可能性呢？下面，我们就追随亨利的现象学解释来进行具体讨论。

第一节 从可见世界到不可见生命

在具体解释康定斯基意义上的抽象绘画的现象性本质之前，我们必须首先追随亨利的解释来具体讨论这种绘画背后的本体论基础，而这就涉及他对可见者与不可见者的本质性区分。在亨利看来，抽象绘画的整个可能性就奠基于这种本质性区分。那么，依据亨利的现象学观念，可见者与不可见者到底具有怎样的内涵呢？依据这种内涵，抽象绘画又是如何可能的呢？在这一节，我们将进行具体揭示。

一、外在/内在与可见者/不可见者

在康定斯基的理论著作中，有两个出现得极为频繁的关键性术语，即"内在"（intérieur）和"外在"（extérieur）。对于这两个术语，康定斯基在其1926年出版的《从点与线到面》一书中指出，"每一种现象都能够以两种方式被体验。这两种方式并不是任意的，而是紧密关联于现象——它们源自现象的本质，源自同一物的两个特征：外在/内在"[1]。

---

[1] Wassily Kandinsky, *Point and Line to Plane: A Contribution to the Analysis of Pictorial Elements*, trans. Peter Vergo, in *Kandinsky: Complete Writings on Art*, Volume Two (1922–1943), eds. Kenneth C. Lindsay and Peter Vergo (Boston: G. K. Hall & Co., 1982), p. 532.

也就是说，在康定斯基看来，现象由于其本质性的外在/内在双重特征而能够以外在和内在两种方式被体验。亨利对康定斯基的这一观念给予了高度关注，认为它们"在其之内承载着抽象绘画的命运"①，同时也承载着所有绘画和艺术的命运。那么，如何理解康定斯基的这一观念呢？

为了确切地揭示康定斯基的外在/内在观念，亨利首先列举了一个与我们自身最切近的现象，即我们自己的身体（le corps）。亨利指出，我们很明显能够以两种不同的方式来体验我们自己的身体：第一种方式是内在地进行体验。众所周知，我们的身体是具有感觉能力的身体，我们既通过身体去感知（观看、聆听、触摸等）外部世界，进而同外部世界建立起联系，又通过身体去感知我们自己的需求、快乐和痛苦等（例如饥饿、口渴、寒冷、温暖等）。在日常感知中，我们总是忽视身体的主体性的具体感知活动，而直接关注和指向身体所感知的对象性内容，并以其为基础建构起我们的对象性世界。② 然而，在此我们也可以实现一种转向，即不再关注身体所感知的对象性内容，而是沉浸于身体本身的主体性的具体感知活动，并将我自身与这些活动同一，"我就是这种观看、这种聆听、这种感觉、这种运动或这种饥饿。我完全沉浸于它们的纯粹主体性，及至不再能够将我自身区分于这种饥饿、这种痛苦，等等"③。根据亨利的讨论，对身体的这样一种体验就是内在体验。第二种方式是外在地进行体验。除了具有感觉能力之外，身体还与世界之中的诸多物体一样，是能够被感觉的。我们能够像感觉外在物体及其属性那样感觉我们自己的身体及其属性，进而将我们的身体构造成一个外在对象。对身体的这样一种体验就是外在体验。亨利指出，自我的身体能够很容易以内在和外在两种方式被体验，而康定斯基的观念则将这两种

---

① Michel Henry, *Voir l'invisible*, p. 15.
② 自我的身体对世界的这种开启是很多现象学家讨论的主题，例如胡塞尔就对此进行了详细的现象学分析，参见胡塞尔：《现象学的构成研究——纯粹现象学和现象学哲学的观念（第 2 卷）》，李幼蒸译，中国人民大学出版社，2013，第 47 页。
③ Michel Henry, *Voir l'invisible*, p. 15.

体验方式从身体拓展到所有的现象。①

除了依据身体来例示康定斯基的外在/内在观念，亨利还对康定斯基意义上的"外在"和"内在"的具体内涵进行了详细阐释。亨利指出，根据康定斯基的讨论，"外在"和"内在""并不关涉现象的内容，而是关涉该内容被显示给我们的方式，关涉该内容显现的方式"，它们是"两种显现模式"（deux modes d'apparaître）②。也就是说，通过外内/内在的区分，康定斯基并不是指涉现象的一些内容是外在的，另一些内容是内在的，这两类内容通过综合而共同构成现象整体；而是指涉同一种现象内容既能够以外在的方式显现，又能够以内在的方式显现，与之相应，它也既能够以外在的方式被体验，又能够以内在的方式被体验。

那么，这两种方式到底是怎样的方式呢？根据亨利的讨论，具体来说，外在显现方式的核心在于将现象置于自我的外部，将现象置于自我的凝视面前，也就是说，让现象成为与自我相对并与自我具有一定距离的外在之物。与之相应，自我则采用一种距离化的方式将现象体验为其意向所瞄向的东西，体验为对象。在这里，自我与现象是相互外在的、不同的。③ 在对外在显现方式的这样一种理解的基础上，亨利在外在性（l'extériorité）、可见性（la visibilité）、显出（la manifestation）和世界（le monde）之间建立了一种本质性的关联。根据他的讨论，首先，通过依据外在显现方式，现象将会向自我显出自身，将会变得可见，也就是说，"在此正是外在性本身构造着显出、可见性"，外在性或者说外在显现方式构成现象向我们显出和能够被我们看见（感知）的条件；其次，由于在日常经验中，外在之物就是我们通常所说的世界中的东西，

---

① 身体或者肉身问题是亨利现象学中的一个重要问题，在亨利对该问题的专题性讨论中，身体或肉身所具有的形象其实更为复杂和缠绕，相关讨论参见 Michel Henry, *Philosophie et phénoménologie du corps*; Michel Henry, *Incarnation*。

② Michel Henry, *Voir l'invisible*, p. 16.

③ 参见 Michel Henry, *Du communisme au capitalisme*, pp. 38 - 39; Michel Henry, *Voir l'invisible*, pp. 16，18 - 19。

所以,"外在性……就是世界的外在性",或者说,我们通常所说的世界是处在外在性之中的世界;最后,外在性构造着可见性,而这个外在性又是作为世界的外在性,所以"世界就是可见世界"①,世界是由可见者构成的。总而言之,在亨利看来,康定斯基的"外在"观念指涉着可见者,指涉着世界。

外在显现方式指涉着可见者和世界,而内在显现方式则完全与其相反。根据亨利的讨论,我们可以从如下六个层面来规定这种显现方式。第一,相较于外在显现方式,内在显现方式更难把握,但却绝非不可把握,绝非不显示其自身,而是"指向一种更为原初的启示方式"②,并通过这种启示证明自身的存在。第二,内在显现方式并不是趋向可见者和世界的显现,而是趋向不可见者的显现,即趋向显现"从来不能在一个世界中被看见或者不能以一个世界的方式被看见的东西"③。第三,内在显现方式趋向的不可见者就是生命,也就是说,现象的内在显现方式能够依据生命而得到揭示。④ 第四,这种生命的显现方式是自身感发(l'auto-affection),即生命并不依据一种距离化的方式感觉自身,并不将自身外在化为自己的对象,而是直接沉浸于自身,直接自身感发自身,直接与自身同一,在这里感发者与被感发者不再相互分化,不再相互区分,而是内在同一。⑤ 第五,生命的自身感发展现为生命的情动(l'affectivité)或激情(la pathos),即展现为各种感觉、情感、痛苦、快乐等,"情动就是自身感发的本质"⑥。第六,内在显现方式比外在显现方式更为原始,因为只有在生命非距离化的自身感发的基础上,距离化的感觉才有可能,也就是说,自我只有首先自身感发,首先感觉到自

---

① Michel Henry, *Voir l'invisible*, p. 16.
② Michel Henry, *L'essence de la manifestation*, p. 52.
③ Michel Henry, *Voir l'invisible*, p. 18.
④ 参见 Michel Henry, *L'essence de la manifestation*, p. 53。
⑤ 参见上书,第 278 - 307 页。
⑥ 同上书,第 577 页。

己在感觉,才能感觉外在事物。① 通过这些规定,亨利将内在性、不可见者、生命、情动本质性地关联在一起,并确立了不可见生命相对于可见世界的优先性。

至此,亨利终于揭示了康定斯基外在/内在观念的内涵,并在这一观念的基础上建立了外在性、可见者、世界与内在性、不可见者、生命的对立。亨利指出,根据康定斯基的观念及其界定的对立,"存在(l'Être)因此不再是一个单义的概念"②,而是具有双重维度,即可见者的维度和不可见者的维度。他对绘画之现象性本质的讨论也将围绕这两个维度的对立而展开。

二、绘画与不可见者

那么,绘画就其本身的现象性而言到底属于哪一个维度呢?面对这一问题,传统观念往往认为绘画属于可见者的维度。因为,很明显的是,绘画使用的颜色、线条、画布、画框等手段和材料都是世界中的可见者,画家总是力图将他见到或感觉到的东西在画面上描绘出来,绘画画面向我们呈现的也是某种可见的景观。

然而,这一看似自明和自然的传统观念却受到了亨利的质疑。根据他的讨论,在其表面的自明性和自然性背后,我们能够发现这一观念的深层历史根基,即古希腊人对"现象"的理解。对于这一理解,海德格尔曾在《存在与时间》中进行过详细说明。海德格尔指出,就其源始意义而言,"现象"一词对应着希腊语 φαινόμενον,这个希腊词最终又可以追溯到 φαίνω,而 φαίνω 意指"大白于世,置于光明中"③。由此,"现象"的原始含义就是"就其自身显示自身者,公开者",而复数词

---

① 参见 Michel Henry, *L'essence de la manifestation*, pp. 307 - 332; Michel Henry, *Philosophie et phénoménologie du corps*, pp. 161 - 163; Michel Henry, *Phénoménologie matérielle*, pp. 6 - 7。

② Michel Henry, *Voir l'invisible*, p. 18.

③ 海德格尔:《存在与时间》(修订译本),陈嘉映、王庆节译,第34页。

"φαινόμενα"（诸现象）就意指"大白于世间或能够带入光明中的东西的总和"①。简而言之，在古希腊的现象观念中，现象及其显现本质上是同光明和世界联系在一起的，也就是说，是同可见者和世界联系在一起的。

亨利讲到，上述现象观念塑造了古希腊人关于绘画的观念，而其中代表性的就是柏拉图关于绘画作为模仿（mimésis）的观念。正如前面我们已经讨论过的，在《理想国》中，柏拉图指出，现实中的众多可见事物实际上是在模仿作为真理的理念，并从理念那里获得其合法性的基础，而画家创作的绘画只是在模仿现实的可见事物，因此就其本质而言，绘画只是对模仿的模仿，它同真理隔了两层。② 亨利指出，柏拉图所代表的这种绘画观念"是古希腊'现象'概念的直接后果"③。具体来说，首先，因为现象被理解为在本质上与可见者和世界关联在一起的东西，而绘画又是一种独特的现象，所以绘画必然在本质上被关联于可见者和世界，它必须指涉可见者和世界；其次，由于可见者和世界总是预先被给予我们，所以留给画家的任务就在于通过绘画去描绘与表象这个预先给予的可见者和世界，也就是说去模仿预先给予的可见者和世界。亨利讲到，在这样一种绘画观念的基础上，绘画的所有问题（绘画的价值、目的、手段，等等）都将围绕如何更准确地进行模仿而展开，而绘画中的所有真正创造都将被取消。

然而，亨利指出，绘画指涉可见者和世界并不是绘画的唯一可能性。从理论上说，由于现象本身的存在具有双重维度，它不再局限于古希腊的现象观念，即不再局限于指涉可见者和世界，而是可以更原始地指涉不可见者和生命，所以，作为一种特定的现象，绘画同样可以逃离可见者和世界，而走向不可见者和生命。在这样一种可能性中，绘画将从对可见世界的模仿走向对不可见生命的描绘，与之相应，绘画的整个

---

① 海德格尔：《存在与时间》（修订译本），陈嘉映、王庆节译，第34页。
② 参见柏拉图：《理想国》，郭斌和、张竹明译，第387—393页。
③ Michel Henry, *Voir l'invisible*, p. 20.

问题域（绘画的目的、手段、意义、范围、过程，等等）都将被重新界定。① 那么，这样一种理论可能性在现实中是可能的吗？在此，我们需要面对绘画现象向我们提出的一系列问题和质疑。

首先，所有绘画都必须有物质载体，它们必须被描绘在特定的载体（例如画布、玻璃、木材、纸张，等等）上，而这些物质载体恰恰是属于世界的可见者，因此看似很明显的是，绘画无法逃离可见世界。面对这一质疑和问题，亨利明确指出，"根据通常被接受的理论，由画面所表象的实在，审美实在本身，并不在木材或画布的物质实在意义上是'实在的'，而是想象性的"②。更具体地说，虽然所有绘画都无法离开其物质载体，但是对于绘画画面来说，这些物质载体并不是真正核心的东西，绘画本身所要显示的东西并不是这些物质载体，而是这些物质载体上表象的内容；与此相应，我们观看、欣赏绘画也不是观看这些物质载体，而是观看这些物质载体上的图画表象。

其次，依据对第一个问题的回应，另一个问题随之而起，即尽管绘画所表象的内容并不是物质实在意义上的实在，而是想象性的实在，但是它仍然能够被我们意向性地意指，绘画总是通过自身的要素将这些内容呈现为可见的景观，进而提供给观者观看，也就是说，它仍然作为对象而显现，因此，绘画仍然归属于可见者的维度。面对这一质疑和问题，根据亨利的讨论，我们可以说，绘画所表象的内容之所以能够被我们意向性地意指，之所以能够作为可见的景观，是因为画家们总是去表象可见世界，而一旦被表象的内容转换为不可见生命，绘画将不再能够作为可见者而显现。实际上，在亨利看来，康定斯基的抽象绘画的观念所要实现的就是这种从表象可见者到表象不可见者的转向。

最后，尽管绘画的内容从可见者转向了不可见者，但是绘画赖以表象这些内容的手段（颜色、线性形式等）却仍然是感性可见者，仍然属

---

① 参见 Michel Henry, *Voir l'invisible*, pp. 20-21。
② 同上书，第 21-22 页。

于可见世界，因此看起来，绘画在这里产生了一种分裂，"一种在绘画的内容和手段之间的分裂"①。依据这种分裂，绘画的内容和手段由同质性（同属于可见者）走向异质性（分属于不可见者和可见者），而绘画看似也并未完全脱离可见者的维度，而是跨越了可见者和不可见者两个维度。此外，由可见的颜色、线条等手段组合而成的绘画画面仍然向我们呈现出一种可见的景观，因此有待说明的是：不可见的内容能否通过可见的手段而就其自身被真正表现出来？如果这种表现是可能的，那么它应当以怎样的方式来实现？

然而，在亨利看来，这个看似无法辩驳的质疑和这些看似难以解决的问题在康定斯基的抽象绘画中都得到了解决。亨利指出，依据康定斯基的抽象绘画的观念和原则，"不仅绘画的内容，即由绘画最终'表象'的东西，或者更恰当地说由其最终表达的东西，不再是世界的一个要素或一个部分……而且作为艺术新主题的不可见内容的诸表达手段也是同样的"②。也就是说，在抽象绘画中，如同绘画的内容一样，绘画的诸手段（颜色、线性形式等）就其存在本身而言也是不可见者，它们的意义和实在性同样也不再能依据可见者和世界而得到理解与界定，而是必须依据不可见者和生命而得到理解与界定。亨利指出，根据这样一种观念，绘画的内容和手段将重新从异质性（分属于不可见者和可见者）而走向同质性（同属于不可见者），而且更为关键的是，内容和手段也不再能够被相互区分开，而是走向同一，"内容和手段仅仅构成同一实在，构成绘画的同一本质"③。亨利讲到，在康定斯基的讨论中，不可见的又被称作"抽象的"（abstrait），也就是说，抽象绘画中的"抽象"（l'abstraction）概念在其真正意义上指涉的是作为不可见者的生命，由此，绘画的内容和手段都是抽象的。

由此，通过对康定斯基的抽象绘画及其观念的创造性解释，亨利揭

---

① Michel Henry, *Voir l'invisible*, p. 22.
② 同上书，第23页。
③ 同上书，第25页。

示了绘画现象性的一种本质性转向,即从作为可见者的世界转向作为不可见者的生命。在这种解释中,康定斯基的抽象绘画就是这种转向的现实实现。那么,如何更为具体地理解康定斯基的"抽象"概念呢?如何更为具体地界定作为绘画抽象内容的不可见的生命呢?明显具有感性可见性的绘画诸手段(颜色、线性形式等)如何能够成为归属于不可见者的抽象手段呢?由此,我们便进入对"抽象"概念以及抽象内容和手段的具体讨论中。

第二节 抽象绘画:从可见者到不可见者

让我们首先追随亨利的现象学解释来更具体地考察一下康定斯基意义上的"抽象"概念,并以此为基础,从内容方面对抽象绘画所实现的本质性转向进行一番领会。

一、惯常意义上的"抽象"概念及其在绘画中的影响

为了更具体地解释康定斯基的"抽象"概念,进而更确切地界定作为绘画抽象内容的不可见的生命,亨利首先对惯常意义上的"抽象"概念及其在绘画中的影响进行了讨论。"抽象"概念其实是西方哲学史中的一个重要概念,这一概念也是现象学家们的一个重要话题,例如胡塞尔就曾在其开拓性的现象学巨著《逻辑研究》的第二研究"种类的观念统一与现代抽象理论"中,在批判性地考察洛克、贝克莱、休谟等人的抽象理论的基础上,对抽象问题进行了严格的现象学分析。[①] 在对"抽象"概念的漫长哲学讨论中,形成了对这一概念的各种各样的理解,而亨利选取了其中两种对西方绘画具有深刻影响的惯常理解来进行讨论。

---

① 参见胡塞尔:《逻辑研究(第二卷第一部分)》(修订本),倪梁康译,第119-252页。

第一种惯常意义上的抽象指涉一种抽离和贫乏化过程。具体地说，抽象意指将某个或某些特征和属性从其归属的由众多特征和属性组成的整体中抽离出来单独进行考察，例如将树叶的绿色从整棵树中抽离出来。在这里，由众多特征和属性组成的整体构成一个具体的实在，它能够凭借自身而实存，而被抽离出来单独进行考察的特征和属性则是抽象的，依附于作为具体实在的整体。由于这种抽离只保留了具体实在之众多丰富特征和属性中的某个或某些部分，所以它展现为一种对具体实在的贫乏化。

与第一种意义相关，第二种惯常意义上的抽象指涉非实在性和观念性。由于只有整体才是能够凭借自身而实存的具体实在，所以，当某个或某些特定的特征和属性被抽象出来作为独立的表象被单独考察时，这个表象的独立性并不能就其自身而存在于实在中，而只能存在于非实在性的观念中。与之对应，抽象的过程本身也只是思想本身的一种观念性活动，它就其自身而言也只是位于观念中，而不是位于实在中。因此，在此意义上，抽象本质性地同非实在性和观念性联系在一起。

在惯常的理解和使用中，"抽象"概念一方面指涉对具体实在的抽离和贫乏化，另一方面指涉非实在性和观念性。亨利指出，实际上，从其内在的双重意义来看，这种"抽象"概念总是相对于可见世界中的具体实在而展开自身，因此就其实质而言，这种"抽象"概念是以作为可见者的世界为基础而建构起来的。在这里，亨利还对上述两种意义上的"抽象"概念进行了极端化，他指出，"如果只有整体是实在的和真正具体的，那么最终将只有唯一一个整体，唯一一个具体的总体：它就是世界，自然可见的世界"①。

亨利指出，在当前的艺术批评中，人们就是在上述意义上理解"抽象绘画"中的"抽象"一词，而且除康定斯基之外的大多数现代画家也是依据上述意义来构想自己对抽象的理解和运用。由于这种"抽象"概

---

① Michel Henry, *Voir l'invisible*, p. 27.

念在实质上是世界性的,所以,这些画家的绘画其实还像传统绘画一样,并未逃离作为可见者的世界,相反,它们都以可见世界为基础,并最终指涉可见世界。在此意义上,这些所谓的现代绘画并未颠覆传统绘画,而是延续着传统绘画最内在的基础。由此,亨利讲到,在这些类型的绘画中,"在眼睛和可见者之间达成的协定从一开始就从未被取消或被质疑"①,相反,它们以各自的方式实现着这一协定的各种可能性形式。

为了证明这些类型的绘画对作为可见者的世界的指涉和依赖,亨利列举了它们的一个核心特征,即对几何形式的运用。亨利指出,就其起源而言,几何形式都是从自然世界的感性形式中抽象和纯化而来,只不过几何学在这种抽象和纯化的基础上将这些感性形式观念化(l'idéation)了,也就是将它们构造成一种独立的观念性存在,而不再只是将它们当作自然实在的某个特征或属性。例如,圆这一几何形式就是对圆形事物的外形的抽象、纯化和观念化。因此,几何形式的构造以可见世界为其基础和源头,它们在起源上是世界性的。

亨利指出,几何形式在起源上是世界性的,而绘画对这些形式的运用也是为了服务于揭示作为可见者的世界。他讲到,在传统绘画中,几何形式的运用都旨在更准确地模仿自然,例如传统绘画中的透视法就是凭借几何构图而力图在二维平面中表象出三维空间,进而更准确地再现空间中的事物。及至立体主义等现代绘画,虽然传统绘画观念受到极大挑战和颠覆,几何构图在绘画中越来越占据主导地位,但是绘画与世界的本质性关联仍未被质疑。以立体主义为例,画家们在创作绘画时打破固定的视点,取消由透视法构造的三维空间,进而回归二维平面,同时,不再按照日常感知所看到的事物的样子描绘事物,而是将事物的不同部分、侧面等肢解开来,使其碎片化,并将其并置、拼贴在同一个二维平面,在这样的绘画中,我们很难认出我们所熟知的可见世界中的

---

① Michel Henry, *Voir l'invisible*, p. 27.

对象。然而，亨利指出，这并不意味着立体主义绘画逃离了对象性的可见世界，因为立体主义的整个几何构图都是基于画家们对世界及其客观事物本身的一种独特理解，而这种构图的最终目的也在于将在此理解下的可见世界及其客观事物本身表象出来。因此，从根本上说，"立体主义的抽象属于具象的计划，并且必须被理解为是其实现的模态之一"①。

亨利讲到，立体主义绘画的几何构图显示的世界性实质同样适用于以蒙德里安和马列维奇等为代表的几何抽象派画家对几何形式的运用。在对绘画之图画性（la picturalité）的几何化上，几何抽象派画家比立体主义画家走得更彻底，他们在画面上描绘的是横线和竖线的交错，是几何图形的拼贴、组合，在这里，几何形式已经变成绘画的基本构成元素，可见世界的对象变得完全无法辨别。然而，亨利指出，通过对图画性的几何化，几何抽象派画家并不是想要在绘画中完全排除世界及其可见者，而是尝试将世界及其可见者的本质揭示出来，这种尝试在伽利略和笛卡尔那里找到了其深层的观念基础。以笛卡尔为例，他曾在《哲学原理》中指出，"每一个实体都只有一种主要的性质，来构成它的本性或本质，而为别的性质所依托"②，"物体的本性，不在于重量、硬度、颜色等，而只在于广延"③，这种广延具有长、宽、高三种量向，它是几何学的对象。依据笛卡尔的观念，"对象在几何抽象中的消失因此仅仅是对其本质的揭示，这种本质使每一对象成为一个对象"④。

总而言之，在亨利看来，由于以世界为基础来理解"抽象"概念，所以众多现代绘画流派从未脱离可见世界，从未停止对可见世界的揭示，它们在实质上都是世界性的，或者说都服从于可见性的逻辑。

---

① Michel Henry, *Voir l'invisible*, p. 28.
② 笛卡尔：《哲学原理》，关文运译，商务印书馆，1958，第20页。
③ 同上书，第35页。译文有改动。
④ Michel Henry, *Voir l'invisible*, p. 30.

二、康定斯基的"抽象"概念与绘画的抽象内容

惯常意义上的"抽象"概念以及建立在这一概念基础上的绘画都与可见世界本质性地关联在一起。亨利指出,与此完全不同,康定斯基的抽象观念并不服从于可见性的逻辑,而是服从于不可见性的逻辑,它并不指向作为可见者的世界,而是指向作为不可见者的生命。

为了对此进行说明,亨利探究了康定斯基抽象观念的起源。我们已经在前面的讨论中指出,在亨利的观念中,作为不可见者的生命是自身感发的,这就意味着生命不能凭借自身之外的世界得到理解,而只能凭借自身得到理解,"除了其自身,没有其他道路通向生命;生命既是目的又是道路"[①]。根据亨利的讨论,与生命的这种本质特征相应,从其起源来说,康定斯基的抽象观念并不像惯常意义上的"抽象"概念那样来自对可见的世界对象的反思,而是来自不可见生命的自身感发。现实中,在真正提出抽象观念并将其运用于绘画创作之前,康定斯基其实已经在反思绘画作为模仿的观念,已经处在对以自然主义绘画为代表的对象性绘画的反思潮流中,并且受到莫奈的印象主义绘画的影响。然而,亨利讲到,康定斯基的这些反思和受到的这些影响并未从根本上使他提出抽象观念,对于抽象观念的提出来说关键性的是如下这样一个生命事件:在慕尼黑乡下的一次散步中,康定斯基突然从其所知觉的灌木丛的色彩的力量中体验到一种强烈的生命情感,并且决定描绘这种情感。亨利讲到,在这样一个时刻,康定斯基领会到这种情感不能依据任何世界对象而得到理解,不能依据任何外在反思而得到理解,它是生命的自身迸发,并且回归生命本身,它只能依据生命自身的体验而领会,在这样一种情感面前,作为可见者的世界对象是无力的。与此相应,在这样一个时刻,康定斯基突然领会到作为可见者的世界对象"不再能定义作品

---

① Michel Henry, *Voir l'invisible*, p. 33.

的内容"①，只有这种强烈的生命情感才能成为绘画的内容，绘画真正应该描绘的只有这种强烈的生命情感，换句话说，作为绘画内容的东西只有不可见生命。康定斯基将这种不可见生命称作抽象，由此，以不可见生命为内容的抽象绘画的观念诞生了。

那么，为什么绘画需要将不可见生命作为其唯一内容呢？根据亨利的讨论，这主要源自不可见生命本身作为现象的原初性和独特性。他讲到，首先，不可见生命本身的存在和显现并不需要世界，因为它是自身感发的，它总是不间断地从其自身来到其自身，不断地从其自身涌现；其次，不可见生命优先于可见世界的显现，并构成其显现的条件，只有在不可见生命自身感发的基础上，我们才能感知到作为外在现象的整个可见世界，整个可见世界才能被自我构造出来；再次，不可见生命也是与我们自身最为切近的现象，是最能定义我们自身存在的现象，它并不是我们个体自身之外的某种东西，而是界定着我们个体自身，它与我们个体自身是同一的；最后，与作为对象的世界可见者不同的是，不可见生命不能凭借惯常意义上的科学而就其自身被理解，人们从历史、心理、生理等各种角度对生命进行的解释都只是一种外在理解，都发生在生命自身感发之后，发生在生命事件自身发生之后，这些解释并不能切中生命本身，在这样一种境况下，与科学具有不同表达方式的艺术恰恰能够成为表达不可见生命的一种可能性方式。

正是因为生命的这种原初性和独特性，亨利认为它应该成为绘画的唯一内容。他指出，对于这种原初性和独特性，康定斯基也进行了确认，这种确认尤其体现为抽象内容相对于可见形式的优先性。例如，康定斯基在其 1914 年的《科隆讲稿》中就指出，"作品在抽象中先于那种具体化而存在，那种具体化使它能够被人们的感觉通达"②。也就是说，

---

① Michel Henry, *Voir l'invisible*, p. 33.
② Wassily Kandinsky, "Cologne Lecture," trans. Peter Vergo, in *Kandinsky: Complete Writings on Art*, Volume One (1901-1921), eds. Kenneth C. Lindsay and Peter Vergo (Boston: G. K. Hall & Co., 1982), p. 394.

作为不可见生命的抽象内容先于可见者，并使可见者成为可能。亨利讲到，实际上，自从在1910年发现作为不可见生命的抽象观念之后，康定斯基就在《论艺术中的精神》等一系列论著中对这一观念进行了深入阐释，而所有这些阐释都旨在于揭示这样一个真理，即"真正的实在就其自身而言是不可见的，在我们彻底的主体性中，我们就是这种实在，这种实在在另一方面构成艺术的唯一内容，表达这种抽象内容就是艺术的任务"①。

亨利指出，依据抽象来界定绘画的内容，也就是说，以不可见生命作为绘画的内容，将会使绘画进入全新的意义境地。在此，我们可以联系两个问题来讨论抽象绘画的意义，一个是联系实在本身的揭示，另一个是联系时代境遇。

首先，从实在本身的揭示来说，以不可见生命为其内容的抽象绘画将会向我们开放"一种没有对象的认识"②，一种至高的真理。在西方思想中，当谈到认识或真理时，人们都普遍地意指客观的（对象性的）认识或真理，即关于可见世界的认识或真理，它的领域是作为外在现象的可见世界。在现代科学中，这种认识或真理在数量、获得方法、工具等上都获得了急速的扩张、累积和进步，因此这种认识或真理观念在现代科学中获得完美的展现。然而，亨利指出，虽然有这些进步，但是"这种认识从未真正达到其目标，并且将来也不会"③，因为它的领域具有一个不可超越的先天限制。更具体地说，这种认识或真理的领域是处于可见世界的外在现象，由于这类现象是依据外在方式显现的现象，它们只具有外在性，而不具有任何内在性，同时与自我也是相互分离的，所以自我对它们的感知总是只能停留于某个表面或侧面，而不能深入其内在。亨利讲到，在这里，哪怕是借助显微镜等复杂的现代科技工具，我们也不能深入外在现象的内部，而只能不断地构造出某个表面或侧

---

① Michel Henry, *Voir l'invisible*, p. 42.
② 同上书，第37页。
③ 同上书，第36页。

面，不断地从一个表面或侧面转移到另一个表面或侧面。以此为基础，有关这些外在现象的认识或真理就永远只能停留在这些现象的表面或侧面，永远也不能穿透这些现象而进入其内在。

与这种客观的（对象性的）认识或真理不同，当不可见生命成为绘画的唯一内容时，绘画将会向我们提供一种非客观的（非对象性的）认识或真理，即一种生命认识或真理。亨利指出，当绘画真正成为不可见生命的表达时，它并不是依据外在方式向我们提供认识或真理，即并不是将生命作为一个外在对象来认识，因为生命是自身整一的，是不能同自身分离的；相反，绘画必须依据内在方式向我们提供认识或真理，即必须进入生命的运动本身，"艺术的认识完全在生命之内发展起来；它是生命的本己运动，是生命成长的运动，是生命更为强烈地体验其自身的运动"①。由此，绘画提供的认识或真理就不再是一种只能停留在表面或侧面的对象性的认识或真理，而是一种能够切入内在本身的主体性的生命认识或真理。亨利指出，由于绘画表达的是内在的生命真理，而生命又是我们每个人的生命，它界定着我们个体自身，所以绘画就不仅是一种审美性的东西，而且是一种伦理性的东西，也就是说，当绘画以不可见生命为其内容时，它就内在地包含了审美和伦理。亨利说："不可见的审美生命和伦理生命之间的这种内在关联就是被康定斯基称作'精神'的东西。"②

其次，从时代境遇的角度说，以不可见生命为其内容的抽象绘画具有一种拯救的意义，具有一种弥赛亚的意义（une signification messianique）。正如我们前面已经揭示的，在亨利看来，在我们的时代，由于科学和技术等的极速膨胀，客观主义的意识形态越来越深入我们生活的各个层面，我们越来越陷入一个由对象组成的可见世界中，越来越专注于这个可见世界，进而遗忘了更原初、更切近的生命。而康定斯基的抽

---

① Michel Henry, *Voir l'invisible*, pp. 37–38.
② 同上书，第 39 页。

象绘画，更具体地说，以不可见生命为其内容的抽象绘画，一方面向我们传递着生命本身的真理，因此允许我们回归已经被遗忘的原初生命；另一方面，它不是依据一种外在方式传递，而是依据一种内在方式，也就是说，进入生命本身的运动，并作为生命本身的运动，它让我们以亲身体验的方式感受到生命，因此，是依据一种绝对的确定性来让我们回归原初生命。亨利说："因为艺术凭借一种绝对的确定性完成了在我们之中的不可见实在的揭示，所以它是一种拯救。"① 也就是说，将我们从客观主义的意识形态中拯救出来，让我们回归真正原初和切近的现象，即那种从根本上界定着我们自身的不可见生命。

至此，我们终于追随亨利的解释界定了康定斯基意义上的"抽象"概念的确切内涵。依据这一概念，绘画的内容将从作为可见者的世界转向作为不可见者的生命，进而成为抽象绘画。那么，抽象绘画应该如何具体地表现这一抽象内容，进而使这种转向成为可能呢？或者说，抽象绘画应该依据怎样的形式才能实现这一抽象内容的表现呢？根据康定斯基的观念，绘画的这种转向的关键之处在于，绘画的形式同样从具象转向抽象，或者说从可见者转向不可见者，由此，我们便进入对绘画抽象手段与绘画的要素论的讨论中。

第三节 抽象形式与绘画的要素论

我们在上一节已经讨论过，在康定斯基的抽象绘画中，绘画的内容已经从具象走向抽象，即从可见世界走向不可见生命。然而，单凭内容并不能完成作为艺术作品的绘画的显现，或者说，抽象内容还必须借助一定的手段才能被表达出来，进而形成一幅完整的绘画作品。亨利讲到，在康定斯基的讨论中，绘画的手段又被称作绘画的形式（la

---

① Michel Henry, *Voir l'invisible*, p. 41.

forme)。在这里,"形式是抽象内容的物质表现"①,因此它既意指通常意义上的线性形式(点、线、面等),也意指颜色等。那么,依据康定斯基的抽象绘画的观念,应该如何理解绘画的形式呢?下面我们就进行详细的讨论。

一、形式:从具象到抽象

表面上看,一旦涉及绘画的形式,完全逃离可见者而归属于不可见者的抽象绘画的观念就变得不再可能。因为看似很明显的是,绘画的形式(点、线、面、颜色等)都是感性可见的,是属于可见世界的东西。由此,尽管绘画的内容可以转向不可见者,但是由于其形式的可见性,绘画作品本身更应该被看作可见者与不可见者的结合,而不是完全归属于不可见者的领域。关于这一点,似乎也能在康定斯基的著作中得到确认,例如,在其1913年的《绘画作为一种纯粹艺术》中,他就曾指出,"艺术作品是内在要素和外在要素的一种不可避免的、无法分割的结合,是内容和形式的一种不可避免的、无法分割的结合"②。

然而,亨利讲到,这一看似明证的事实实际上并不成立,也不符合康定斯基对绘画以及艺术本身的理解。他讲到,虽然康定斯基认为艺术作品(包括绘画作品)是内在要素和外在要素的结合,但是对于这种结合却有两种不同的理解方式,进而会导致对绘画以及艺术本身的两种具有本质性差异的理解。

第一种是以黑格尔的相关观念为代表的传统理解。在其《美学》中,黑格尔指出,"艺术的内容就是理念,艺术的形式就是诉诸感官的形象。艺术要把这两方面调和成为一种自由的统一的整体"③,"艺术作

---

① Wassily Kandinsky, "Painting as Pure Art," trans. Peter Vergo, in *Kandinsky: Complete Writings on Art*, Volume One (1901-1921), p. 350.
② 同上。
③ 黑格尔:《美学》(第一卷),朱光潜译,第87页。

品……是概念从它自身出发的发展，是概念到感性事物的外化……艺术作品是由思想外化来的"①。黑格尔认为，当精神（思想、理念等）仅仅停留在主体之内时，它仍然只是抽象的、空洞的，仍然未达到真正的实在，而为了获得真正的实在性，精神还必须将自身对象化，也就是必须将自身外化到外在对象中，在这种对象中认出自身，并最终回归自身。在这里，对象化或外化构成精神自身发展的一个不可或缺的环节，而艺术作品正是这种对象化或外化的形式之一。因此，亨利讲到，依据黑格尔的观念，艺术作品作为内在要素和外在要素的结合，在最终意义上只是主体的一个对象，也就是说，是属于可见世界的一个对象，依此观念理解的绘画以及整个艺术本身并不能脱离可见者而走向不可见者。

第二种是康定斯基揭示的全新理解。亨利指出，与黑格尔的观念不同，在康定斯基的观念中，停留在纯粹内在性之中的精神并不缺乏实在，并不需要通过自身的对象化来获得真正的实在性，相反，纯粹主体性自身就是最原初的实在，它"定义着这种实在"②，而所有外在对象就其自身而言则是缺乏实在的，它们只有在这种纯粹主体性的基础上才能被开启出来，才能获得自身的存在。以此观念为基础，由于以纯粹主体性的不可见生命作为其内容，作为其内在要素，所以艺术作品从其内容本身就能获得真正的实在性，而不需要将这种作为内容的不可见生命对象化才能获得真正的实在性，"由灵魂的震颤创造的内在要素是艺术作品的内容。如果没有内在内容，就没有艺术作品能够存在"③。由此，亨利指出，绘画和艺术作品作为内在要素和外在要素的结合就不再意指绘画和艺术作品是作为不可见生命的内在要素的对象化，而意指不可见生命对绘画和艺术作品的彻底决定性，即不可见生命不仅决定绘画和艺术的内容，将这种内容界定为抽象内容，而且决定绘画和艺术本身的形

---

① 黑格尔：《美学》（第一卷），朱光潜译，第 16-17 页。
② Michel Henry, *Voir l'invisible*, p. 45.
③ Wassily Kandinsky, "Painting as Pure Art," trans. Peter Vergo, in *Kandinsky: Complete Writings on Art*, Volume One (1901-1921), p. 349.

式，将这种形式界定为抽象形式。

那么，我们应当如何理解不可见生命对绘画和艺术形式的这种决定性呢？或者说，应当如何理解绘画形式的抽象性呢？亨利指出，形式的抽象性具有双重内涵：第一，它意指形式"完全是由抽象内容决定"；第二，它在更彻底的意义上意指形式"与抽象内容是同质性的，并且在最极限的情况下是同一的"①。

就第一层意义而言，康定斯基曾指出，绘画中"决定性的要素是内容"②。当绘画的内容是可见世界的对象或对象结构时，绘画形式将会受限并屈从于可见世界，它模仿可见世界的既定对象或对象结构，从可见世界那里获得存在的意义，并最终成为可见世界的一个对象，由此"形式的选择就不是自由的，而是依赖于对象"③，可见世界的对象成为形式的构造原则。亨利讲到，这就是现实主义绘画（包括自然主义、印象主义和新印象主义等）中形式所处的境遇。

然而，一旦绘画的内容从可见世界转变为不可见生命，绘画形式的构造原则就会发生根本性的改变。首先，绘画形式"不再模仿来自日常知觉世界的对象的明显内容，或者模仿对象世界的可见结构"④，不再从作为可见者的世界那里获得存在的意义，也就是说，绘画形式将从对可见世界的依赖和屈从中被解放出来，成为自由的形式。其次，作为不可见者的生命将取代作为可见者的世界而成为绘画形式的唯一构造原则。具体来说，作为绘画的外在要素，绘画形式的选择、组合以及整个绘画构图将依据不可见生命的需要来进行，将服务于不可见生命的表达，获得解放的自由形式必须服从于不可见生命的必然性。亨利指出，这种不可见生命的必然性被康定斯基称作内在必然性（la Nécessité Intérieure），这种必然性对于绘画形式的选择来说是彻底的和绝对的，

---

① Michel Henry, *Voir l'invisible*, p. 51.
② Wassily Kandinsky, "Painting as Pure Art," trans. Peter Vergo, in *Kandinsky: Complete Writings on Art*, Volume One (1901 - 1921), p. 350.
③ 同上书，第 352 页。
④ Michel Henry, *Voir l'invisible*, p. 46.

它是决定绘画形式的唯一原则。他讲到，依据这种必然性，一方面，我们能够解释所有本真绘画给予我们的必然性印象和所有平庸绘画给予我们的随意性印象；另一方面，我们也能够判断什么样的绘画属于真正的艺术创作。① 最后，依据内在必然性构造的绘画形式将是一种全新形式，康定斯基将这种全新形式称作"纯粹艺术形式，它能够将独立生命所必需的力量赋予绘画，并且能够将图画提升到一种精神主体的层面"②。

至此，我们终于揭示了亨利和康定斯基的抽象形式的第一层意义。然而，虽然在这一层意义的理解中，绘画形式是完全由抽象内容决定的，但形式仍然被看作外在的、物质性的要素，仍然被看作与内在抽象内容相异质的东西。根据亨利的讨论，这一层意义并不能完全解释抽象形式的观念，因为在康定斯基的构想中，抽象内容和抽象形式最终是同质性的，是同一的，而这就涉及抽象形式的第二层意义。

二、纯粹图画形式

对于康定斯基的抽象形式的界定来说，第二层意义更为关键。在具体讨论这层意义的内容之前，亨利首先说明了康定斯基发现和解释这层意义所使用的方法。亨利指出，康定斯基对抽象形式第二层意义的分析在实质上是一种现象学分析，这种分析"让我们在生命对其自身所拥有的直接体验的最无可否认的真理和确定性中看到，或者更恰当地说，感觉到绘画的可能性，也就是说感觉到绘画的'本质'"③。根据亨利的讨论，一方面，康定斯基对抽象形式相关意义的解释并不是针对特定的事实，而是指向形式的本质，而这正好对应着胡塞尔现象学中所实施的本

---

① 参见 Michel Henry, *Voir l'invisible*, pp. 47 - 49。
② Wassily Kandinsky, "Painting as Pure Art," trans. Peter Vergo, in *Kandinsky: Complete Writings on Art*, Volume One (1901 - 1921), p. 353.
③ Michel Henry, *Voir l'invisible*, p. 50.

质还原。① 另一方面，康定斯基并不是依据任何理论或假设而展开对抽象形式相关意义的解释，而是排除了所有理论和假设，直接进入生命的原初体验，在这种原初体验中进行试验，并通过这种原初体验及其试验所原初给予的东西而解释抽象形式的意义。在这一点上，康定斯基的方法正好符合胡塞尔对超越物的还原，符合胡塞尔的"一切原则之原则"。

那么，我们如何依据现象学方法来理解第二层意义上的绘画形式的抽象性呢？根据亨利的讨论，为了确切地解释抽象形式的第二层意义，进而揭示抽象形式的真正内涵，我们需要进行一种还原，即将日常知觉中外在的、物质性的形式（颜色、线性形式等）还原成纯粹图画形式（la forme picturale pure）。

亨利指出，日常知觉"在原则上是实践的-实用主义的"②，这种知觉总是指向认识的或实用的对象。在这种知觉结构下，当我们感知到一种颜色或线性形式时，我们并不停留于这种感知给予我们的颜色或线性形式本身，而是超越这种显现出来的颜色或线性形式本身的内涵，意向性地指向某个对象，或者说，将显现出来的颜色或线性形式把握与立义为某个对象的某个侧面的颜色或形状，将它们与其他还未显现出来的颜色或线性形式等联系在一起，进而综合构造出这个对象。例如，我们并不仅仅就其自身来理解我们看到的某种白色和长方形平面，而是将其看作某座房子的一面墙的颜色和形状，这座房子还有其他没有显现出来的侧面，这些显现出来的墙面和未显现出来的侧面共同构成了这座房子，而它才是我们知觉真正指向的东西。因此，亨利讲到，在日常知觉中，知觉最终想要达到的东西是对象，而显现出来的颜色或线性形式仅仅"充当着它所指向的对象的符号，并且最终它并不是就其自身而被把握，

---

① 关于本质还原的较为简明的讨论，参见胡塞尔：《纯粹现象学及其研究领域和方法（弗莱堡就职演讲，1917 年）》，载《文章与讲演（1911—1921 年）》，倪梁康译，人民出版社，2009，第 83 - 84 页。

② Michel Henry, *Voir l'invisible*, p. 53.

而是被把握为一种单纯的手段、一种工具"①。

不同于日常知觉对形式（颜色、线性形式等）进行对象化立义，将形式看作对象的符号，而不关注形式本身，亨利指出，在康定斯基的抽象绘画的观念中，诸形式切断了向对象的指涉，它们"停止描画对象，并且停止迷失于对象中，它们自身拥有并被看到拥有它们自己的价值，它们成为纯粹图画形式"②。亨利讲到，在其理论著作中，康定斯基详细描述了颜色和线性形式这两种主要形式如何在绘画中挣脱对对象的指涉而走向自身的纯粹自主显现，进而成为自由的形式。

就颜色而言，康定斯基曾在回忆他所购买的第一个颜料盒时指出，当不同的颜料从颜料管中被挤出来而铺展在调色板上时，他体验到作为"陌生存在者"的不同颜色自身显现出来，他被这些颜色眩惑，这些颜色拥有不同的色调，拥有"它们自己的独立生命"③，"在调色板的中间存在着一个陌生世界"④。根据康定斯基的描述，调色板显现的世界不再是我们熟悉的对象世界，而是陌生世界，铺展在调色板上的诸颜色也不再是我们熟悉的对象的颜色，而是陌生存在者，它们不再作为对象的符号服务于对象的显现，而是就其自身所显现的色调和生命被领会。因此亨利讲到，康定斯基在此描述的就是颜色从对象性立义走向自身自主显现，也就是说，颜色"不再被理解为对象的单纯侧面；它们在其纯粹显现中被给予"⑤。实际上，康定斯基从第一次购买的颜料盒那里感受到的颜色的纯粹自身显现以及这种显现所给予的眩惑和冲击并不是瞬时性的，而是持续的，以至于他在很多年后回忆时讲："那时当我看到从颜料管中流出的颜色，我感觉到的东西——或者更恰当地说，我那时拥

---

① Michel Henry, *Voir l'invisible*, p. 52.
② 同上书，第 53 页。
③ Wassily Kandinsky, "Reminiscences/Three Pictures," trans. Peter Vergo, in *Kandinsky: Complete Writings on Art*, Volume One (1901–1921), p. 372.
④ 同上。
⑤ Michel Henry, *Voir l'invisible*, p. 54.

有的体验——我今天仍能感觉到。"①

与对颜色的非对象性的自身显现及其独立生命的体验相应，亨利指出，一方面，康定斯基在绘画中使用颜色时总是遵循着一个重要原则，即"颜色的非现实主义使用"②。他讲到，在康定斯基涉及使用颜色的绘画中，处于首要地位的从来都不是利用颜色去表象可见世界的对象，而是颜色在绘画画面上的铺展和自身显现。

另一方面，康定斯基突破传统观念，揭示了"颜色与形式［线性形式。——引者注］的分离"③。在传统观念中，颜色作为对象的一种属性，必须与线性形式结合在一起才能显现出来，因为作为感觉之物，颜色必须在一定的空间内展开，也就是说必须具有一定的线性形式。例如，笛卡尔就指出，"长、宽、高三种广延，就构成物质实体的本性"④，这种本性是颜色等性质的依托。胡塞尔也曾在讨论独立对象和不独立对象时指出，"感觉质的因素，如感觉颜色的因素是不独立的，它需要一个它在其中得以现身的整体"，"一个感觉颜色只能处在视觉的感觉领域中，或者它只能作为一个'广延'的'质化'而存在"⑤。然而，亨利讲到，依据康定斯基的观念，颜色对线性形式的这种依赖性就能被排除。他指出，康定斯基解除了颜色与可见世界的对象的关联，不再依据物质实体的观念或者空间对象构造的观念来理解颜色，也就是说，不再联系广延及其线性形式来理解颜色，而专注于颜色的自身自主显现，专注于颜色的独立生命，这样颜色本身的现象性就并不包含线性形式。以这样一种理解为基础，颜色就被从线性形式的限制中解放出来，进而成为自由的纯粹图画形式。

就线性形式而言，亨利指出，同颜色一样，在日常知觉中，线性形

---

① Wassily Kandinsky, "Reminiscences/Three Pictures," trans. Peter Vergo, in *Kandinsky: Complete Writings on Art*, Volume One (1901–1921), p. 371.
② Michel Henry, *Voir l'invisible*, p. 55.
③ 同上书，第 56 页。
④ 笛卡尔：《哲学原理》，关文运译，第 20 页。译文有改动。
⑤ 胡塞尔：《逻辑研究（第二卷第一部分）》（修订本），倪梁康译，第 280 页。

式也总是对象的形式，总是服务于对象的显现，在这样一种情况下，"可能形式的无限性……被排除掉了"①，也就是说，日常知觉以对象性显现方式排除了线性形式的无限可能性，进而使线性形式不能就其自身而自主显现。亨利讲到，与日常知觉对线性形式显现之可能性的压抑和限制不同，不同时代的真正艺术家们总是尝试着突破这种限制而开辟新的空间，进而发明线性形式显现的新的可能性。由此，在形式的新发明与对象的模仿之间就存在着深刻的矛盾和张力。亨利指出，在西方绘画史上，不同绘画流派的大部分画家总是受到上述矛盾和张力的困扰，但是由于他们始终坚守将模仿自然作为绘画的目的，所以他们从未真正解决上述矛盾和张力。

亨利讲到，康定斯基在进入绘画领域后的很长一段时间内，也受到上述矛盾和张力的困扰，但是他最终通过放弃对象的模仿而走出了这种矛盾和张力，进而解放了线性形式，使它们能够自身显现自身，使抽象绘画得以诞生。康定斯基在《科隆讲稿》中的相关讨论确证了这一点。在那篇讲稿中，他明确指出，他反对利用各种构图变形来再现对象，反对依据对象世界的规则来界定绘画的形式。他讲到，"然而，我总是发现这一点是令人不快，并且经常是令人厌恶的，即允许诸形象停留在生理规则的范围内，并沉湎于构图变形……因此，对象逐渐开始在我的图画中越来越多地消解。这能够在几乎所有1910年的图画中被看到"②。

由此，通过对对象世界的排除，我们终于追随亨利的讨论获得了自身自主显现的纯粹图画形式（颜色、线性形式等）。那么，这种通过还原而获得的纯粹图画形式在其自身自主显现时，到底具有怎样的实质内涵呢？或者，当其挣脱对象性意义的束缚而自身自主显现时，纯粹图画形式到底向我们呈现了什么东西呢，这种形式的本质到底是什么呢？对这些问题的回答，将把我们引向康定斯基的绘画的要素论，而在这种要

---

① Michel Henry, *Voir l'invisible*, p. 57.
② Wassily Kandinsky, "Cologne Lecture," trans. Peter Vergo, in *Kandinsky: Complete Writings on Art*, Volume One (1901 – 1921), pp. 395 – 396.

素论中，我们将获得抽象形式的最终内涵。

三、绘画的要素论

亨利讲到，在康定斯基的观念中，纯粹图画形式又被称为纯粹图画要素。根据康定斯基的讨论，这些要素包含两个类别：其一是基本要素，主要有颜色、线性形式（点、线、面等），"没有这些要素，任何特定艺术的作品都完全不能存在"①；其二则是辅助性要素，也就是绘画的物质载体等，例如画布等。亨利和康定斯基的相关分析主要关注的是绘画的基本要素。

那么，被排除了对象性意义的纯粹图画要素在其自身自主显现中到底向我们呈现了什么呢？它们的本质到底是什么呢？对此，亨利和康定斯基都进行了明确回答。康定斯基曾指出，"一个要素的概念能够以两种不同的方式被理解——作为一个外在概念和作为一个内在概念。外在地讲，每一单个线性或绘画形式是一个要素。内在地讲，不是这种形式本身，而是栖居于其内的内在张力，才是要素"②。对于康定斯基的这段话，我们可以依据亨利的相关解释从如下四个方面进行理解：

其一，亨利指出，根据康定斯基的讨论，当图画要素逃离对可见世界的指涉而完全就其自身显现自身时，这些要素仍是感性可见的，也就是说，我们仍能凭借感官感知到一些外在可见者，因此纯粹图画要素仍具有某种外在性。但是，这种外在性不再导向对外在现象的构造，不再与可见的对象性世界处在本质性的关联中，因为所有外在现象，或者说整个可见的对象性世界，在纯粹图画要素的还原中都被排除了。由此，在康定斯基的讨论中，"外在性"概念其实具有双重内涵，一是指涉可

---

① Wassily Kandinsky, "Point and Line to Plane: A Contribution to the Analysis of Pictorial Elements," trans. Peter Vergo, in *Kandinsky: Complete Writings on Art*, Volume Two (1922–1943), p.536.

② 同上书，第547页。

见世界及其对象性，二是指涉图画要素的可感觉性。

其二，那么，这种可感觉意义上的外在图画要素会向我们显现什么呢？亨利指出，在康定斯基看来，这些脱离了对象性意义的图画要素会让我们"体验到一种新的感觉"，会"激起一种独特的印象"①。这就是前面康定斯基意指的内在张力。根据亨利和康定斯基的讨论，这种感觉、印象或内在张力具有两个层面的规定性，即力量（la force）和情感调性（la tonalité affective）。就前者而言，每个图画要素都源自一定的力量，并表现力量。例如，亨利和康定斯基认为，直线是单一力量作用的结果，曲线是两种力量同时作用的结果，而角线或之字线则是两种力量相继作用的结果。②就后者而言，亨利和康定斯基认为，每个图画要素都会引起一定的情感，表达着这些情感。例如，根据他们的讨论，直线是抒情性的，在情感上是平缓的，而各种曲线则是戏剧性的，在情感上是剧烈的。③亨利讲到，在这里情感本身是不可见生命的活动，而力量也"只有在对自身的激情拥抱中才是可能的"④，也就是说，力量同样源自情感性的不可见生命，因此，脱离了对象性意义而自身自主显现的纯粹图画要素向我们呈现的就是不可见生命。

其三，图画要素与其内在张力（力量和情感调性）之间的关联并不是一种基于外在联想的任意关联，"它是一种内在的、必然的、持续的关联，它独立于实际上体验到它的那个个体的主体性"⑤。在这里，尤其需要对这种关联的独立性进行解释。根据亨利的讨论，这里的独立性意指的是图画要素与其内在张力之间的关联就存在而言并不是某个个体的任意联想，并不依赖专属于某个个体的那些独特的主观要素，而是自身存在于要素之内，并具有被每个个体的主体性体验的可能性。与之相应，这种关联是否能够在实际上向某个个体显现，或者说某个个体是否

---

① Michel Henry, *Voir l'invisible*, p. 62.
② 参见上书，第89–90页。
③ 参见上书，第92页。
④ 同上书，第91页。
⑤ 同上书，第64页。

能够在实际上体验到这种关联,并且能够在多大程度上体验到这种关联,这仍然有赖于这个个体,也就是说,有赖于这个个体的体验习惯、敏感性、文化背景,等等。例如,一个习惯于感知对象的个体就很难体验到这种关联,而一个在相关方面受到良好教育的人则可能比普通人更强烈地体验到这种关联。亨利讲到,康定斯基通过严格的分析,界定了每个基本要素所对应的内在力量和情感调性,进而将这种本质性的内在关联完整地展现在我们眼前,并建立了绘画的要素论。

其四,由此,纯粹图画要素具有两个侧面,即一方面具有其外在的可感觉性,另一方面又具有其内在的力量和情感调性。亨利指出,这两个侧面并不处于同一意义层次,"根据康定斯基的论断,要素的感性显现,形式[线性形式。——引者注]或颜色的可见性,仅仅是它的外在方面,而只有它的内在启示……才构成它的真正实在,这种实在给予了它存在"①。也就是说,决定纯粹图画要素本质和实在的东西只有其内在的力量和情感调性。同时,由于力量和情感调性在本质上就是不可见生命,所以从本体论说,图画要素就是不可见生命,而这也就是康定斯基意义上的绘画形式的抽象性的真正内涵。康定斯基说:"在我看来,人们应当在要素和'要素'之间进行区分,将后者意指一种与其张力相分离的形式,并且将前者意指栖居于那种形式之内的张力。因此,确切地说,诸要素是抽象的,的确,形式自身是'抽象的'。"② 由此,绘画的内容和形式终于从异质性再次走向了同质性,甚至走向了同一。

至此,我们终于界定了绘画形式的抽象性的第二层意义,进而完整解释了绘画形式如何能够成为抽象的,如何能够同作为不可见生命的抽象内容走向同质和同一。在此基础上,康定斯基的抽象绘画的观念及其可能性也完全向我们显现出来。在这里,绘画终于不再模仿可见的对象

---

① Michel Henry, *Voir l'invisible*, p. 66.
② Wassily Kandinsky, "Point and Line to Plane: A Contribution to the Analysis of Pictorial Elements," trans. Peter Vergo, in *Kandinsky: Complete Writings on Art*, Volume Two (1922 – 1943), p. 548.

性世界，不再同外在现象本质性地关联在一起，而是从内容到形式都逃离对象性世界的束缚而走向不可见生命，走向最原初的内在现象。

第四节　不可见生命作为所有绘画的现象性本质

从可见世界到不可见生命，从绘画的抽象内容到绘画的抽象形式，我们终于追随亨利的现象学解释理解了康定斯基意义上的抽象绘画观念的真正内涵。从历史来看，康定斯基的抽象绘画构成一种全新类型的绘画，这种类型的绘画同在西方绘画史上长期占据主流地位的具象绘画处于激烈的对立中。那么，我们应当如何具体理解抽象绘画同具象绘画的关系呢？或者说，不可见生命对绘画之现象性本质的规定是专属于抽象绘画，还是适用于所有绘画呢？在这一节，我们将具体讨论这些问题。

一、抽象作为绘画的本质

在谈到抽象绘画与整个绘画系统的关联时，人们总是将其看作绘画众多可能性中的一种可能性，但是在亨利和康定斯基看来，抽象绘画在实质上不仅是一种全新类型的绘画，而且"界定了整个绘画的本质"[1]。也就是说，作为不可见生命的抽象构成所有绘画的现象性本质。

亨利讲到，康定斯基对抽象绘画的阐释和实践并不是基于观念设想，并不是基于对专属于抽象绘画的东西的分析和领会，而是基于对属于所有绘画的内容与形式的具体现象学分析和领会。尤其是在其理论阐释中，康定斯基详细分析了绘画诸形式（颜色、点、线、面，等等），并通过这种分析揭示了这些形式的本质上的抽象性。这些绘画形式并不是专属于抽象绘画，而是属于所有可能的绘画，也就是说，所有绘画都

---

[1] Michel Henry, *Voir l'invisible*, p. 24.

是借由这些形式构成的。因此，从现象学的可能性来说，康定斯基对绘画诸形式及其本质的分析和揭示并不专属于抽象绘画，而是适用于所有可能的绘画。① 以此为基础，抽象不但界定了康定斯基的抽象绘画的现象性本质，而且界定了所有绘画的现象性本质。

然而，在这里立刻会出现一个问题，即以抽象作为绘画的本质看起来将会否定抽象绘画诞生之前的所有绘画成就，否定那些公认的绘画杰作。具体来说，按照通常的观念，在抽象绘画及其观念诞生之前，西方绘画的主流是具象绘画，与之相应，人们往往联系可见的对象性世界来理解绘画的本质，而其中具有代表性的就是将绘画理解成一种模仿，可以说，在通常的观念中，传统西方绘画就是在与可见的对象性世界的本质性关联中建构起来的。但是，一旦我们依据抽象来理解绘画的本质，也就是说，依据与不可见生命的本质性关联来理解绘画的本质，进而界定属于绘画的所有问题，这似乎就意味着我们否认了传统西方绘画的所有成就，意味着我们将传统西方绘画（包括那些公认的杰作）都还原成一种非本真的绘画。依据这种理解，属于绘画现象性本质的本真可能性就并未在绘画的已有发展史中展现出来，而只在康定斯基的绘画中展现出来，同时只能留待未来去实现。

面对这个问题，在其《科隆讲稿》中，康定斯基曾说："我并不想改变、质疑或推翻过去时代诸杰作的和谐中的任何单个节点。我并不想向未来展示它真正的道路。"② 也就是说，在将抽象界定为绘画的本质时，康定斯基并不想否定传统绘画的成就，并不认为绘画的本真可能性只有在他自己的抽象绘画中和在未来才能就其自身而实现出来。亨利指出，"通过这些话，康定斯基将其理论反思的对象置于历史之外：所有艺术和所有绘画所源出的原则……就是生命的永恒本质"③，与这种超

---

① 参见 Michel Henry, *Voir l'invisible*, p. 23。
② Wassily Kandinsky, "Cologne Lecture," trans. Peter Vergo, in *Kandinsky: Complete Writings on Art*, Volume One（1901 – 1921），p. 400。
③ Michel Henry, *Voir l'invisible*, p. 24。

历史性对应，抽象作为绘画的本质将适用于一切历史时代，将适用于界定所有在历史中出现的绘画的本质。由此，我们便进入对抽象作为绘画的本质的第二个层次的理解，即依据作为不可见生命的抽象不仅可以理解康定斯基的抽象绘画，而且同样可以理解传统绘画。

为了具体说明传统绘画的抽象性，亨利列举和讨论了西方传统绘画中的宗教题材，例如摩西出埃及、基督的诞生、基督的复活等，这些是西方传统绘画经常涉及的题材。按照传统的美学和绘画观念，这类题材的绘画表象了相关题材所指涉的事实或事件，也就是表象了外在于绘画本身的事实或事件，因此，这类绘画在实质上是指向外在现象的。与之相应，要理解这类绘画，我们必须对其涉及的历史和文化事实有一定的了解，例如，我们必须了解《圣经》的相关故事，领会这类故事所指涉的意义，等等。

然而，亨利指出，"伟大的绘画，文艺复兴或文艺复兴之前的绘画，从未让我们面对这类'表象'"①，也就是说，宗教题材的伟大绘画就其自身而言并不是对外在现象的表象。他讲到，在这些绘画中，人们虽然能够认出他们熟知的主题，但是绘画本身的意义并不能依据这些作为外在现象的主题而得到理解。根据相关讨论，我们可以从如下三个层面来理解这些绘画的非表象性。②

第一，就其内容而言，这类绘画并不是对外在事实或事件的表象和模仿，而是画家自由想象的结果。亨利指出，画家并不是以自己见证的宗教事实或事件为基础来创作绘画，进而将这些事实或事件通过绘画表象出来，相反，在画家创作宗教题材的绘画时，没有人真正见证过这些事实或事件。以基督复活这一题材的绘画为例，画家波茨（Dirk Bouts）在创作其名画《基督复活》时，从未见过基督复活的场景，他的绘画展现的内容也不是对现实场景的再现，相反，波茨绘画呈现的场

---

① Michel Henry, *Voir l'invisible*, p. 220.
② 参见上书，第 221 – 227 页。

景是他依据自己对内在生命本身的体验和领会，依据生命的内在必然性而自由想象出来的。同时，由于不同画家对内在生命本身的体验和领会是不同的，所以他们在创作同样的基督复活题材时，会在绘画中呈现不同的场景。而这也可以解释为何西方绘画在题材上看似如此有限，但却诞生了如此丰富的伟大作品。

第二，与内容的非表象性相应，这类绘画形式是画家从生命出发进行选择的结果。亨利指出，当画家决定创作某类题材的绘画，或者受到委托创作某类题材的绘画时，应该选择什么尺寸和什么形状的图画平面来表现主题，这完全取决于画家对图画平面的内在力量和情感调性的领会；同时，在这个图画平面上应该使用什么样的颜色和什么样的线条、图形、点等，以及这些颜色和线条、图形、点等如何相互结合，它们又如何与图画平面相结合，也就是说，画家如何对不同的形式要素进行构图，进而创作出完整的绘画画面，所有这些也都取决于画家对这些颜色和线性形式的内在力量和情感调性的领会。由此，哪怕绘画画面最终呈现给我们的是通常意义上的具象绘画，但在绘画形式和构图的整个选择上，画家都是从内在生命出发的，因而遵循的是抽象原则。

第三，即使在图画平面给定的情况下，宗教题材绘画的完成仍然遵循抽象原则。从历史来讲，西方很多宗教题材的绘画（例如，那些极为常见的祭坛画）总是服务于一定的宗教目的和场所，在这种情况下，图画平面的大小、形状就是给定的，而不是由画家根据对内在生命的体验而自由选择的。亨利指出，虽然在这种情况下画家并不能自由选择图画平面，但是画家要想最终完成创作，要想让自己创作的绘画完美地契合绘画将要被放置的场所，就必须对给定的图画平面以及将要置身的场所的内在力量和情感调性有十分充分的领会，必须知道如何利用这些内在力量和情感调性，必须知道应该在这个给定的图画平面和场所中引入哪些颜色和线性形式，也就是说，引入哪些其他的内在力量和情感调性，进而形成一个和谐的生命整体。因此，在这种情况下，画家的创造仍然以对内在生命的体验和领会为基础，遵循的仍然是抽象原则。

由此，我们追随亨利揭示了宗教题材的传统绘画对抽象原则的内在遵循。实际上，依据亨利的逻辑，西方历史上所有伟大的绘画都以抽象为内在原则。从内容来说，这些绘画呈现的场景都不是对外在事实或事件的表象，因为创作这些场景的画家很少真正地亲身经历和见证这些外在事实或事件，而纵使他们真正地亲身经历和见证了这些事实或事件，他们的绘画画面中最后呈现的场景也同现实的事实或事件具有巨大差异。因此，绘画的内容从其本质来说并不是对外在现象的表象，而是画家依据生命的内在必然性自由想象的结果。从形式来说，与宗教题材的绘画一样，这些绘画在绘画形式的选择、构图上也以对这些形式的内在力量和情感调性的领会为基础，也就是说，以对形式的内在生命的领会为基础。总而言之，西方传统绘画从内容到形式都以作为不可见生命的抽象为内在原则，抽象界定了这些传统绘画的现象性本质，进而界定了绘画整体的现象性本质。

二、绘画作为不可见生命本质的实现

　　所有绘画在本质上都是抽象的，也就是说，都以不可见生命为其现象性本质，绘画就是不可见生命的表现。然而，在这里我们可以对亨利提出一个质疑：当其将绘画界定为不可见生命的表现时，他似乎为绘画规定了一个外在目的，即不可见生命，进而将绘画还原成一种为这个目的服务的单纯手段。这个质疑对于绘画本身的现象性来说是十分关键的，因为：一方面，如果绘画就其现象性本质而言只是一种单纯手段，那么它将丧失自身的独立意义，丧失自身显现的自主性；另一方面，作为手段，绘画将会在某个阶段成为非必要的和有害的，进而走向终结。① 具体来说，一旦我们发现表现不可见生命的更充分、更本真的手

---

① 有些研究者就是从这个角度批评了亨利的艺术现象学，参见 Peter Joseph Fritz, "Black Holes and Revelations: Michel Henry and Jean-Luc Marion on the Aesthetics of the Invisible," *Modern Theology* 25, issue 3 (2009): 415-440。

段，作为手段的绘画就会被取代和遗弃，进而因自身的不充分性而成为需要被终结的方式。对待绘画和艺术的这种倾向在黑格尔的美学中得到了典型的体现。黑格尔曾指出，作为绝对理念或真理显现的一种形式，艺术曾在人们对理念或真理的认识中发挥着积极的作用，甚至构成这种认识的最高形式（如在古希腊人那里），但它就其自身而言并不是显现理念或真理的最高形式，在它之上还有宗教、哲学等更高的形式。因此，当对真理的认识发展到一定程度，艺术必然会被扬弃，"我们现在已不再把艺术看作体现真实的最高方式"[1]，"就它的最高的职能来说，艺术对于我们现代人已是过去的事了"[2]。

实际上，不可见生命本身的特性似乎也印证了绘画的非必要性。在绘画诞生之前，生命就存在着，而在绘画诞生之后，生命仍在绘画之外以日常方式存在着，因此看似很明显的是，生命无需绘画就能存在，绘画对于生命来说并不是必需的东西。此外，尤其关键的是，依据生命现象学的规定，生命就其自身来说是绝对不可见的，是自身感发的内在存在，而绘画虽然在本质上是抽象的，但是仍必然具有某种可感觉性，它在这种可感觉性中表现不可见生命。因此看起来，绘画对生命的表现是在生命的不可见性中掺入了可见性，进而削弱了生命本身的不可见性和存在的纯粹性，将生命从其原初的存在样式带入非原初的存在样式。以这种理解为基础，绘画虽然表现不可见生命，但是也构成对生命本身的削弱，因此对于生命来说，它就变得更加无关紧要甚至有害。

针对上述质疑，我们可以依据亨利生命现象学的分析进行一些回应，并通过这些回应揭示出绘画在现象性系统中的地位。首先，亨利指出，绘画并不是作为手段来表现不可见生命，它对不可见生命的表现并不是对生命的表象或模仿，而是成为生命本身的一种存在样式。根据他的讨论，对绘画地位的上述质疑其实是以惯常的美学和艺术观念为基

---

[1] 黑格尔：《美学》（第一卷），朱光潜译，第131页。
[2] 同上书，第15页。

础。依据这种观念,我们在说绘画是不可见生命的表现时,往往意指绘画在表象或模仿生命。在此,生命的发生是在先的、外在于绘画的,而绘画作为一种手段则将这种在先的外在生命再现出来,传统绘画观念中的表象结构仍然在生命与绘画之间延续。

但是,亨利的生命现象学并不是依据上述观念来理解抽象绘画。康定斯基曾指出,"我不想描绘精神状态"①,也就是说,当他将绘画定义为不可见生命的表现时,他并不是意指绘画就其实质而言是在表象和模仿一种在先的精神状态,并不是意指不可见生命是绘画表象和模仿的对象。与之相应,亨利讲,"将绘画以及艺术整体构想成那种对有别于它们自身的内容进行表现的手段,这的确是一个严重的错误"②,"如同它不是对自然的模仿,艺术也不是对生命的一种模仿"③。根据相关分析,一方面,作为绘画的内容,生命是纯粹内在的不可见者,它"没有外在,没有间隔"④,它不能作为对象而被把握和模仿,而只能通过内在体验的方式被领会。另一方面,这种绘画内容并不是外在于绘画及其形式,相反,它内在于绘画本身,它与作为绘画表现手段的形式是内在同质和同一的。绘画通过诸形式的构图而表现不可见生命,而这些形式就其实质而言源自生命的不同力量和情感调性,因此绘画的构图在其实质上就是不同力量和情感调性的内在运动与组合,就是生命本身的活动。由此,绘画就其自身而言就是一种生命活动,就是生命的一种存在样式,而不是对生命的模仿。

其次,亨利指出,更为关键的是,作为生命的存在样式,绘画并不是一种普通的样式,而是比生命的日常存在样式等更为高级的文化样式,它实现着生命的本质,"生命通过其自身的本质而呈现在艺术中"⑤。

---

① Wassily Kandinsky, "Cologne Lecture," trans. Peter Vergo, in *Kandinsky: Complete Writings on Art*, Volume One (1901–1921), p. 400.
② Michel Henry, *Voir l'invisible*, p. 204.
③ 同上书,第 206 页。
④ Michel Henry, *Phénoménologie matérielle*, p. 7.
⑤ Michel Henry, *Voir l'invisible*, p. 209.

根据亨利的生命现象学分析，自身感发的不可见生命"是一种生长的力量"，它具有一种绝对属性，即"它能够给予更多"①。具体来说，生命在自身感发时并不是维持着自身意义的不变，相反，它通过这种感发而不断扩充自身的意义，不断变得比原先的自身更多。因此，生命本质上并不是固定的、静态的，而是动态的、生成中的和创造性的。在此，我们可以从两个侧面来理解生命的动态生成运动。第一，这种生成运动是从痛苦到快乐的情动运动。众所周知，生命总是具有很多它无法挣脱、无法压抑的需求。亨利指出，这些需求因其未满足状态而会产生痛苦，而痛苦又会产生驱力，对于生命来说，"来自痛苦的驱力的推动迫使它在压力的重负之下改变它自身"②，以便去结束痛苦，获得需求满足的快乐或幸福。第二，生命的生成运动展现为自身内在力量的增长和可能性的实现。在亨利看来，生命内在地包含着众多力量和可能性，但这些力量和可能性并不是一开始就完全现实地展现在生命体验中，而是作为潜能暗含在生命中，生命本身具有展开与实现这些力量和可能性的能力，但并未在一开始就将它们展开与实现出来。与之相应，生命的整个动态生成过程就是不断地将这些力量和可能性展开与实现出来，生命在本质上就是"让自身生长，并且将构成自身的每一种力量都推向终点"③。

那么，生命的这种生成性本质在其不同的存在样式中得到了怎样的展现呢？亨利指出，在其日常存在样式中，生命总是关注并痴迷于对象性世界，对对象的感知以及对象的获得或失去决定了生命的情感和体验，在那里"生命的情感力量停留在未用状态，它变成了焦虑"④。由此，日常存在样式并未将生命内含的众多力量和可能性实现出来，并未实现生命的本质，相反，它将生命封闭在对象性世界中，进而封闭了其本质实现的可能性。根据亨利的分析，日常存在样式对生命本质的这种

---

① Michel Henry, *Du communisme au capitalisme*, p. 122.
② 同上书，第 46 页。
③ Michel Henry, *Voir l'invisible*, p. 214.
④ 同上书，第 212 页。

封闭在现代科学和技术中达到一种彻底化,以至于它们实现了一种生命的野蛮化,在这种野蛮化中,生命"存留在粗野的形式中"①。

与日常存在样式等相反,"文化是生命的自我实现"②,"是生命在其自身增长中的自身启示"③。依据相关分析,生命的不同力量和可能性的实现对应着不同文化形式的发展,其中艺术、伦理和宗教属于高级的文化形式。在这些力量和可能性中,感性(la sensibilité)属于最基本的类型之一,这种感性"构成所有可能世界的先天本质"④,它的本质特征就在于"想要感觉到更多,并且想要更为强烈地进行感觉"⑤,而艺术就是"感性的文化"⑥。具体到绘画,它通过自身的创造性构图,即通过形式之内在力量和情感调性的创造性的自身运动与组合,通过向观者提供全然新颖的生命(力量和情感调性)运动形式,既增强了视觉的观看能力,使视觉更能把握其自身的能力,进而让视觉能够看到更多东西,同时也增强了观者本身的力量。

由此,以不可见生命作为其现象性本质的绘画在现象性系统中所具有的地位终于向我们显现出来。根据这种地位,绘画不再显现为服务于外在目的的手段,而是显现为生命这种原初现象的一种基本且典范性的运动形式和存在样式,它在现象性系统中是至关重要且不可或缺的,它具有其他现象不可取代的独立性意义。

第五节 亨利图像现象学的意义与困境

从作为对象性世界的可见者与作为生命的不可见者的本体论区分,

---

① Michel Henry, *La barbarie*, p. 242.
② 同上书,第 220 页。
③ 同上书,第 3 页。
④ 同上书,第 47 页。
⑤ 同上书,第 3 页。
⑥ 同上书,第 220 页。

到依据不可见生命来界定绘画的内容和形式，进而确立抽象绘画的可能性以及具体内涵，再到依据作为不可见生命的抽象来界定所有绘画的现象性本质，并最终界定出绘画对生命所具有的意义，我们终于根据其对康定斯基的解释而较为完整地勾勒出亨利的绘画现象学图景，进而展示出他对超越对象性显现模式的图像可能性的探索。综观前面我们已经探讨过的亨利对以电视图像为代表的自治图像的分析和批判，以及本章我们所探讨的其以康定斯基的抽象绘画为基点对绘画所展开的现象学考察，整体而言，亨利生命现象学对图像现象性问题的分析具有一个基本的框架，即可见者-不可见者，与这一框架相应的则是世界-生命、外在-内在、对象性-绝对主体性等。在惯常的观念中，绘画以及整个图像都是一个明显的可见者，而亨利想要在这一明显的可见者那里寻求的恰恰是不可见者。①

一、亨利图像现象学的独创性及意义

实际上，正如我们在导论中已经讲到的，可见者-不可见者的框架以及在此框架下对不可见者的寻求，构成现象学传统考察绘画、艺术乃至整个现象问题的一个基本框架和倾向。但是，在亨利之前，现象学无论是在讨论一般的现象之显现问题时，还是在讨论自我这种独特的现象之显现问题时，往往都聚焦于一种超越性结构，都旨在揭示现象如何越出在场的或自身的显象而指向不在场的或非自身的显象，自我如何越出自身而指向自身之外。胡塞尔的意识意向性、海德格尔的存在之绽出、

---

① 在现有研究中，可见者与不可见者的问题构成很多学者探讨亨利艺术和美学理论的关注焦点，同时也构成他们阐释这一理论的重要切入点。参见 Peter Joseph Fritz, "Black Holes and Revelations: Michel Henry and Jean-Luc Marion on the Aesthetics of the Invisible," *Modern Theology* 25, issue 3 (2009): 415–440; Davide Zordan, "Seeing the Invisible, Feeling the Visible: Michel Henry on Aesthetics and Abstraction," *Cross Currents* 63, no. 1 (2013): 77–91; Christina M. Gschwandtner, "Revealing the Invisible: Henry and Marion on Aesthetic Experience," *The Journal of Speculative Philosophy* 28, no. 3 (2014): 305–314.

梅洛-庞蒂的身体意向性、列维纳斯的绝对他异性等，就是这种超越性结构的典型体现。与之相应，现象学家们对不可见者的规定往往也是依据超越性来展开。在亨利看来，虽然很多现象学家都强调要克服现象的对象化模式，或者说，要克服依据对象性来界定现象之现象性，但是由于依据超越性结构来探讨现象，他们最终都陷入对象化模式中。同时，由于对象性与可见性本质性地关联在一起，所以在亨利之前的那些现象学家在考察不可见者以及相关话题时，都具有一个基本趋势，即以可见者来规定不可见者，以超越来规定内在，以世界来规定绝对主体性的生命，由此而错失了真正意义上的不可见者，错失了绝对的内在性，错失了绝对的主体性生命。①

正是在这里，亨利生命现象学视域下的图像现象性考察的意义向我们显现出来。在对绘画以及整个图像现象性问题的生命现象学分析中，亨利在可见者与不可见者、世界与生命、外在（超越）与内在等之间建立起决然的对立，并赋予作为不可见者的内在生命绝对的优先性；与此同时，他实现了绘画（图像）现象性的一种彻底转向，即从可见者转向不可见者。以此为基础，首先，亨利突破了有关不可见者的传统现象学解释框架，更新了不可见者的意义，进而揭示了以往被遮蔽的自我乃至整个现象本身的显现可能性和意义。实际上，克服上述超越性结构而回归绝对的不可见性、内在性和生命，构成亨利整个现象学生涯的核心目标，而他有关绘画以及整个图像现象性的生命现象学分析则是在艺术领域对这一目标的典范性实现。其次，与不可见者之意义的更新相应，通过相关考察，亨利对绘画以及整个图像进行了全新的定位，解放了绘画以及整个图像本身显现的可能性，并将图像和艺术现象本身置于全新的意义领域，进而为我们理解一系列关键性的艺术问题提供了重要的线索。

其一，亨利的图像现象学为我们理解康定斯基的抽象绘画以及整个

---

① 参见 Michel Henry, *L'essence de la manifestation*, pp. 59-164。

抽象艺术的本质和可能性提供了一条重要的途径。在20世纪西方现代主义艺术中，康定斯基的抽象绘画以及整个抽象艺术具有十分重要的地位。一方面，它们构成西方现代主义艺术的主要成就之一；另一方面，由它们倡导的抽象本身则更是成为整个西方现代主义艺术的一个基本特征。然而，与上述重要性对应的是，康定斯基的抽象绘画以及整个抽象艺术本身的晦涩性。由于拒绝对事物的模仿和再现，康定斯基的抽象绘画以及整个抽象艺术颠覆了传统绘画的观念和惯例，并以一种陌生乃至不可理喻的形象向我们呈现出来，进而成为最难理解的绘画和艺术形式之一。亨利的图像现象学通过对康定斯基的深度解释，从哲学层面揭示了康定斯基意义上的抽象观念的实质内涵，并以此为基础，揭示了抽象绘画同传统绘画和艺术的本质性差异，澄清了抽象形式的本质以及其实现的可能性，从而为我们理解康定斯基的抽象绘画乃至整个抽象艺术的本质和可能性提供了一条可能性的途径、一个坚实的基点。

其二，亨利的图像现象学有助于我们理解康定斯基与其他现代主义艺术家，尤其是与其他抽象派艺术家之间的差异。对于抽象艺术以及整个现代主义艺术的理解来说，另一种困难源自其内部思潮的繁复性和差异性。具体来说，尽管抽象构成西方现代主义艺术的基本特征之一，但是不同的艺术家和艺术流派对抽象本身的理解却存在着巨大差异，进而使现代主义艺术本身呈现出一幅纷繁复杂的图景。亨利对康定斯基的现象学解释则通过对"抽象"概念的不同意义及其哲学基础的澄清，揭示了康定斯基及其抽象绘画同其他现代主义艺术家和艺术流派之间的本质性差异，从而为我们理解现代主义艺术的复杂图景提供了一个有益的视角。

其三，亨利的图像现象学对于我们理解绘画与艺术整体之本质具有重要的意义。在对康定斯基进行现象学解释时，亨利的问题视域并不限于康定斯基的抽象绘画或者更为广泛的抽象艺术，而是整个绘画和艺术之本质。在亨利的解释中，得到讨论和揭示的诸种形式要素在现实中并不仅仅属于抽象绘画和艺术，而是属于所有绘画和艺术，它们是所有绘画和艺术的构成要素。由此,通过直面这些形式要素,并揭示它们的抽象本质,亨利相关解释的效力就不再限于抽象绘画和艺术,而是为整个绘画和艺术整体之本质提供了一种全新的形象;与之相应,我们也就获得了一条通向绘画和艺术整体之本质的全新途径。

其四,通过不可见者之意义和绘画(图像)之可能性的更新,亨利的图像现象学揭示了图像(尤其是绘画)所具有的普遍的哲学意义。我们已经讲到,亨利对电视图像的分析构成他批判现代科学和技术的重要环节,而他对绘画的现象学分析则构成其超越由科学和技术推动的科学主义和客观主义意识形态与实践的一种重要尝试,同时也构成他探索超越对象性的现象显现模式的一种重要尝试。在这里,图像(绘画)构成亨利反思与批判现代性以及现代科学和技术的线索与试验场,构成他探究现象显现可能性的线索和试验场,同时,图像(绘画)还进入了最原初的现象的运作中,构成这种现象不可或缺的显现环节。因此,在进行关于具体问题的探讨时,亨利并未将图像现象性问题限定在艺术或美学这一特定领域,而是将其置入更为广泛且更为一般的哲学问题领域内,并展示了它在这个领域内的重要意义。实际上,亨利的这种讨论方式对之后的马里翁等现象学家产生了重要影响。

二、亨利图像现象学的理论困境

当然,亨利的图像现象学讨论,尤其是他界定的可见者与不可见者的决然对立,也给图像现象性的讨论带来了一些困难,并引起了很多争议。

第一,他揭示的绘画要素论具有一种先验论倾向,进而忽视了形式本身的历史维度和文化维度。在其对绘画要素论的阐释中,不同形式对应着不可见生命的不同力量和情感调性,而且这种对应是先天的,是适用于所有历史时期和所有文化的。这一点很明显有悖于我们对绘画形式的现实观看经验。更具体地说,在不同的历史时期,在不同的文化境遇下，同一形式能够引发的力量体验和情感调性实际上是存在差异的，在同一历史时期或同一文化境遇下，形式与力量和情感调性的对应或许能够具有某种共性，但是这种共性并不能被拓展为无时间性和无空间性的共性。

第二，可见者与不可见者的决然对立在某种意义上削减了亨利相关讨论的解释效力。无论就绘画（图像）本身的显现可能性来说，还是就绘画（图像）的历史来说，与可见者和世界的关系同样构成绘画（图像）本身现象性意义的一个关键性方面，或者说，绘画（图像）就其本身而言就具有世界性和可见性维度。因此，尽管对不可见者的揭示以及与不可见者的关联构成绘画本身之现象性意义的一个核心方面，但是如果将这个方面唯一化，那么有关绘画的很多关键性问题将不能得到有效的思考和澄清。实际上，有些批评者甚至认为，哪怕是针对康定斯基的抽象绘画，亨利的绘画现象学都不能提供充分的解释①，而有些批评者则提出了需要将可见者与不可见者、世界与生命进行互补。②

第三，可见者与不可见者的决然对立似乎恢复了亨利所批判的柏拉图式观念，进而压抑了绘画显现的自主性。在柏拉图的哲学中，可见的世界（可感知的世界）与可知的世界（不可见的世界、理念的世界）之间存在一种对立，而且就地位而言，后者处于绝对支配地位，它是真理的世界，而前者则需要模仿后者、分有后者，并从后者那里获得存在的根据，由此属于可见世界的绘画将需要服从于理念的不可见世界。亨利在讨论绘画以及整个图像时，对柏拉图的模仿观念进行了批判。然而，根据亨利式的对立，不可见者将处在绝对支配地位，而本身具有可见性的绘画将需要回涉作为生命的不可见者，并服从于其规则。在这里，亨

---

① 参见 Anna Ziółkowska-Juś, "The Aesthetic Experience of Kandinsky's Abstract Art: A Polemic with Henry's Phenomenological Analysis," *Estetika: The Central European Journal of Aesthetics* 54, issue 2 (2017): 212–237。

② 参见 Jeremy H. Smith, "Michel Henry's Phenomenology of Aesthetic Experience and Husserlian Intentionality," *International Journal of Philosophical Studies* 14, no. 2 (2006): 191–219。

利似乎重复了柏拉图式的秩序,即不可见性对可见性的统治、可见性对不可见性的服从,由此,本身具有可见性的绘画似乎并不能依据自身的可见性而显现,而是需要依据不可见性而显现。

第四,可见者与不可见者的决然对立还造成了有关可见者的一种解释学困境。在亨利的讨论中,一方面,可见者与不可见者处在决然对立中,它同对象化世界是等价的,在此意义上,除了对象性,可见者并不存在其他显现可能性;另一方面,作为显现和显现者的统一,现象总是有所显现,或者说,总是会以某种方式被我们感觉到,因此可以说它本身就是可见者,而这种作为现象的可见者在亨利的规定中又能以外在和内在两种方式被解释,或者说,除了对象性,它还有其他显现可能性。因此,在这里就存在一种有关可见者的矛盾解释。面对这种矛盾,亨利自己似乎也有所察觉。例如,他在解释康定斯基的绘画要素论时,就没有再坚持"外在性"概念的单义性,而是认为在康定斯基的讨论中,"外在性"概念其实具有双重内涵,第一重指涉世界及其对象性,第二重指涉可感觉性。在这里,我们也可以依据他的这一讨论认为,存在两种可见者的内涵:一种是可感觉性意义上的可见者,这种可见者等同于现象,它能够依据可见性(对象性)和不可见性(生命)两种方式被解释;另一种则是依据对象化方式而得到解释的可见者,即与不可见者处于对立中的可见者。根据这两种内涵,可见者与不可见者就不是处在简单的决然对立中,而是处在一种更具张力的关系中。

事实上,如果我们说,依据亨利的图像现象学讨论,就其实质而言,图像现象性问题中有关可见者与不可见者的意义及其相互关系的探究最终涉及的是,在既存的显现可能性(例如对象性显现)之外,可见者(现象)是否还具有其他显现可能性,因此,这种探究在其最终意义上关涉的恰恰是现象的意义及其显现可能性,是所有现象的现象性,那么我们恰好就可以对亨利提出一系列问题:可见者与不可见者真的只能分别关联于对象性世界和生命来进行理解吗?两者的关系真的就展现为亨利所界定的决然对立吗?世界真的只能被本质性地理解为对象吗?与之相应，图像（尤其是绘画）就其现象性而言真的就本真地归属于不可见者的领域吗？所有这些问题都将我们引向对图像现象性问题以及可见者与不可见者之关系的新的思考，而在亨利之外，马里翁提供了另一种同样极具理论洞察力的分析和解释，提供了一种有关可见者与不可见者之关系的更具张力的揭示。由此，我们便进入对马里翁图像现象学的讨论中。

第五章　图像现象性：
从对象性、存在性到被给予性

在法国新现象学中，亨利对图像（尤其是绘画）的现象学分析，启发了很多现象学家，这其中就包括马里翁。同亨利一样，马里翁也在典范性的艺术图像即绘画这里寻求超越对象性的绘画（图像）显现可能性，但是马里翁对图像的现象学分析并不是完全延续亨利的观念；相反，在参照亨利相关分析的基础上，马里翁从他自身的现象学观念和方法出发，对图像现象性进行了极具独创性的深度考察，并依据这种考察而揭示出两种超越对象性的图像显现模式，或者说，两种超越对象性的可见者与不可见者的关系模式，即作为自我外观的偶像和作为他者面容的圣像，进而为我们提供了一种独具特色的图像（绘画）现象学理论，并使可见者与不可见者的多重关系之可能性和张力向我们显现出来。在接下来的三章中，我们具体讨论马里翁对超越对象性的绘画（图像）显现可能性的现象学探索。在此，我们首先关注马里翁依据绘画现象而展开的对图像（绘画）之现象性的一般性分析。

第一节　对象性与存在性视域的批判和超越

前面我们已经讲到，在谈到绘画（图像）现象性时，人们往往将其理解为对象性，或者说，对象性构成人们理解绘画（图像）现象性的一个不言自明的视域。实际上，与对象性视域相应，在现象学的历程中，乃至在我们当前的思想境遇中，还有一个被广泛接受的流行观念，即依据海德格尔对艺术作品的讨论，将绘画理解为存在者的真理的显现，也就是说，依据存在性（l'étantité）的视域来理解绘画（图像）现象性。然而，对于这两种观念和视域，马里翁都进行了激烈的批判，在他看来，就其现象性本质而言，绘画（图像）是超越对象性视域和存在性视域而自身自主显现的。那么，我们应该如何理解这一点呢？下面我们就来具体讨论。

一、对象性视域的批判和超越

我们先看绘画（图像）现象性对对象性的超越。马里翁指出，虽然我们能够依据对象性来理解绘画（图像）现象性，或者说，虽然绘画（图像）能够依据对象性模式向我们显现，但是这种理解和显现并不能切中绘画（图像）的现象性本质，相反，它们是对绘画（图像）的现象性本质的一种错失，绘画（图像）就其自身之真正本质来说并不首先显现为自我构造的对象。为了具体说明绘画（图像）现象性对对象性的超越，他分别考察了绘画（图像）与前面我们已经揭示的两个基本类型的对象（持存对象和上手对象）的关系。

我们先看绘画与持存对象的关系。表面上看，绘画能够被看作一个持存对象，因为无论何时何地，绘画总是具有自己的持存要素，例如色彩、线条、画板、画布、画框等，而且这些要素能够组成一个实在的持存对象。然而，马里翁指出，由于以下三个方面的原因，持存性并不能界定绘画的现象性。

第一，绘画的持存要素能够被修改和取代。在绘画中，我们既可以改变画框、画布、绘画的展示背景等这些附加性的持存要素，也可以在精确修复中以新的颜料替代画面的旧有颜料。更为极端的情况是，我们可以通过现代复制技术而重新复制出一幅绘画，在这种情况下，绘画的所有持存要素都被改变了。对于持存对象来说，这些持存要素的改变是本质性的，它们足以改变持存对象的性质，使持存对象变得不稳定，或者甚至变成另一个对象。然而，对于绘画来说，只要在改变和取代这些持存要素的过程中操作得当，绘画仍能作为同一绘画显现，也就是说，这些改变和取代并未改变绘画的现象性。因此，"通过这样一个简单的事实，即每一持存要素都可以在物质上为其他要素所取代，绘画的持存将被中立化（neutralisée）"①，用胡塞尔的术语来说，绘画的持存将作为一种超越的要素被悬搁起来。持存不足以界定绘画的显现，绘画并不显现为持存对象。

第二，某个持存对象不管多么普通，一旦进入绘画中，或者更广泛地说，一旦被转换为艺术作品，它作为艺术作品的可见性就直接不同于它作为持存对象的可见性。对于这一点，马里翁以一种极端案例——现成品艺术——来进行说明。以杜尚的《泉》为例，在这里，艺术作品作为持存对象给予我们的只是一个被拆卸下来的便池，这个便池在艺术作品中没有经过任何的持存要素的修改，它就是原来的那个便池，唯一更改的只是它的展现方式。然而很明显，这个艺术作品给予我们的可见性并不是原来那个便池的可见性，而是一种全然不同的新的可见性。由此，艺术作品的可见性不是源自这个对象的持存要素，而是"源自这个装置的非实在性（l'irréalité de l'installation），源自纯粹的'使-观看'（faire-voir）和'想要-观看'（vouloir-voir），它们就定义来说是不持存

---

① Jean-Luc Marion, *Étant donné*, p. 70.

的、逝去的"①。

第三，我们不能像对待持存对象那样，以认识的态度去切中绘画本身的显现。一方面，与面对持存对象一样，我们当然能够对绘画进行某种认识。我们能够获得关于绘画的各种信息，能够认识绘画的起源、创作背景、观念基础、画家的意向等，能够认识绘画的风格、技巧等，这些信息和认识在某种程度上构成了艺术史的知识。但是另一方面，与持存对象能够依据客观知识而被预见不同，有关绘画的知识虽然能够帮助我们理解绘画，但是却并不能让我们预见到绘画的显现，要想真正了解绘画显现了什么，我们必须依据绘画自身的纯粹显现而亲身观看它，进而接受它的自身显现。② 因此，我们不能通过认识其持存去切中绘画本身的现象性，绘画并不显现为持存对象。

我们再看绘画与上手对象或实用对象的关系。马里翁讲到，从表面上看，在现象性上，绘画与上手对象或实用对象具有内在的一致性，因为如同后者一样，绘画的"运作实际上需要一种使其得以运转的活动"③。绘画要想恰当地运作起来，就需要被恰当地制造出来，需要被恰当地置于特定条件（例如，观看距离、光线等）下，需要有处于恰当态度中的观者等，而这一切都与上手对象或实用对象的使用是一致的。

然而，在这种表面的一致性之下却隐藏着深层的本质性差异。马里翁指出，绘画运作所要求的活动与上手对象的使用完全不同。在分析上手用具时，海德格尔曾指出，"用具本质上是一种'为了作……的东西'……在这种'为了作'的结构中有着从某种东西指向某种东西的指引……用具就其作为用具的本性而言就出自对其它用具的依附关系"④，而用具的整个使用则"从属于那个'为了作'的形形色色的指引"⑤。也就是说，在上手对象的结构中存在一种外在的合目的性，所有上手对象都被指向

---

① Jean-Luc Marion, *Étant donné*, p. 70.
② 参见 Jean-Luc Marion, *Ce que nous voyons et ce qui apparaît*, p. 43。
③ Jean-Luc Marion, *Étant donné*, p. 71.
④ 海德格尔：《存在与时间》（修订译本），陈嘉映、王庆节译，第 80 页。
⑤ 同上书，第 82 页。

并服务于一个外在目的，它们为这个外在目的而显现，不为其自身而显现。依据这种合目的性，我们确实能够为绘画指定某些外在目的，进而对其进行某种理解，例如它可以依据价值这一目的而被看作商品，进而在买卖中被运作起来。但是，马里翁指出，所有这些外在的目的和标准都不能让我们确切地把握绘画本身显现的东西，为了确切地把握这些东西，我们必须亲身观看绘画自身显现了什么，绘画的根本特征就是，"绘画是在使其自身显现并从其自身显现自身的限度内完成其自身"①，也就是说，绘画是"在其自身中、为了其自身并依据其自身而显现（apparaît en，pour et par lui-même）"②。绘画的这个根本特征使它就其自身而言并不服务于任何外在目的，因此与处于外在合目的性中的上手对象具有本质性差异。

为了进一步揭示绘画与上手对象之间的这种本质性差异，马里翁还提供了另外三个方面的论据。第一，依据康德的规定，"美是一个对象的合目的性的形式，如果这形式无须一个目的的表象而在对象身上被感知到的话"③。也就是说，在审美判断中，并没有一个客观的合目的性的表象，审美判断并不指向并服务于一个客观的外在目的，它只是涉及主观的合目的性，即形式的合目的性、无目的的合目的性。因此，在审美判断中，承载美的绘画仅仅指向自身，并不如上手对象一样服务于外在目的。

第二，正如我们前面已经指出的，上手对象越是作为自身，越是充分发挥自身的功能和有用性，越是称手、合用，就越不显现，越不被自我知觉和凝视，而只有在不被使用时，不再作为上手对象本身时，它才显现，才被自我知觉。也就是说，上手对象的存在与其显现是不相容的，"它的可见性与它的有用性成反比地增长"④。但是在绘画中，情况

---

① Jean-Luc Marion, *Étant donné*, p. 72.
② 同上书，第 72 – 73 页。
③ 康德：《判断力批判》，李秋零译，载《康德著作全集》（第 5 卷），中国人民大学出版社，2007，第 245 页。
④ Jean-Luc Marion, *Étant donné*, p. 74.

则完全不一样。绘画作为自身就在于其显现,绘画越是显现,越是可见,就越是自身。因此,绘画的现象性完全不同于上手对象的现象性。

第三,则涉及画框的隔绝作用。马里翁指出,在绘画中,画框将画面与外在世界区隔开来,使绘画摆脱了日常的对象世界,摆脱了合目的性的指引体系,进而成为一个全新的、独立的世界。在这个全新的世界中,绘画不再为自身之外的某种东西服务,而仅仅专注于自身的显现,专注于自身的可见性。由此,在画框中,"绘画,作为在其最单纯的显现中降临的现象,并不是一种实用之物"①。

至此,我们终于揭示出绘画本身既不显现为持存对象,也不显现为上手对象,也就是说,绘画(图像)的现象性是超越对象性的。但是,这种超越对象性而显现自身的绘画(图像)到底呈现出怎样的形象呢?或者说,我们应该如何理解和规定这种超越对象性的绘画(图像)显现可能性呢?在现象学运动的历程中,我们在海德格尔对艺术作品的讨论中,同样看到了对依据对象性来理解艺术作品之本质的批判。那么,我们能够根据海德格尔的相关观念来理解绘画(图像)的现象性本质吗?对此,马里翁进行了具体分析和批判,而要理解这种分析和批判,我们需要对海德格尔的基本观念进行简单的论述。

二、存在性视域的绘画(图像)显现

在《艺术作品的本源》中,海德格尔从其存在论出发对包括绘画在内的整个艺术作品进行了一项精彩的现象学分析。在这项现象学分析中,海德格尔明确指出,包括绘画在内的艺术的本质就在于"存在者的真理自行设置入作品"②。那么,我们应当如何理解海德格尔对艺术本质的这一规定呢?在这一规定下,绘画(图像)现象性到底是怎样的

---

① Jean-Luc Marion, *Étant donné*, p. 74.
② 海德格尔:《艺术作品的本源》,载《林中路》(修订本),孙周兴译,第21页。

呢？或者说，绘画（图像）到底如何显现呢？根据海德格尔的分析，我们可以从如下三个层面来进行具体讨论。

首先，海德格尔的规定意味着，就其本质而言，包括绘画在内的艺术作品显现着存在者的真理。在《艺术作品的本源》的开端，以对"本质"（Wesen）、"本源"（Ursprung）等概念之意义的界定为基础，通过一段十分缠绕的讨论，海德格尔指出，要想揭示艺术作品的本源，必须理解艺术的本质，而要把握艺术的本质，又必须探究现实的艺术作品。他讲到，在现实的艺术作品中，最切近我们的、最不可否认的东西就是作品的物因素（Dinghafte），因此，他对艺术作品和艺术本质的考察最初就是围绕物因素或物之物性（Dingheit）的问题而展开。海德格尔指出，在西方思想的发展历程中，存在三种理解物之物性的主流概念图式：实体-属性图式、感觉多样性之统一体图式、形式-质料图式。通过对这三种概念图式的分析，一方面，海德格尔讲到，尽管这些概念图式都被视作不言自明的，但是它们都未能切中物之存在即物性，而是扰乱了物，因此我们不能依据它们来确切地理解物之物性，也不能依据它们来把握艺术的本质。然而，另一方面，海德格尔也指出，对这些概念图式的考察并非全无用处，相反，我们能够从这种考察中获得赖以把握物之物性和作品之作品因素的某些线索。他讲到，在三种概念图式中，以器具（Zeug）这种独特的存在者为其概念本源的形式-质料图式"具有一种特殊的支配地位"[①]，而这种地位正是以器具的优先性为其基础。

根据海德格尔的分析，第一，器具是最切近我们的存在者，因为它既是在操劳活动中首先与我们照面的存在者[②]，也是由我们制作出来的存在者；第二，器具也是介于纯然物和艺术作品之间的存在者。由于器具的这种优先性，所以海德格尔认为，我们可以以器具的器具因素为线

---

① 海德格尔：《艺术作品的本源》，载《林中路》（修订本），孙周兴译，第17页。
② 参见海德格尔：《存在与时间》（修订译本），陈嘉映、王庆节译，第80页。

索来探究物之物性和作品之作品因素。

那么，器具的器具因素或者说器具存在到底是什么呢？我们又如何通达这种存在呢？海德格尔曾在《存在与时间》中指出，当器具源始地是其所是时，它并不被观看，而只被使用，对器具"越少瞠目凝视，用它用得越起劲，对它的关系也就变得越源始，它也就越发昭然若揭地作为它所是的东西来照面，作为器具来照面"①。以此为基础，我们并不能通过观看或观察器具来把握器具存在，而只能通过非观察性地亲身使用器具，亲身生活于器具的现实使用中，才能遇到器具本身。在《艺术作品的本源》中，海德格尔延续了这一观念，并以鞋具为例做了进一步说明。他讲到，一方面，通过对鞋具的观看或观察（无论这种观察指向的是现实鞋具的描绘，还是鞋具的制作过程，抑或是鞋具的现实使用过程），我们获得的只是鞋具的有用性，而这种有用性所根植的器具的本质性存在却向我们隐而不现；另一方面，作为鞋具的现实使用者，农妇知道有关鞋具的一切，但却"未经观察和打量"（Beobachten und Betrachten）②，她现实地、源始地生活于其中，但却未经思索。

鞋具的器具存在不能通过观看鞋具而得到揭示，但这并不意味着这种器具存在本身不能被通达，相反，在海德格尔看来，器具存在将在另一种存在者那里得到揭示，这种存在者就是艺术作品。海德格尔讲到，当我们走近艺术作品，例如走近梵高的油画《农鞋》，"我们突然进入了另一个天地，其况味全然不同于我们惯常的存在"③。在这个新的天地里，鞋具所凝聚的存在意义，其所归属的大地和农妇的世界，以及它的有用性所根植的本质性的器具存在——可靠性（Verläßlichkeit），所有这一切都向我们显露出来。④ 因此，海德格尔指出，"通过这个作品，也只有在这个作品中，器具的器具存在才专门显露出来"，也就是说，

---

① 海德格尔：《存在与时间》（修订译本），陈嘉映、王庆节译，第81页。译文有改动。
② 海德格尔：《艺术作品的本源》，载《林中路》（修订本），孙周兴译，第19页。
③ 同上书，第20页。
④ 海德格尔的精彩分析，参见海德格尔：《艺术作品的本源》，载《林中路》（修订本），孙周兴译，第18-19页。

在艺术作品（梵高的《农鞋》）中，存在者（农妇的那双农鞋）的存在得到了开启和揭示，从而走向无蔽状态，置立于光亮之中，艺术作品显现和揭示了存在者"实际上是什么"[①]，进而也就显现和揭示了存在者的真理。在这里，海德格尔又将存在者之存在置立于光亮之中称为"设置"（Setzen），由此，他将艺术的本质界定为"存在者的真理自行设置入作品"。

其次，海德格尔的规定意味着，在艺术作品中，存在者的真理是原初地自身发生的，就其本质而言，"艺术就是真理的生成和发生"[②]。在此就涉及海德格尔对"真理"概念的理解。在惯常的理解中，我们往往依据一种符合论的观念将真理界定为知识与事实的相符，进而将真理解释为正确性（Richtigkeit）。然而，海德格尔指出，这种相符和正确性具有更为源始的基础，即存在者之无蔽状态。具体来说，知识与事实的相符要想发生，首要的前提就在于，知识指向的事实、这种相符发生的整个领域等所有这一切都必须自身显示出来，必须置立于光亮之中，必须处于无蔽状态。因此，海德格尔讲到，相符和正确性意义上的"真理"概念并不是源始意义上的"真理"概念，而是派生性的，在其源始意义上，真理意指存在者之无蔽状态，而这正好也是被翻译成"真理"的希腊语ἀλήθεια的源始意义。

海德格尔指出，作为真理，"存在者之无蔽从来不是一种纯然现存的状态，而是一种生发（Geschenis）"[③]。具体来说，一方面，真理作为无蔽意味着一种澄明（Lichtung）在发生，这种澄明敞开存在者，对存在者去蔽，使其从遮蔽状态进入光亮之中，进而在某种程度上成为无蔽的，也成为能够被我们通达的；另一方面，真理作为无蔽并不是单纯地去蔽，相反，它内在地包含着遮蔽，依据这种遮蔽，存在者要么拒绝自身显现，拒绝进入光亮之中，要么以伪装的方式显现为有别于自身的其

---

① 海德格尔:《艺术作品的本源》，载《林中路》（修订本），孙周兴译，第21页。
② 同上书，第59页。
③ 同上书，第40-41页。

他某种东西。由此，在作为无蔽的真理中，澄明与遮蔽是共生的、相互纠缠在一起的。海德格尔讲到，在澄明与遮蔽之间发生着源始的对抗和争执（Streit），而真理就是在这种对抗和争执中运作起自身，"就其本身而言，真理之本质即是原始争执（Urstreit）"①。以此为基础，作为无蔽的真理就不再是存在者的一种稳固的现存状态或特征，而是一种动态的不断发生的事件。

与真理的非现存性和事件性相应，海德格尔讲到，艺术作品对真理的显现和揭示并不意指作品表象或再现现存的某个事物或者事物本质，而是让真理的争执在作品中运作起来，或者说，作品就是作为真理事件在发生。根据他的讨论，艺术作品的作品存在具有两个本质性特征：一方面，作品建立着世界，这个世界并非对象性的现成事物的总和或主体的表象框架，而是非对象性的敞开领域，是自身敞开者，在其中，存在者走向敞开；另一方面，作品制造着大地，这个大地是自身锁闭者和涌现者的庇护者，它总是想要将涌现和敞开的存在者封闭在自身之内。在作品中，世界与大地之间并不是互不关联，而是发生着争执，并在争执运动中达到作品的统一体，作品就是世界与大地的争执运动。正是在世界与大地的争执运动中，澄明与遮蔽之间的原始争执实现出来，或者说，真理的原始争执就发生并运作于艺术作品的争执运动中，真理就是将自身设置入作品的争执运动中。就其本质而言，作品就是真理的自身发生，"作品建立着世界并且制造着大地，作品因之是那种争执的实现过程，在这种争执中，存在者整体之无蔽状态亦即真理被争得了"②。

最后，依据海德格尔的规定，包括绘画在内的所有艺术都将必须依据存在性的视域而得到理解，存在性在本质上规定着艺术的显现（现象性）。实际上，在《艺术作品的本源》中，海德格尔对艺术的现象学分

---

① 海德格尔：《艺术作品的本源》，载《林中路》（修订本），孙周兴译，第41页。
② 同上书，第42页。

析始终停留在存在性的视域内,在他看来,"只有从存在问题出发,对艺术是什么这个问题的沉思才得到了完全的和决定性的规定"①。根据他的讨论,我们可以从两个方面来界定存在性对艺术之现象性的规定。其一,就其本质而言,艺术"是真理之生成和发生的一种方式"②,它在其作品中显现和揭示存在者的真理。从这个方面说,艺术的显现(现象性)在本质上服务于存在者的真理的显现,或者说,存在者的真理(存在)统治着艺术的本质。其二,作为在本质上能够显现和揭示存在者的真理的某种东西,艺术作品本身首先是一个存在者。海德格尔指出,"真理的本质在于把自身设立于存在者之中从而才成其为真理"③。也就是说,从本质来看,真理要想自身发生,就必须在存在者中运作起自身,真理只能通过存在者来显现自身。由此,艺术作品要想显现存在者的真理,要想在自身中使真理自身发生,就必须首先作为一个存在者而显现,必须首先存在。

与存在性决定艺术的现象性相应,海德格尔认为,包括绘画在内的所有艺术都不能依据美学而得到恰当的考察。根据他的讨论,传统的美学考察方式总是依据对存在者的传统解释框架,将艺术作品视作美的现象,而美又作为永恒价值同真理、善等处在同一层次。与此同时,在这种考察方式中,作为美的现象,艺术作品又是被对象化的,它被看作主体体验(知觉)的对象,在这里,处于主体权能下的体验决定了有关艺术以及艺术作品的所有规定。海德格尔指出,这种美学的考察方式错失了艺术和艺术作品的本质。因为在他看来,一方面,艺术作品并不首先源始地显现为体验的对象,体验并不是艺术的决定性因素,相反,"也许体验却是艺术死于其中的因素"④;另一方面,美也并不与真理处在同一价值层次,就其本质而言,如同艺术是真理的一种发生方式,"美

---

① 海德格尔:《艺术作品的本源》,载《林中路》(修订本),孙周兴译,第74页。
② 同上书,第47页。
③ 同上书,第49页。
④ 同上书,第67页。

是作为无蔽的真理的一种现身方式"①，无论是艺术还是美，都必须依据存在者的真理（存在）而得到规定。

至此，我们终于界定了海德格尔对包括绘画在内的整个艺术的本质的规定，在此规定下，绘画（图像）现象性将被还原成存在性。在现象学传统中，海德格尔的分析对在其之后的现象学家产生了深远的影响，同时也引起了极大的争议，而马里翁在探讨绘画（图像）的现象性时，就对其进行了深入批判。

三、存在性视域的批判和超越

在海德格尔的观念中，存在性在本质上规定着绘画（图像）的现象性，也规定着美的现象性。依据这一观念，绘画（图像）以及整个美的现象将首先并最终存在，它们将首先并最终显现为存在者，并作为存在者服务于存在者的真理的显现和揭示。针对这一观念，马里翁提出了明确的质疑。在他看来，虽然就可能性和现实性来说，绘画（图像）以及整个美的现象可以显现为存在者，进而服务于存在者的真理的显现和揭示，但是这种显现并不能界定绘画（图像）以及美的现象性本质，就其本质而言，绘画（图像）以及美的现象性完全不同于存在性。

为了对此进行说明，马里翁援引了胡塞尔对精神化现象的显现方式的分析。胡塞尔曾指出，当面对诸如"书"这样的精神化现象时，我一方面能够看到这些现象的实在的物质显现，例如书的字符、纸张等；另一方面能够领会到这本书所显现的意义，这种意义是一种非实在的精神统一体，它并不能被还原成事物的某种性质或者还原成与实在事物类似的某种东西，而是"属于一种纯观念领域而无关于实存（Existenz）"②。在这里，虽然我首先会看到现象的实在的物质显现，但是我所意向和把

---

① 海德格尔：《艺术作品的本源》，载《林中路》（修订本），孙周兴译，第43页。
② 胡塞尔：《现象学的构成研究——纯粹现象学和现象学哲学的观念（第2卷）》，李幼蒸译，第199页。译文有改动。

握的并不是这种实在性的显现，而是现象的与存在无关的观念性意义，"我'在理解过程中生活于意义内'"①。因此，对于这类现象的显现来说，本质性的东西并不是实在的物质显现，而是非实在的观念性意义，就其本质而言，这类现象本身就显现为这种观念性意义。

马里翁指出，胡塞尔关于精神化现象的分析同样适用于绘画现象。他讲到，同阅读书本一样，当我观看绘画时，我当然首先会看到绘画的物质显现，例如颜色、线条、画布、画框等，依据这些显现，绘画现象能够被把握为实在性的事物或存在者。然而，我的观看所意向和专注的并不是这种实在性的事物或存在者，而是绘画本身所显现的意义，也就是绘画的纯粹的美的显现（l'apparaître beau）。如同书本的意义是与实存无关的非实在性意义一样，作为绘画意义的美的显现同样是与实存无关的非实在性意义，它是一种纯粹的显现，而绘画现象本身就其本质而言就是这种显现。实际上，在对绘画的观看中，我们要想就其自身而把握绘画的这种显现，就不能像对待实在性存在者那样，对其进行确切的认识、操作等，进而在清晰的命题中将其描述和言说出来，获得关于它的知识，而只能亲身体验与接受这种显现的难以言说的丰富性和复杂性。总之，绘画作为美的显现只是一种与实存无关的纯粹的显现，一种非实在的显现，它拒绝属于存在者的认识和操作。正是由于这样一些原因，马里翁指出，绘画并不首先并最终显现为存在者，进而服务于存在者的真理的揭示，"绘画（艺术作品）并不使存在者的真理运作起来，它将自身从这种真理中解放出来"②。

在马里翁看来，除了前述理由，绘画（图像）的现象性与存在性的本质性差异还可以依据如下三个理由而得到进一步揭示。首先，"绘画（并且这同样适用于任何落入美的现象性中的事物）对其作为事物的特

---

① 胡塞尔：《现象学的构成研究——纯粹现象学和现象学哲学的观念（第 2 卷）》，李幼蒸译，第 197 页。译文有改动。
② Jean-Luc Marion, *Étant donné*, p. 79.

性漠不关心"①。马里翁指出,对于绘画来说,它显现的事物因素既可以被改变,例如,我们在精确修复中就以新的颜料来替代画面的旧有颜料,同时也可以被无限扩散,例如,我们可以无限复制同一幅绘画。事物因素的这些改变或扩散对于存在者的存在来说是关键性的,它们使存在者不再是原来那个存在者。但是,这些改变或扩散对于绘画本身的显现来说却不是关键性的。只要我们按照绘画所要求的态度和意向来观看绘画,只要我们让绘画纯粹地自身显现,那么无论是被重新修复的绘画,还是作为复制品的绘画,都能像最初那幅画那样以同样的方式和效果向我们显现,都具有最初那幅画所具有的原初性。只有当我们不再按照绘画的要求去观看绘画时,绘画才不再按照原初的方式向我们显现自身。因此,对于绘画来说,显现的存在者层次的条件并不是至关重要的,真正重要的是绘画能不能纯粹地自身显现。

其次,"绘画并不因为其存在而显现,而是因为它是自身展示的而显现"②。根据马里翁的讨论,这种自身展示首先意味着通常意义上的展览,也就是说,单纯地作为存在者而被放置于收藏室中并不能让绘画显现自身,绘画要想显现,还必须从库房的孤立性和封闭性走向一种纯粹的观看关系,只有被置于这种关系中,它才具有使自身可见的可能性。但是,仅仅依据展览仍然不足以理解绘画的自身展示,因为被展览的绘画仍然可以被观者视而不见,或者在观者的凝视中被领会为某种有别于其自身的东西,例如领会为能够被买卖的具有价值的事物,进而不能显现自身。因此,在马里翁看来,在展览之外,绘画的自身展示更为根本地意指绘画亲身显现的事件(l'événement),或者说,绘画的显现是作为事件而在自身发生和涌现。这种发生和涌现不会给绘画添加任何实体的要素,但却让绘画超越实体的可见性而向我们呈现并强加一种超-可见性(la sur-visibilité),而绘画本身就显现为这种超-可见性。马

---

① Jean-Luc Marion, *Étant donné*, p. 79.
② 同上书,第 80 页。

里翁指出，面对这种超-可见性，作为观者的我们不再具有主动性，不再能够将其表象或解释为某个对象或者存在者，而是需要作为一个沉醉者来被动地沉浸于并接受其可见性的光辉，接受绘画作为事件的发生，"展示需要反向地将凝视展示给绘画，任由绘画更加彻底地强加自身的显现，因为它不呈现任何可对象化的、可描述的或者像存在者的某种东西"①。由此，绘画就其自身而言并不显现为某个固化的存在者，而是显现为自身发生的事件。

最后，绘画显现的这种事件性和非存在性还可以依据这样一个事实而得到进一步确认，即绘画总是需要被重复观看（re-voir）。马里翁指出，面对一个存在者，我通过一次或几次观看就能把握它，进而对其进行认识或操作，而且我的把握与他人的把握是可以共通的，我每次看到的都是同样的存在者，我与他人看到的也是同样的存在者。但面对绘画本身，情况却完全不同：一方面，绘画并不能通过观者一次或几次观看而被把握，而总是要求不同的观者不断地重复观看它，以至于对绘画之意义的揭示需要观者的凝视运作起一种无限解释学②；另一方面，面对同一幅绘画，同一观者在每次重复观看中看到的东西都是不一样的，而不同观者在各自观看中看到的东西也是不一样的，观者的每次观看都是与绘画"发生一种新颖的、不可重复的和不可取代的相遇"③，在这种相遇中，绘画的新的意义显现出来。由此，在对存在者的观看和对绘画本身的观看之间存在一种本质性差异，这种差异向我们显示出，绘画并不显现为一个稳固的存在者，而是在与观者的每次相遇中都作为事件而不间断地、全然新颖地自身发生，每次都在涌现新的意义。

正是由于绘画（图像）的现象性与存在性的本质性差异，马里翁指出，海德格尔在依据存在性来规定绘画（图像）的现象性本质时，其实是为绘画的显现规定了一个外在目的，即存在者的真理，进而将绘画还

---

① Jean-Luc Marion, *Étant donné*, p. 81.
② 参见 Jean-Luc Marion, *Ce que nous voyons et ce qui apparaît*, pp. 49–51.
③ Jean-Luc Marion, *De surcroît*, p. 88.

原成一种为这个目的服务的手段。在马里翁看来,海德格尔的这一规定实际上是以某种方式重复与确认了黑格尔对艺术和美的本质的规定。①这一点实际上也得到了海德格尔本人的确证。黑格尔曾在《美学》中指出,"艺术的内容就是理念,艺术的形式就是诉诸感官的形象。艺术要把这两方面调和成为一种自由的统一的整体"②,与之相应,艺术和美的本质就在于"理念的感性显现"③,也就是说,就其本质而言,艺术和美依据感性的形象显现作为真理的理念。在《艺术作品的本源》的后记中,海德格尔曾讨论了黑格尔对艺术和美的规定。在他看来,对黑格尔相关规定的质疑与裁决并不指向艺术和美是否显现了真理,而是指向黑格尔"所说的真理是不是最终的真理","这种裁决乃是出于这种存在者之真理并且对这种真理作出裁决"④,也就是说,黑格尔成问题的地方并不在于认为艺术和美显现了真理,而在于这一规定所说的真理并不能界定真理本身的本质。

根据马里翁的讨论,对绘画(图像)的这种手段化至少会对绘画(图像)的显现带来两个重要后果。其一,作为服务于存在者的真理的手段,绘画(图像)将在某个阶段成为非必要的和可舍弃的,甚至会走向终结。具体来说,一旦存在者的真理找到更本真、更恰当的显现方式和手段,绘画(图像)这种方式和手段就会被放弃;而且,相比于那些更本真、更恰当的方式对存在者的真理的更充分显现,绘画(图像)将会因对存在者的真理之显现的不充分性而成为阻碍真理显现的方式,进而成为需要被终结的方式。

实际上,在海德格尔的讨论中,我们就能看出上述倾向。依据他的规定,包括绘画在内的艺术并不是真理现身的唯一方式,在艺术之外,

---

① 参见马里翁:《美的现象》,朱麟钦、陈洁琳译,载《笛卡尔与现象学——马里翁访华演讲集》,方向红、黄作主编,第113页。
② 黑格尔:《美学》(第一卷),朱光潜译,第87页。
③ 同上书,第142页。
④ 海德格尔:《艺术作品的本源》,载《林中路》(修订本),孙周兴译,第69页。

他还列举了真理现身的很多根本方式,例如,宗教、思想,等等。① 而这也意味着,作为真理现身的方式之一,艺术有可能是可以被其他方式取代的。当然,海德格尔对艺术地位的规定并不限于将其界定为真理现身的诸多方式之一,而是认为它是真理现身的"一种突出可能性"②,是一种必要的方式,乃至于它在诸多方式中甚至"必然是一种领先"③。然而,纵使这样,也不能完全保证绘画在显现存在者的真理时的不可或缺性。因为一方面,海德格尔在对艺术作为真理现身方式的必要性和领先性进行说明时,只是指出真理必须在存在者中现身,而并未对艺术作为真理现身方式的必要性和领先性提供严格的论证④;另一方面,即使我们承认艺术的必要性和领先性,这也不能保证绘画同样是必要和领先的,因为在海德格尔的规定中,"一切艺术本质上都是诗(Dichtung)"⑤,而"诗歌,即狭义上的诗,才是根本意义上最原始的诗"⑥,就此而言,绘画(图像)并不是最为原始和最为本质性的艺术,或者说,它并不构成那种能够对所有艺术类型以及整个艺术本身之本质进行界定的原型性艺术,相反,它需要依据一种不同于它自身的其他艺术类型来获得规定和理解。

其二,更为关键性的是,对绘画的手段化将会严重限制绘画显现的自主性,进而阻碍对绘画之事件性的理解。实际上,即使我们承认海德格尔赋予艺术的必要性和领先性能够有效地拓展到绘画上,绘画作为手段的地位仍然不会改变。在这样一种地位之下,绘画只能按照有别于自身的目的来决定显现的东西,我们也只能按照这个目的来理解绘画显现的东西,存在者的真理作为外在目的在先地决定了绘画显现的可能性和资格,同时也在先地决定了我们对绘画所显现的意义的理解。由此,绘

---

① 参见海德格尔:《艺术作品的本源》,载《林中路》(修订本),孙周兴译,第49页。
② 同上。
③ 同上书,第66页。
④ 参见上书,第49页。
⑤ 同上书,第59页。
⑥ 同上书,第62页。

画显现的丰富可能性被压抑了，它不再是自身显现自身，我们也不再是按照绘画自身显现的事件来理解绘画的意义，海德格尔赋予绘画的必要性和领先性最终导向的是绘画对存在者的真理的附属性。在此意义上，海德格尔对绘画以及艺术的本质的规定甚至违背了他自己对现象和现象学的形式定义，即现象就是"就其自身显示自身者，公开者"①，而现象学就是"让人从显现的东西本身那里如它从其本身所显现的那样来看它"②。

由此，我们根据马里翁的讨论，揭示出绘画（图像）是超越存在性而自身自主显现自身，依据存在性来界定绘画（图像）现象性最终会限制绘画的自身显现。那么，我们应该如何从正面以肯定性的方式来更为确切地规定绘画（图像）现象性呢？这种现象性最终呈现出怎样的形象呢？

第二节 作为被给予性的绘画（图像）现象性

为了更为确切地规定绘画（图像）现象性，或者说，更为确切地揭示绘画（图像）就其本质而言如何超越对象性和存在性而自身自主显现自身，马里翁借用了很多来自西方绘画的概念，其中最为关键性的有两个，即异形（l'anamorphose）和效果（l'effet）。通过对这些概念所内含的现象学意义和实质的揭示，他将绘画（图像）现象性的本质形象向我们呈现出来。

一、异形作为绘画（图像）的显现机制

在这里，我们先看"异形"概念。在西方绘画史上，异形是一种十

---

① 海德格尔：《存在与时间》（修订译本），陈嘉映、王庆节译，第34页。
② 同上书，第41页。

分重要的绘画技巧和设置，而马里翁则依据其内在实质对异形进行了现象学的拓展和解释，进而使其成为绘画（图像）——以及所有非对象性的现象——的现象性的规定。在此我们可以以一幅十分著名的异形绘画——霍尔拜因（Holbein）的《大使》——为例来进行具体说明。面对霍尔拜因的这幅绘画，我们可以在观看中界定出两种可见者：第一种由画面的主体部分构成，这种可见者在惯常的观看方式和视角下能够得到有效组织，进而我们能够在其中识别出清晰的形象，例如两位站立的男性、桌子及桌子上面的各种仪器、帘子，等等；第二种是画面底部中间偏左的前景位置的一团色块，这种可见者就是以异形的方式显现，在惯常的观看方式和视角下并不能得到有效组织，而只能显现为一团无序的色块，但当我们放弃惯常的观看方式和视角，而转向特定的位置，从特定的角度观看它时，即从右侧斜视它时，这团色块就会显现一种清晰的形象，即骷髅头。那么，我们应该如何理解这里的异形所展现的现象学境遇呢？

根据马里翁的讨论，我们可以从如下四个方面来界定异形的现象学境遇，进而界定出绘画（图像）的显现方式。首先，我们可以在以异形方式显现的可见者中区分出两个层次，第一个层次是无序的色块，第二个层次是清晰显现出来的骷髅头。马里翁指出，异形的第一个层次是无形式的，它具有显现绘画（图像）的确切形象的可能性，并且也欲望这种显现，但是在这个层次，绘画（图像）的确切形象却并未显现出来，因此，从绘画（图像）的显现来说，异形的第一个层次是那种能够让其变得可见但却未能在现实中让其被看见的东西，即未被见者（l'invu）。异形的第二个层次则获得了形式，这个层次将绘画（图像）完全显现出来，使其完全进入可见性之中。马里翁讲到，整个绘画（图像）的显现就是从未被见者的深渊跨入可见性，而且所有现象的显现都展现为这段距离的跨越。①

---

① 参见 Jean-Luc Marion, *Étant donné*, pp. 204 – 205。

其次，异形的第二个层次的确切显现是与自我密切相关的，只有当自我放弃惯常的观看方式和视角而进入某个特定的位置和角度时，异形的第二个层次才显现出来。马里翁指出，这揭示出绘画（图像）的显现，即从未被见者走向可见者是与自我本质性地关联在一起的，"通过触及我而显现，这定义了异形"①。在这一点上，绘画（图像）的现象性与对象的现象性和所有现象的现象性都是一致的。

再次，与对象不同，绘画（图像）的显现与自我的关联并不展现为自我依据自身的意向、瞄向来构造可见者，相反，在这里构造是不可能的。在异形中，如果依据惯常的观看方式和视角来观看可见者，也就是说，如果依据构造模式来观看可见者，自我只能看到一团无序的色块，而不能看到确切的绘画（图像）形象，只有在自我放弃惯常的观看方式和视角时，也就是放弃依据自身的意向、瞄向来构造可见者时，绘画（图像）才显现自身。因此，异形展现为构造的不可能性，"异形是意向性的对立面"②。

最后，异形的确切形象的显现需要自我放弃构造而进入某个位置和角度，这个位置和角度并不是自我自由选择与规定的，而是异形规定的，是异形提供的，自我只有遵循异形的规定，才能观看到异形的形象，才能接受异形的显现。因此，在异形中，并不是自我在规定可见者（现象）的显现并构成这种显现的条件，而是：一方面，可见者（现象）自身规定自身的显现，"异形意味着现象从其自身出发获得形式"③，也就是说，在异形的显现模式下，绘画（图像）是依据其自身而显现的，它掌握着自身显现的主动性；另一方面，绘画（图像）在自身显现时也规定着自我，并将自身的显现强加在自我之上，而自我则依据绘画（图像）的规定接受这种可见者的显现。在这里，存在着一种逆-意向性，即从绘画（图像）到自我的意向性，而不是从自我到绘画（图像）的意

---

① Jean-Luc Marion，*Étant donné*，p. 215.
② Jean-Luc Marion，*Ce que nous voyons et ce qui apparaît*，p. 47.
③ Jean-Luc Marion，*Étant donné*，p. 206.

向性,"在这里,瞄向是可见者的结果,是可见者的显现的结果"①。

由此,我们终于依据异形而具体揭示出了绘画(图像)的显现方式。那么,我们应该如何经验以这样一种方式显现的绘画(图像)呢?面对以异形方式自身自主显现的绘画(图像),马里翁指出,我们需要以一种新的方式来进行经验。他讲到,首先,绘画(图像)"是那些无法被预见的可见者,它们被事后看见(post-vus)"②。由于绘画(图像)无法依据自我的意向和期待而被构造,而是自身显现并强加给自我,所以我们无法在它显现之前依据自我的意向和期待而预见到它,而是必须在它不可逆转地显现之后观看它,并接受它的显现效果。其次,对绘画(图像)的事后观看并不是随性的和非专注的,相反,由于其卓越的可见性和魅力,绘画(图像)总是吸引着自我的注意力,让自我的凝视持驻、沉迷于它。再次,对绘画(图像)的事后观看还是一种反复观看和反复解释,自我的一次观看远不足以完全接受绘画(图像)所显现的东西,远不足以揭示绘画(图像)的意义。马里翁指出,对于绘画(图像)来说,"我越多地观看它,它给予我观看的就越多"③。最后,在这种反复观看和反复解释中,自我也脱离了构造者身份,脱离了先验同一性,并在接受绘画(图像)的显现的同时,也在接受并更新自身的身份,进而成为一个沉醉者。而正是由于自我身份的这种演变,在不同的时期、环境等条件下,自我所能承受的可见者的限度也在演变,由此自我区分不同性质的可见者(例如审美可见者和普通可见者)的标准也是变化着的。④

总而言之,依据异形所界定的现象学境遇,绘画(图像)是超越对象性而自身显现的可见者,面对这种现象,自我只能事后观看和接受它,进而在这种观看中接受和更新自身的身份。

---

① Jean-Luc Marion, *Ce que nous voyons et ce qui apparaît*, p. 47.
② 同上书,第48页。
③ 同上书,第50页。
④ 参见上书,第54页。

二、从效果到被给予性

为了从正面更为确切地规定绘画（图像）现象性，除了"异形"概念，马里翁还借用了一个来自塞尚和康定斯基的概念，即"效果"。他认为，绘画作为纯粹的自身自主显现，就是一种效果的显现，绘画的现象性就在于其效果。

塞尚曾在讨论绘画时指出，"'效果'构成了绘画，它统一并聚集了绘画"①。在他的讨论中，这种效果展现为一种精神的震颤和涌动，它是由颜色、线条、平面等感觉物的和谐组合激起的，这种组合越是复杂和多样化，效果就越强烈。感觉物的组合之所以能够引起这种效果，主要是因为它们具有内在生命。在塞尚看来，每一现象"都被赋予了一种本己的生命，并且由此而具有一种不可避免的效果。人们持续地承受着这种精神效果"②，也就是说，效果不仅界定了绘画的现象性，而且界定了所有现象（包括存在者、对象等）的现象性。与之相应，绘画与其他存在者或对象的差异就在于，绘画具有的效果是强烈的、深入的，而其他存在者或对象具有的效果是微弱的、表面的。③

与塞尚一样，康定斯基也曾运用"效果"这一概念来讨论绘画问题。正如我们前面在讨论亨利的相关观念时已经援引过的，在康定斯基看来，绘画的要素（颜色、形式等）就其自身而言并不模仿外在的具象对象，它们"是抽象的"，它们具有"内在的张力"④，拥有"它们自己

---

① Paul Cézanne, *Conversations avec Cézanne*, éd. P. M. Doran (Paris: Macula, 1978), p. 37.
② 同上书，第 125 页。
③ 参见上书，第 105 – 107 页。
④ Wassily Kandinsky, "Point and Line to Plane: A Contribution to the Analysis of Pictorial Elements," trans. Peter Vergo, in *Kandinsky: Complete Writings on Art*, Volume Two (1922 – 1943), pp. 547 – 548.

的独立生命"①,而这种生命是不可见的。这些要素"能够将独立生命所必需的力量赋予绘画"②,并引起两个层次的效果。一方面,是"单纯物理的效果"③,这种效果是由要素的感性性质引起的感觉效果,它是表面的、短暂的;另一方面,是"心理的效果",这种效果是物理效果之上的更深层的效果,它"引发一种深层的情感反应","唤起一种来自灵魂的震颤"④。

在马里翁看来,塞尚和康定斯基的"效果"概念正好可以界定绘画(图像)的自身显现及事件性特征。具体来说,首先,根据塞尚和康定斯基的规定,绘画(图像)的效果是从绘画(图像)自身要素的内在生命中涌现出来的,而不是外在地强加给绘画(图像)的。这意味着,作为绘画(图像)的显现,效果来自绘画(图像)自身,是由绘画(图像)自身强加的,是绘画(图像)自身涌现和发生的事件。在这里,绘画(图像)掌握着显现的自主性,也就是说,绘画(图像)的显现不再服务于某个外在权威或目的,它自身自主显现自身,并向观者强加自身的效果,面对这种效果,观者需要被动地接受它,或者如塞尚所说,"持续地承受"它。

其次,根据塞尚和康定斯基的讨论,绘画(图像)自身显现的效果是极为复杂和多样的,它是感性触动和灵魂震颤的交织,这种效果既不能被还原成通常意义上的可见者,也不能依据某个或某些意义而获得确切把握,因此,在某种意义上它是不可见的。但是这种不可见的效果又并不是不显现,相反,它总是比通常意义上的可见者更为强烈地强加和显现自身,总是吸引观者的凝视并让观者从它那里接受某种意义,进而

---

① Wassily Kandinsky, "Reminiscences/Three Pictures," trans. Peter Vergo, in *Kandinsky: Complete Writings on Art*, Volume One (1901–1921), p. 372.
② Wassily Kandinsky, "Painting as Pure Art," trans. Peter Vergo, in *Kandinsky: Complete Writings on Art*, Volume One (1901–1921), p. 353.
③ Wassily Kandinsky, *On the Spiritual in Art*, trans. Peter Vergo, in *Kandinsky: Complete Writings on Art*, Volume One (1901–1921), p. 156.
④ 同上书,第157页。

使画面作为充满魅力的可见者而突出地显现出来。可以说，作为效果，绘画的显现内在地包含着可见者与不可见者的交错，正是在此意义上，马里翁指出，"绘画不是可见的，它制造可见"①。

最后，根据塞尚的规定，效果在绘画（图像）这里得到了强烈、深入的显现和完成，与之相比，其他存在者或对象则只是表面性地、微弱地显现效果，也就是说，它们在效果的显现上是匮乏的。马里翁指出，在这里，塞尚实现了一种颠倒，即不再依据对象或存在者的现象性所勾勒和完成的东西来审判绘画（图像）的现象性，而是依据绘画（图像）的现象性所勾勒和完成的东西来审判对象或存在者的现象性，也就是说，构成现象性典范和标准的不再是对象或存在者的显现，而是绘画（图像）的显现。②

由此，马里翁依据塞尚和康定斯基的讨论，将绘画（图像）的现象性界定为效果。然而，在这里我们可以提出一个明显的质疑：无论是感性触动，还是灵魂震颤，效果似乎都意味着主体的某种体验，因此，在将绘画（图像）的现象性界定为效果时，马里翁是否回归了海德格尔所批判的讨论艺术的传统方式，即回归主体的体验，依据体验而将艺术对象化？实际上，这种质疑的合法性似乎也得到了马里翁的确证，在讨论绘画（图像）乃至所有现象的现象性时，马里翁总是强调直观的优先性，强调体验的首要性。③

但是，在马里翁看来，直观的优先性和体验的首要性并不意味着向对象化方式的回归，相反，它们保证了绘画（图像）以及所有现象的非对象化。为了对此进行说明，我们首先回归他对对象化的实质的界定。前面已经讲到，在马里翁看来，就其源始意义而言，对象意指"被抛掷在我面前的东西……我瞄向的东西"④，而自我（主体）的这种瞄向总

---

① Jean-Luc Marion, *Étant donné*, p. 87.
② 参见上书，第84页。
③ 参见 Jean-Luc Marion, *Le visible et le révélé*, pp. 54–57。
④ Jean-Luc Marion, *Ce que nous voyons et ce qui apparaît*, p. 33.

是以自己的期待、欲望等为标准，由此，自我在最终意义上构成了对象显现的可能性条件，对现象的对象化也就意味着将现象置于自我的权能下，自我掌握着现象显现的主动性。①

以对对象化之实质的这种理解为基础，我们便可以具体解释马里翁对效果的诉诸为何超越了对象化方式。胡塞尔曾指出，现象的运作内在地包含着显现和显现者这两个端点之间的本质性关系。在马里翁看来，处在这种本质性关系中的两个端点也可以依据康德和胡塞尔的其他术语而被表述为直观与概念、直观与意向等。② 马里翁指出，在这种关系中，作为其中一个端点的概念、意向等是自我借以把握现象之显现的东西，是自我构造出来的东西，它们体现了自我对现象的控制性和权能，因此，如果我们对现象运作的理解侧重于这一端点，那么现象将会被我们对象化。与概念、意向相反，作为现象运作另一端点的直观则是现象向自我显现的东西，它并不是自我构造出来的东西，而是自我从现象之显现那里接受的东西，它展现了现象的主动性，因此，如果我们对现象运作的理解侧重于这一端点，那么现象将以非对象化的方式自身显现。在他看来，实际上，海德格尔和黑格尔对艺术本质的规定恰恰是依据某个概念（真理、理念）来理解艺术现象的显现，因此在实质上走向了艺术现象的对象化，而回到艺术现象本身的方式恰恰是超越概念而回归艺术现象所显现的直观，回归艺术的效果。③

当然，马里翁在此所理解的直观与通常意义上的直观存在着明显的差异。在通常意义上，人们往往依据主观性的视角而将直观理解为感觉、印象等，由此，直观体验在现象显现中的优先性似乎就意味着某种感觉的优先性，进而意味着自我在现象显现中的优先性，意味着对现象的对象化。实际上，当海德格尔认为依据体验来讨论艺术的本质是将艺

---

① 参见 Jean-Luc Marion, *Ce que nous voyons et ce qui apparaît*, pp. 33–40。
② 参见 Jean-Luc Marion, *Le visible et le révélé*, pp. 44–45。
③ 参见马里翁：《美的现象》，朱麟钦、陈洁琳译，载《笛卡尔与现象学——马里翁访华演讲集》，方向红、黄作主编，第106–125页。

术对象化时，很大程度上也是依据这种主观性视角来理解体验的。① 对于这样一种理解，马里翁进行了明确的批判。在《既给予》一书中，马里翁讲到，"某一感觉（视觉，或任何其他感觉）的优先性只有在知觉最终决定了显象时才是重要的"②，"视觉的所谓的特权因此只有当我们错失了处于其（感性的、知觉的、'主观的'等）显象核心的事物本身的显现的特权时，才是决定性的"③。也就是说，只有当我们错失现象的自身显现时，只有当现象的显现取决于自我的知觉进而最终取决于自我时，某种感觉的优先性才是可能的并具有意义，就其实质而言，感觉的优先性恰恰反映了现象显现对自我的依赖性，反映了自我对现象的构造，这与现象的自身显现是对立的，而现象学的目标恰恰在于通达现象的自身显现。

在马里翁看来，直观的优先性必须从另一个视角来理解，即直观如何达成了现象的自身显现。胡塞尔曾经指出，"每一种原初给予性直观都是认识的合法源泉……每一理论只能从原初被给予物中引出其真理"④。马里翁指出，胡塞尔在这里确认了直观的优先性，同时也界定了这种优先性的来源，即直观是原初给予性的，通过它，现象在原初地给予自身，它是现象的原初被给予物。因此，直观的优先性体现的是被给予性的优先性。对于这种优先性，马里翁讲到，自身显现预设了一个自身（le soi），而现象要想真正地自身显现，这个自身就只能由现象自己给予，而不能由现象之外的某个东西给予，因此"真正显示其自身者

---

① 很多马里翁的研究者也是依据这种理解而批评马里翁走向了视觉中心主义或语音中心主义，相关研究参见 Christina M. Gschwandtner，*Degrees of Givenness*：*On Saturation in Jean-Luc Marion*，pp. 51 - 52；Merold Westphal，"Vision and Voice：Phenomenology and Theology in the Work of Jean-Luc Marion，" *International Journal for Philosophy of Religion* 60，nos. 1 - 3（2006）：117 - 137。

② Jean-Luc Marion，*Étant donné*，pp. 11 - 12.

③ 同上书，第 12 页。

④ 胡塞尔：《纯粹现象学通论——纯粹现象学和现象学哲学的观念（第 1 卷）》，李幼蒸译，第 41 页。译文有改动。

必须首先给予其自身"①，现象的自身被给予性确保了现象的自身显现，在现象的显现中，"被给予性先于任何事物"②。

以被给予性的优先性为基础，马里翁指出，我们必须依据被给予性来对直观进行还原，悬搁直观作为主观感觉或印象的意义，而将其还原成现象的原初被给予物，进而通过这种原初被给予物而实现现象的自身显现。更具体地说，首先，无论是依据视觉而被直观的现象，还是依据听觉、触觉、嗅觉、味觉而被直观的现象，它们包含的主观印象的意义和具体感官感觉的意义都将作为超越物而被还原，进而只被看作纯粹的被给予物，也就是说，无论现象依据什么感觉而被直观，它们都是纯粹的被给予物，它们的现象性都是被给予性。其次，马里翁指出，依据被给予性，我们不仅能够理解和统一所有可感官感觉的现象，而且能够理解和统一所有可被理智直观的现象，也就是说，所有可直观的现象都将被还原成被给予物。再次，马里翁讲到，甚至那些被空乏意指的意向、意义也能够被还原成纯粹的被给予物，因为在它们之中，虽然无直观，但却仍有某种东西被给予，我们通过它们仍然能够接收到某种东西，就此而言，它们也能够依据被给予性而被界定。③ 最后，在这样一种还原的基础上，对于现象来说的关键性区分不再是依据不同感官媒介的区分，而是原初被给予物与非原初被给予物的区分，即现象原初自身给予的东西和非原初自身给予的东西的区分，自我从现象那里原初被动接受的东西与自我主动构造的东西的区分。具体到绘画（图像）的话，绘画（图像）自身显现的效果就不能被理解成主观印象或感觉，而是需要被还原成纯粹的原初被给予物，即绘画（图像）原初地自身给予的东西，由此绘画（图像）现象性需要依据被给予性来最终界定，或者说被给予性构成了绘画（图像）现象性的最终形象。

---

① Jean-Luc Marion, *De surcroît*, p. 45.
② Jean-Luc Marion, *Le visible et le révélé*, p. 86.
③ 参见马里翁：《还原与给予——胡塞尔、海德格尔与现象学研究》，方向红译，第1—62页；Jean-Luc Marion, *Étant donné*, pp. 33–46。

那么，我们应当如何理解作为绘画（图像）现象性最终形象的被给予性，并依此来揭示绘画（图像）的显现呢？马里翁指出，对于现象来说，要想进入可见性，必须将其自身显示出来，也就是说，现象只有显示了自身之后，才能成为可见者，才能被我们看到，因此严格来说，所有可见者都是已显示者。根据上面的讨论，现象只有先给予自身才能显示自身，也就是说，现象的原初自身被给予性先于其自身的显示，而显示又是进入可见性的条件，因此现象的原初自身被给予性并未进入可见性，是现实不可见的。然而，自身被给予性又不是绝对不可见，因为自身被给予性为现象提供了自身，进而能够自身显示出来，进入可见性，也就是说，它是能够通过现象的自身显示而变得可见的，是潜在可见的。这样一种现实不可见但却潜在可见的东西也就是被马里翁称为未被见者的东西，即某种要进入可见性并欲求进入可见性，但还未进入可见性的东西，由此现象的自身被给予性就是一种未被见者。

以这样一种界定为基础，我们可以看出，在现象的自身显现和自身给予之间，在已显示者（可见者）与自身被给予性（未被见者、不可见者）之间，存在着明显的间距，但它们又相互关联在一起。马里翁将这种既存在间距又相互关联的关系称作被给予性的褶子（le pli de la donation）。根据马里翁的讨论，无论是在德语中，还是在法语中，被给予性（Gegebenheit，la donation）一词都包含着不可消除的两义性，即一方面意指被给予物（le donné），另一方面意指这种被给予物的本己特征或者给予过程，而这双重内涵正好可以构成一种界定现象之现象性的褶子结构。① 具体来说，在自身显现的现象中，一方面，现象要想自身显现必须首先自身给予，这种自身给予并不可见；另一方面，通过现象的自身给予和显现，现象被显示出来，也就是说，现象是已显示者，而依据被给予性来理解，这种已显示者就是被给予物，它是可见的。在这里，首先，"被给予物产生自被给予性的过程，它显现，但却让被给予

---

① 参见 Jean-Luc Marion, *Étant donné*, pp. 103–118。

性自身被遮蔽着"①，也就是说，不可见的自身给予不同于可见的被给予物，但却使被给予物的显现成为可能；其次，"现象化的自身将间接地显现被给予性的自身"②，也就是说，现象化的自身可以被看作被给予性自身的踪迹，被给予物可以被看作被给予性过程的踪迹。具体到绘画（图像），这种褶子结构的展开和运作就显现为绘画（图像）效果中可见者与不可见者的交错，显现为异形机制的具体展开：作为绘画（图像）的原初被给予性，效果是不可见的，但是它却在自身的涌现和发生中让画面本身作为突出的可见者显现出来；或者说，正如异形的现象学境遇所揭示的，作为自身涌现和发生的事件，绘画（图像）总是从不可见的深渊跃向可见的光辉，绘画（图像）的自身显现就展现为这种从不可见者向可见者的跨越。

第三节 绘画（图像）的充溢性与充溢现象的构想

那么，以被给予性作为其现象性本质而自身自主显现的绘画（图像）到底具有怎样的本己特征呢？在这种现象性的规定下，绘画（图像）是被还原成了单一的固定形象，还是具有多重显现的可能性呢？在这一节，我们将对这些问题进行具体讨论。

一、绘画（图像）的新颖性和充溢性

就自身自主显现的绘画（图像）的本己特征而言，根据马里翁的讨论，我们可以界定两个本质性的、纠缠在一起的关键性特征，即新颖性和充溢性。我们先看新颖性。马里翁指出，人们并不想从绘画（图像）

---

① Jean-Luc Marion, *Étant donné*, p. 115.
② Jean-Luc Marion, *De surcroît*, p. 38.

那里获得普通可见者，因为世界的日常可见者就足以满足人们的这一要求，相反，人们只有在想要刺破、超越日常可见者秩序而获得全然新颖的可见者时，才会转向绘画（图像）。① 而事实上，绘画（图像）也确实达到了这种效果，因为它并不是被自我构造的对象，而是超越自我的意向和期待而自身显现的可见者，它提供的可见者既不是对日常可见者的模仿，也不与其同类，而是比日常可见者更为可见的可见者，是日常可见者中从未有过的可见者。因此，绘画（图像）在事实上并不属于日常可见者的序列，而是全然新颖的可见者，它为世界增添了新的可见者，进而增强了世界可见者的密度。②

与绘画（图像）的新颖性相应的是它的充溢性。在马里翁的讨论中，充溢性意指绘画（图像）给予我们的直观是过剩的，而不是匮乏的，或者说，它意指绘画（图像）的可见性是过剩的。那么，如何理解这种作为直观和可见性之过剩性的充溢性呢？这就涉及马里翁创造性地提出的一种独特的现象构想，即充溢现象。与此同时，正是依据这种现象构想，在被给予性规定下的绘画（图像）显现的多重可能性形象，或者说，可见者与不可见者的多重关系可能性也向我们显示出来。

根据马里翁自己的介绍，"充溢现象"这一概念最早在 1988 年以德语发表的一篇文章《宗教现象学的诸方面：基础、视域和启示》（"Aspekte der Religionsphänomenologie: Grund, Horizont und Offenbarung"）中被首次提出。③ 在 1992 年发表的《充溢现象》一文中，这一现象构想得到展开，而在其后的两部专著《既给予》（1997）和《论过剩》（2001）中得到进一步修正和细化，并且被广泛地用于对各种现象

---

① 参见 Jean-Luc Marion, *La croisée du visible*, p. 49。（中译本参见马里翁：《可见者的交错》，张建华译，第 35 – 36 页。）

② 参见 Jean-Luc Marion, *La croisée du visible*, p. 56（中译本参见马里翁：《可见者的交错》，张建华译，第 42 – 43 页）；Jean-Luc Marion, *De surcroît*, p. 86；Jean-Luc Marion, *Ce que nous voyons et ce qui apparaît*, pp. 51 – 53。

③ 马里翁的说明，参见 Jean-Luc Marion, *Le visible et le révélé*, 2010, p. 183。该文章后来于 1992 年以法语发表，题目被改为《可能者与启示》，并于 2005 年被收入《可见者与被启示者》一书。

的分析中。

那么,我们该如何获得这一构想的可能性,进而展开整个构想,并以此为基础来理解被给予性规定下的绘画(图像)的充溢性以及绘画(图像)多重显现的可能性呢?马里翁指出,我们可以从由康德和胡塞尔所界定的经典现象机制开始。

二、经典现象机制与直观的贫乏性

关于马里翁讲的那个经典现象机制,我们还是可以回到胡塞尔对现象所下的那个经典定义。正如我们一再援引的那样,胡塞尔曾在《现象学的观念》中讲:"根据显现和显现者之间本质的相互关系,'现象'一词有双重意义。"① 也就是说,现象是在显现与显现者两个端点之间运作起来的。马里翁指出,现象运作的这两个端点之间的本质性关系还可以用胡塞尔现象学中其他相互关联的术语来表述,例如直观(intuition)与意向(intention)、充实(remplissement)与意义(signification)、意向活动(noèse)与意向相关项(noème),等等。在这里我们可以用直观与意向这对术语来进行讨论。

在胡塞尔看来,直观与意向之间具有怎样的一种本质性关系呢?马里翁指出,在胡塞尔现象学中,直观在根本上是被意向性统治和界定的:一方面,它本身是一种意向性行为;另一方面,它具有充实功能,它充实意向,它依据有待被充实的意向来组织自身。在这里,我们需要更为确切地规定直观对意向的充实,以便进一步确定直观在胡塞尔现象学中所具有的形象及其对现象性的影响。

直观如何充实意向呢?根据胡塞尔的讨论,我们可以界定出如下两

---

① 胡塞尔:《现象学的观念》,倪梁康译,第15页。早在《逻辑研究》的"第六研究"最后的附录中,胡塞尔就对"现象"一词的这种多义性进行了讨论和澄清 [参见胡塞尔:《逻辑研究(第二卷第二部分)》(修订本),倪梁康译,第261-263页]。然而,与《逻辑研究》中的讨论主要强调的是这种多义性带来的混淆和错误不同,在《现象学的观念》中,胡塞尔强调了"现象"的双重含义之间的本质性关系,进而让现象的双义性获得了积极的意义。

种充实状态，进而相应地界定出现象显现的状态。第一，直观与意向并不相容、相合，也就是说，直观相悖于意向。在这种情况下，我们需要进行相关的调整，进而达到两者的相合，因此更为重要的是第二种充实状态，即直观与意向相容、相合。这种充实状态又可以分为两类情况：一类是部分地相容、相合，在这种情况下，直观相对于意向是匮乏的，也就是说，直观提供的内容少于意向意指的内容，在这里现象将不会完全显现，而只是部分地显现。另一类是完全地相容、相合，也就是说，直观提供的内容与意向意指的内容是完全相等的，胡塞尔将这类充实称作相即（adaequatio）。根据胡塞尔的规定，在这种情况下，现象进入其最高程度的显现，即现象完全显现出来。在胡塞尔看来，这种完全的充实，或者说直观与意向的相即，界定了完全的明见性，进而界定了真理，而依据充实程度的不同，我们也可以界定明见性的程度。①

这些充实状态和情况在胡塞尔那里分别具有怎样的地位呢？首先，地位最高的当然是完全的充实，因为"充实发展的终极目标在于：完整的和全部的意向都达到了充实"②。但是，与这种地位对应的是达到这种充实的困难性。在胡塞尔的讨论中，这种充实被称作"相即性的理想"③、"最终充实的理想"④。马里翁指出，"理想"一词的运用恰恰表明了"相即从来不能被实现，或者至少只能被罕有地实现"⑤。这一点也得到了胡塞尔的确认，因为根据胡塞尔的讨论，在直观对意向所进行的充实中，最经常出现的情况恰恰是部分地充实，尤其在自然事物中，由于其本质性的侧显方式，完全的充实永远也不可能达到。因此，在胡塞尔的现象机制中，相对于意向、意义来说，直观在绝大部分情况下都是匮乏的，而最理想的状况也不过是直观与意向、意义所意指的内容相等，但这种状况却很难达到，或者说只是一种例外状态，从其根本上

---

① 参见胡塞尔：《逻辑研究（第二卷第二部分）》（修订本），倪梁康译，第123-135页。
② 同上书，第125页。
③ 同上书，第123页。
④ 同上书，第124页。
⑤ Jean-Luc Marion, *Étant donné*, p. 314.

说,匮乏的逻辑统治着胡塞尔意义上的直观,胡塞尔甚至明确指出,"含义的区域要比直观区域宽泛得多,即是说,要比可能充实的整个区域宽泛得多"①。

然而,这里立刻会出现一个有待说明的事实,即根据胡塞尔的讨论,在数学和逻辑学中,我们一般都能通过形式直观和范畴直观而达到完全的充实,在这里完全的充实并不是一种例外状态。但是,马里翁指出,这一事实恰恰说明了在胡塞尔的规定中,直观在本质上是贫乏性的。一方面,数学或逻辑学现象对直观的要求很少或者甚至根本不需要直观,对它们的充实也就只需要提供很少的直观,或者说只需要贫乏的直观就能完全充实它们,在这里纵使达到了相即性的充实,直观在本质上也是贫乏的。另一方面,对数学或逻辑学现象的相即充实的频繁性恰恰凸显了直观在充实上的无力性以及在本质上的贫乏性,因为它们说明直观只对贫乏性的现象才能实现经常性的相即充实,而一旦涉及要求较多直观或者较为复杂的直观的现象,例如现实的自然事物,它就因其本质性的贫乏而显得无能为力。②

马里翁指出,胡塞尔所界定的这种现象机制以及这种机制下直观在本质上的贫乏性其实确证了康德的现象机制,因为:首先,在康德那里,现象也是在两个端点之间运作起来,即一个端点是直观,另一个端点是概念;其次,在对这两个端点之间的本质性关系的界定上,康德也是将两者的相等(相即)界定为理想的状况,并以这种理想的状况来规定真理③;最后,在康德看来,直观在本质上也是贫乏的和有限的,而且在康德的规定中,直观的这种贫乏性和有限性比胡塞尔的直观规定更甚,因为康德认为我们只有感性直观,而没有理智直观。由此,马里翁指出,康德和胡塞尔共同界定了一种以直观的贫乏性为特征的经典现象机制,他甚至认为他们界定的这种现象机制是"现代哲学中曾经被表述

---

① 胡塞尔:《逻辑研究(第二卷第二部分)》(修订本),倪梁康译,第 206 页。
② 参见 Jean-Luc Marion, *Étant donné*, pp. 315-317。
③ 参见康德:《纯粹理性批判》,李秋零译,第 87 页。

过的唯一一个积极的'现象'概念"①。

这种现象机制中的直观之贫乏性会对现象之显现（现象性）造成怎样的影响呢？马里翁指出，由于无论在康德那里，还是在胡塞尔那里，现象都是通过直观给予，直观规定了现象的显现，因此直观在本质上的贫乏性也导致了现象在本质上的贫乏性，也就是说，现象只能显现为直观和可见性贫乏的现象，只能作为贫乏现象显现。马里翁分析了现象的这种贫乏性在康德和胡塞尔那里的多重表现，其中最为明显的就是，在这两位哲学家的现象系统中，数学和逻辑学现象这两种直观贫乏的现象都是作为典范性的现象出现，都获得了优先的探究。②

然而，为何在这种现象机制中直观需要呈现出本质性的贫乏性呢？根据马里翁的讨论，我们可以说，现象在本质上的贫乏性并不是偶然的，而是具有必然性，这种贫乏性是现象所受限制的必然结果。以胡塞尔为例，在其现象学中直观的贫乏性就是自我和视域对直观限制的必然结果。马里翁讲到，一方面，一个先验自我很明显是有限的，因而为了能够被自我构造成意向对象，为了能够被一个自我操控，直观必须是有限的；另一方面，"为了每个现象都能被铭刻在一个视域内（在其中找到它的条件），这个视域必须是被限定的（这正好是其定义），并且由此现象必须保持为有限的"③。也就是说，意向活动的完成和意向对象的构造要求起限定作用的视域必须是有限的，视域本身就意味着一种限定性，而为了被限定在一个有限的视域内，进而被构造成意向对象；直观也必须是有限的，它不能超越有限的视域的界限。由此，"视域和自我这两种有限性在直观本身的有限性中被结合起来"④。

直观真的只能是贫乏的吗？如果例如在胡塞尔这里，直观的贫乏性源自视域和自我对现象性的限制，而这些限制又在直观的贫乏性中被结

---

① Jean-Luc Marion, *Certitudes négatives*, p. 88.
② 参见 Jean-Luc Marion, *Étant donné*, pp. 320 – 323.
③ 同上书，第 324 页。
④ 同上书，第 324 页。

合起来,那么对这种贫乏性的超越会不会导致现象之显现超越视域和自我的限制,进而走向无条件的自身自主显现呢?对这样一些问题的回答,就将我们引向充溢现象的构想。

三、被给予性的过剩与充溢现象的构想

在康德和胡塞尔的现象机制中,直观相对于意向、概念等是贫乏的,而最理想的状况也只是两者相等,贫乏性的逻辑统治着直观的规定,这种直观规定性之下的现象是受到诸多条件限制的非自身自主显现的有条件的现象,现象的这些限制性条件在直观的贫乏性中被结合起来。然而,马里翁指出,正是在这里我们可以设想另一种直观和现象的可能性,即现象的直观是过剩的,这种直观的过剩性可以达到这样一种程度,即它不仅超越了单个意向、意义的范围,而且超越了自我的视域,超越了自我的所有界限和能力,进而超越了自我。以直观的这样一种过剩性为基础,现象将会超越所有条件的限制,成为无条件的自身自主显现的充溢现象。如何理解直观的这种过剩以及由此导致的对现象条件的超越和现象性的转变呢?下面我们就来具体讨论。

在这里,我们首先需要界定此处马里翁所说的直观过剩的确切内涵,这是理解他整个充溢现象构想的基础。如同前面我们已经指出的,在马里翁的讨论中,直观并不是从其主观性意义来理解的,而是依据现象的原初被给予性来理解,由此这里的直观过剩指的其实是被给予性的过剩,"它并不是赋予直观本身特权的问题,而是在直观之中(甚至最终无需或者反对直观)追随在其最宽泛的可能范围内的被给予性的问题"[①]。那么,我们应当如何理解从直观的过剩向被给予性的过剩的这种转换呢?为什么必须依据被给予性来理解直观呢?这就涉及直观的优先性和效用的来源问题以及其整个范围问题。

---

① Jean-Luc Marion, *Étant donné*, p. 328.

第五章　图像现象性：从对象性、存在性到被给予性 / 215

在康德和胡塞尔那里，直观都具有某种优先性和效用，例如在康德那里，单纯的直观比单纯的概念更有意义。为什么直观会具有这种优先性和效用呢？因为按照康德的讨论，我们的认识对象唯有通过感性直观才能"被给予我们"①，也就是说，直观具有给予对象的功能，它的优先性和效用源自其给予，因此在更深层的基础上，直观的优先性和效用体现的是给予的优先性和效用，是被给予性的优先性和效用。

及至胡塞尔，直观的这种优先性和效用得到更进一步确认与深化，而其与被给予性的关联也得到进一步明确。在"一切原则之原则"中，胡塞尔明确指出，"每一种原初给予性直观都是认识的合法源泉……每一理论只能从原初被给予物中引出其真理"②。根据我们之前的讨论，在这里直观已经明确将现象从任何奠基要求和康德意义上的主体的先天形式条件中解放出来，进而使自身成为现象之现象性的事实上和事理上（权利）的源泉。而直观之所以具有这样的优先性和效用，主要是因为它是原初给予性的，它在原初地给予现象自身，通过它我们能够获得原初被给予物，进而能够为现象的自身显现、为一切理论的真理性提供担保。因此，真正优先和不可置疑的是原初被给予性，如同在康德那里一样，直观所具有的这种独一无二的优先性和效用的深层根源恰恰在于其原初给予性，它的优先性和效用是被给予性的优先性和效用的体现，我们需要依据被给予性来理解和界定直观这一特殊的被给予性形式。

在马里翁看来，被给予性的这种优先性和效用既界定了康德哲学在现象显现问题上的某种突破③，又在更深层的意义上真正界定了胡塞尔在"一切原则之原则"中赋予直观特有的优先性和效用时所实现的决定性突破，而这也是胡塞尔的《逻辑研究》所实现的决定性突破，或者说

---

① 康德：《纯粹理性批判》，李秋零译，第83页。
② 胡塞尔：《纯粹现象学通论——纯粹现象学和现象学哲学的观念（第1卷）》，李幼蒸译，第41页。译文有改动。
③ 参见 Jean-Luc Marion, *Étant donné*, pp. 317-319。

是胡塞尔整个现象学的决定性突破。① 然而遗憾的是，无论是康德还是胡塞尔，在其最终的讨论中都错失了被给予性的这种优先性和效用，进而使现象被置于种种条件的限制下，成为有条件的现象。就康德来说，他最终并未将直观的优先性和效用所体现的被给予性的优先性和效用坚持下去，而是将直观转而又置于主体的先天形式条件尤其是先天知性条件的限制下，置于概念的限制下，从而使其被一种本质性的贫乏性统治着。以此为基础，直观不再依据其给予功能得到理解，不再依据其被给予性得到理解，而是依据主体的先天形式条件得到理解，进而错失了被给予性。②

就胡塞尔而言，虽然在其关于"一切原则之原则"的讨论中，直观是因其原初给予性而被赋予独一无二的优先地位，而且与被给予性相关的概念群也是其著作中最经常出现的概念群之一，但是这种错失仍然在上演。在这里，它主要体现在两个方面。一方面，在胡塞尔哲学中，被给予性本身一直处于未思的状态，胡塞尔"（至少在《逻辑研究》中）在任何时候都没有对这种被给予性的地位、范围甚至身份进行过追问"③，他对"被给予性"概念本身保持着沉默。④ 这种未思和沉默既反映出胡塞尔可能并未意识到被给予性所展现的真正问题以及其所具有的突破性和革命性，也让胡塞尔错失了这些真正问题以及对被给予性的突破性和革命性的完全把握。⑤ 另一方面，更为重要的是，在胡塞尔哲学

---

① 参见马里翁：《还原与给予——胡塞尔、海德格尔与现象学研究》，方向红译，第44－55页。在讨论中，马里翁列举了大量来自胡塞尔文本的依据来对这一观点进行确证，在此我们不再重复。
② 参见 Jean-Luc Marion, *Étant donné*, pp. 319－320。
③ 马里翁：《还原与给予——胡塞尔、海德格尔与现象学研究》，方向红译，第61－62页。
④ 参见 Jean-Luc Marion, *Étant donné*, pp. 44－46。
⑤ 马里翁对这种未思和沉默的态度其实非常矛盾：一方面，他追随海德格尔批评胡塞尔沉迷于被给予性，而未意识到这种被给予性应当作为问题而被追问，进而错失了对被给予性问题的真正把握；另一方面，他又指出胡塞尔的这种沉默恰恰表明被给予性的无条件的优先性，表明它只能对别的概念进行定义，而不能依据别的概念被定义，因此优先于所有其他概念。参见马里翁：《还原与给予——胡塞尔、海德格尔与现象学研究》，方向红译，第55－62页；Jean-Luc Marion, *Étant donné*, pp. 44－46。

中，直观这种特殊的给予形式最终并未完全以其被给予性而得到理解，相反，为对象化的意向性所统治的直观最终决定了对被给予性的理解，因此被给予性被还原成对象性，一切给予行为最终都使意向对象的显现成为可能，现象的显现成为自我的对象构造，现象因此也就被还原成对象，并被置于视域和自我的统治下。①

因此，在这里我们要想获得现象自身自主显现的可能性，要想实现现象性的彻底解放，就必须遵循康德和胡塞尔错失的这种被给予性的优先性，并将其彻底化。以此为基础，具有优先性的直观也只能依据被给予性来被理解，只能被看作被给予性的一种方式。那么，这样一种被给予性包含了哪些其他方式呢？或者说，在彻底依据其自身得到理解时，被给予性的范围到底是怎样的呢？这里就涉及胡塞尔在其现象学中所进行的一系列拓展，根据马里翁的讨论，这些拓展主要包含以下三个层次：首先，直观的拓展，即从感性直观拓展到本质直观、范畴直观等，也就是本质、范畴等进入了可直观的范围，进入了直观被给予性的范围。其次，与经过拓展的直观相对的还有自主性的空乏的意义、意向等，它们无直观，但是仍然能够明见地在场，也就是说，它们仍然能够自身给予和显现某种东西，进而让我们接受某种东西。最后，无论是直观还是自主性的意义、意向等，它们都在被给予性中得到统一，也就是说，它们都是一种被给予物。②

从马里翁对胡塞尔的拓展和被给予性的范围的这些讨论中，我们可以看出，在马里翁看来，被给予性在其真正意义上指涉的就是现象自身的给予和显现，指涉的是现象自身给予和显现给我们的东西，也就是不是我们主动构造而是我们被动接受的某种东西，无论这种东西是直观还是意向，是实项内在的还是意向内在的。在这里，就其是我们被动接受的某种东西而言，它可以在更广泛的意义上被称作我们体验到的东西、

---

① 参见 Jean-Luc Marion, *Étant donné*, pp. 21 - 22。
② 参见马里翁：《还原与给予——胡塞尔、海德格尔与现象学研究》，方向红译，第 1 - 55 页；Jean-Luc Marion, *Étant donné*, pp. 33 - 46。

我们直观到的东西。这就是马里翁意义上的被给予性所囊括的整个范围以及这种被给予性的确切内涵。

以对被给予性的范围和内涵的这样一种理解为基础，我们便可以界定充溢现象的构想中直观的过剩所具有的确切内涵，或者说，界定充溢性的确切内涵。在这里，它指涉的是被给予性的过剩，即现象自身给予我们的东西，或者说我们被动接受的东西，完全超越了我们凭借自己的意向性、概念等所可能进行的把握和综合，也就是说，超越了自我的构造能力。那么，在这样一种情况下，现象会以怎样的形象显现呢？马里翁指出，在充溢现象中，由于现象的被给予性是过剩的，它超越了自我的构造能力，超越了自我对其所可能进行的任何预测、制作、操控和复制，超越了自我对其所可能强加的任何可能性条件和限制，所以这种现象将会成为无条件的自身自主显现的现象，"这样一种充溢现象将毫无疑问地不再构成一个对象（至少在康德的意义上）"①，也就是说，充溢现象是一种非对象性的现象，它并不作为一个对象向我们显现。在充溢现象中，自我不再能够主动地将现象构造为能够对其进行预测、制作、操控和复制等的对象，而是只能被动性地接受现象过剩的自身自主显现。

那么，面对这样一个非对象性的现象，我们能够对其进行认知吗？在这里，我们首先需要明确认知意味着什么。对此，马里翁明确指出，认知意味着确定地认知，也就是获得确定性（la certitude），而不是处在怀疑和不确定之中。② 在我们对作为对象的现象的认知中，我们就能获得某种确定性，这种确定性就是肯定的确定性（la certitude positive），也是我们日常认知中最经常遇到的确定性。通过这种确定性我们获得了有关对象的知识，进而能够依据这种知识来预测、制作、操控和复制对象，等等。然而，由于充溢现象超越了现象的对象模式，超越了

---

① Jean-Luc Marion, *Étant donné*, p. 328.
② 参见 Jean-Luc Marion, *Certitudes négatives*, p. 11.

自我的能力（包括获得确定对象知识的认识能力），我们对这种现象的认知将会完全不同于对对象的认知，我们将无法获得有关这种现象的确定的对象知识，也就是说，我们将无法获得肯定的确定性。那么，无法获得肯定的确定性的认知是不是可能的呢？或者说，我们能否界定一种完全不同于肯定的确定性的确定性模式呢？马里翁指出，在肯定的确定性之外，哲学中还存在另一种确定性模式的可能性，即否定的确定性（la certitude négative），为了证明这种确定性模式的可能性，他列举了来自笛卡尔和康德的例示。① 依据马里翁对这样一种确定性模式的讨论，我们可以对充溢现象的认知进行如下规定，即虽然充溢现象不能作为对象而被确定地认知，我们不能从肯定的层面获得关于它的确定的对象知识，但是我们仍然能够从否定的层面获得对它的某种确定的规定，就我们获得了对它的某种确定的规定而言，我们仍然获得了关于它的某种确定性，也就是仍然对其进行了某种认知。

马里翁指出，这样一种能够以否定的确定性对其进行认知的被给予性过剩的充溢现象的可能性并不是一种任意的设想，而是在现象本身的可能性和哲学史中有根基。从现象本身来说，构想充溢现象的可能性"凭借一种略微的修正直接源自现象通常的定义（康德、胡塞尔）"②，也就是源自现象本身的可能性。由康德和胡塞尔定义的经典现象机制是在直观与意向（概念、意义等）这两个端点之间运作起来，在这两个端点之间的关系可能性中，除了他们界定的直观相对于意向（概念、意义等）是匮乏的或者最理想的情况下是相等的之外，还包含着另一种可能性，即直观（被给予性）是过剩的。在这里，直观过剩的可能性本来就属于经典现象机制，只不过被忽略了而已，而依据这种过剩的可能性，一种新的现象可能性就能显现出来。马里翁指出，在这里既然可能性是存在的，那么我们就必须探讨这种可能性，因为"在现象学中，甚至最

---

① 关于否定的确定性的设想的可能性，参见 Jean-Luc Marion, *Certitudes négatives*, pp. 11–20。

② Jean-Luc Marion, *Étant donné*, p. 325.

微小的可能性也具有强制力"①，也就是说，也使人们有义务去对其进行探讨。

从哲学史的角度说，充溢现象的构想具有深厚的根基，而且这种根基既出现在经典现象机制（贫乏现象）的典型代表康德和胡塞尔那里，也出现在形而上学的另一个代表笛卡尔那里。例如，在《判断力批判》中，康德就明确指出，与永远不能获得直观而只有概念的理性理念相反，还存在一种审美理念，这种理念"是一个永远不能适当地为之找到一个概念的（想象力的）直观"②。也就是说，在审美理念中，直观超越概念而呈现为过剩，这种超越和过剩达到如此程度，以至于永远也没有一个合适的概念能够对其进行综合和把握。在康德那里，这种审美理念尤其体现在崇高中，因此马里翁指出，康德对崇高的分析就是充溢现象的构想的具体例示。此外，马里翁还讲到，除了康德的崇高学说之外，充溢现象的构想还在笛卡尔的无限观念、胡塞尔的内时间意识中被例示出来，在此我们不再赘述。③

至此，我们终于界定了充溢现象的构想的可能性、内涵以及认知方式。然而，至此为止，我们的讨论还只是停留在一般性层面，而未对充溢现象的构想进行具体展开。而这种充溢现象的构想的可能性要想获得真正的意义，而不是停留在一种空乏的设想中，就必须得到具体的展开和规定。马里翁指出，"尽管给予其自身的所有东西都显示其自身，但所有东西并不是以同样的方式给予其自身"④，也就是说，在现象的自身给予和自身显现中，被给予性的程度和方式具有差异，而依据这种差异，我们恰恰可以具体展开和规定不同种类的充溢现象的构想。

那么，我们应当遵循怎样的线索来界定被给予性在程度和方式上的

---

① Jean-Luc Marion, *Étant donné*, p. 329.
② 康德：《判断力批判》，李秋零译，载《康德著作全集》（第5卷），第356页。
③ 关于这两个例示，参见 Jean-Luc Marion, *Étant donné*, pp. 359–364。
④ Jean-Luc Marion, *Étant donné*, p. 293.

这些差异，进而展现出充溢现象的构想的内在丰富性呢？根据马里翁的讨论，在此我们可以从充溢现象需要超越的条件和限制那里获得线索。在康德那里，概念从量、质、关系、模态四组知性范畴出发来规定并限制直观，现象就以这些范畴为其可能性条件；而在胡塞尔那里，现象则受视域和自我的限制，并以它们为条件。因此，充溢现象要想成为自身自主显现的无条件现象，就必须凭借直观（被给予性）的过剩而充溢并超越这诸多的限制。

依据对相关线索的这样一种洞察，马里翁通过"遵循由康德界定的知性范畴的线索"①，具体界定了被给予性的过剩和充溢所具有的不同程度以及充溢现象所具有的不同形象：在量的范畴层面，充溢现象是不可预见的，它以狭义的事件为其典范性代表；在质的范畴层面，充溢现象是不可承受的，它以偶像为其典范性代表，并在作为艺术作品的绘画中获得展现；在关系的范畴层面，充溢现象是绝对的，它以肉身为其典范性代表，这种充溢现象超越了胡塞尔意义上的视域而成为无条件的现象；在模态的范畴层面，充溢现象是不可凝视的，它以圣像为其代表，这种充溢现象超越了自我的限制。具体到我们所讨论的图像（绘画）问题，那么依据被给予性的不同和充溢现象的构想，图像将具有两种超越对象性显现模式的可能性，或者说，可见者与不可见者将具有两种超越对象性的关系可能性，即作为第二类充溢现象的偶像和作为第四类充溢现象的圣像。②

至此，我们终于一般性地界定出马里翁的充溢现象的构想。以此为基础，我们便在某种意义上理解了作为绘画（图像）本己特征的充溢性，以及在被给予性的规定下绘画（图像）所具有的多重显现可能性。

---

① Jean-Luc Marion, *Étant donné*, p. 329.
② 关于图像（绘画）的这两种可能性形象，我们将在第六章和第七章分别进行具体讨论。

第四节 绘画（图像）作为现象的平凡性

到目前为止，我们终于具体地界定出绘画（图像）的现象性模式以及在这种模式下绘画（图像）所具有的本己特征和多重形象，即绘画（图像）是自身自主给予和显现的现象，它的现象性本质是被给予性，它依据被给予性的褶子而展开自身的运作，它具有新颖性和充溢性，并且能够超越对象性既作为偶像而显现，又作为圣像而显现。然而，我们的讨论并未完全解决绘画（图像）的现象性问题，因为这些讨论还只是揭示出绘画（图像）的现象性是什么，而在这个是什么的问题之外，绘画（图像）的现象性问题还包含着这种现象性在整个现象性系统中占据着怎样的地位。在这一节，我们就对这种地位进行具体分析，并以此为基础，简单探讨一番马里翁的相关绘画（图像）理论所引发的一些问题。

一、绘画（图像）现象性的平凡性

那么，绘画（图像）现象性在整个现象性系统中到底处于怎样的地位呢？针对这一问题，马里翁明确指出，由绘画（图像）作为其典范的"审美现象，审美可见性，应当被构想为可见性的一种具有特权的和独特的境况……但也应当被构想为这样一个地方，从这个地方出发，现象性的整个问题会被提出来"[1]，或者说，绘画（图像）是"一种突出而又平凡的现象"[2]，它"成为现象的一个具有特权的案例，因而可能成

---

[1] Jean-Luc Marion, *Ce que nous voyons et ce qui apparaît*, pp. 54 – 55.
[2] Jean-Luc Marion, *Étant donné*, p. 69.

为通向一般意义上的现象性的一条路径"①。简而言之，在马里翁看来，绘画（图像）现象性一方面在现象性系统中是独特的，另一方面又关涉整个现象性问题，因此具有平凡性。那么，如何理解绘画（图像）现象性的这种看似悖论性的地位呢？

我们先看这种地位的第一个方面，即独特性。马里翁指出，与其他现象——尤其是作为对象的现象——服务于自身之外的目的等不同，绘画（图像）只专注于自身的可见性的显现，只专注于向人们传达并强加自身的超凡可见性，而且它比那些现象更为可见，因为它过剩地显现为充溢现象。因此，在可见性的显现方面，绘画（图像）是突出的和超凡的，正是这种突出而超凡的可见性的显现，使绘画（图像）现象性成为独特的现象性。

我们再看这种地位的第二个方面，即平凡性。在此，我们需要对马里翁的"平凡性"概念进行一个简单讨论。马里翁指出，平凡性在内涵上不同于频繁性（la fréquence）。频繁性是就现象显现的频次而言的。很明显，就我们日常生活来说，最频繁地向我们显现的现象并不是绘画（图像），而是普通现象。就此意义而言，绘画（图像）只是一种特定状况，它在显现的频繁性上远不及普通现象。但是，这种就频繁性而言的特定状况并不能将绘画（图像）直接归结为例外现象，并不能界定绘画（图像）现象性在现象性系统中的地位。与频繁性相对，马里翁提出了一种对于现象性来说更为根本的状况，即平凡性。马里翁指出，平凡性完全不同于显现频次意义上的频繁性，"在最严格的意义上，由于政治和法律决断而成为平凡的东西关系到一切，并且对于一切来说都是可通达"②，也就是说，平凡性指涉的是某种东西或规定性并非专属于某物或某人，而是对所有东西都普遍适用。马里翁举出了领主所进行的战争动员来说明这种平凡性：就出现的频次而言，战争动员只是一种特定状

---

① Jean-Luc Marion, *La croisée du visible*, p. 7.（中译文见马里翁：《可见者的交错》，张建华译，第 5 页。译文有改动。）

② Jean-Luc Marion, *Le visible et le révélé*, p. 155.

况，但是一旦领主因需要而进行战争动员，在其领地内的所有子民以及所有物资就都会被触及，在这个范围内没有什么东西可以不受这种动员的规定和约束，而这种普遍的触及性就是平凡性。因此，马里翁曾讲，"平凡性向一切开放，它不等同于频繁性；甚至它有时对立于频繁性"①。

以"平凡性"概念的这种意义为基础，我们便可以界定绘画（图像）现象性的平凡性的具体内涵。在这里，平凡性意指绘画（图像）现象性——自身显现为充溢现象——并不是现象性的例外状态和稀有案例，并不独属于绘画（图像），相反，它是现象性的典范状态，适用于其他所有现象，或者至少适用于绝大部分现象，通过它，我们能够触及整个现象性的核心，绘画（图像）"远远不是边缘性的，它是通向诸现象的显现的原初境遇的一条通道"②，它所揭示的真理并不是独属于自身的真理，而"是依据可见者本身的真理"③。那么，绘画（图像）现象性为什么具有这种平凡性呢？或者说，它的这种平凡性是如何具体展现的呢？在不同的著作中，马里翁对此进行了不同的揭示，在此，我们可以根据他的讨论从两个方面进行说明。

第一，从事理（权利）上说，绘画（图像）现象性的平凡性展现在它通过自身的显现掌控了现象本身的现象性。这可以依据三个要点得到说明。首先，海德格尔指出，从其源始意义来讲，现象意味着"显示自身（显现）"④，现象是"就其自身显示自身者"⑤。绘画（图像）由于自身显现为充溢现象而正好契合了现象的这种源始意义，它是这种源始意义上的现象的代表。其次，绘画（图像）是自身显现的，它超越了现象本身之外的各种条件（尤其是自我这种条件）对现象显现的限制，而让现象本身尽可能地将自身呈现出来，因此相比于受到自我等各种条件限

---

① Jean-Luc Marion, *Le visible et le révélé*, p. 155.
② Jean-Luc Marion, *Ce que nous voyons et ce qui apparaît*, p. 60.
③ Jean-Luc Marion, *Courbet ou la peinture à l'œil*, p. 196.
④ 海德格尔：《存在与时间》（修订译本），陈嘉映、王庆节译，第33页。
⑤ 同上书，第34页。

制的对象性模式，它的现象性模式更能代表属于现象本身的现象性。最后，绘画（图像）实现了更为完美的显现，也就是说，更完美地完成了现象性。马里翁讲到，所有现象都追求自身的完全在场和呈现，并以这种在场和呈现为理想。但是，作为对象的普通现象在大部分情况下总是只能有一部分亲身在场和呈现（présent），另外的部分则只能被空乏地意指和统现（apprésent），也就是说，它们的显现是残缺的，它们的现象性是不完美的。与普通现象不同，绘画（图像）总是过剩地显现，在它的显现中，亲身在场和呈现的东西总是超过自我对其所可能进行的意指和统现，进而使这些意指和统现被过剩地充实与充溢，也就是说，在这里，没有空乏的意指和统现，而只有过剩的亲身在场和呈现。由此，绘画（图像）的显现完成了所有现象显现的理想，在此意义上，它掌握了现象本身的显现秘密，掌控并代表了现象本身的现象性，它是所有现象都需要模仿和追求的典范、原型、标准，绘画（图像）"在每一时期都统治着自然可见者，统治着被构造的对象的显现，并且迫使我们从它们的魅力所强加的范例出发来观看所有事物"[1]。

第二，从事实上说，绘画（图像）现象性的平凡性展现为绝大部分现象都可以通过还原而以绘画（图像）的显现方式显现。马里翁指出，只要我们转换自身的经验态度，即放弃主动地从自我出发依据概念、意向性等构造现象，转而被动地关注现象显现的所有细节，被动地接受这些细节所可能具有的意义的强加，而不是为了构造对象而忽视它们，那么即使是直观贫乏的、被构造为对象的普通现象也可以被转换成像绘画（图像）那样直观过剩的、自身显现的现象，也就是说，"当描述要求它时，我拥有从一种解释转向另一种解释的可能性，从一种贫乏或普通的现象性转向一种充溢的现象性的可能性"[2]。在这里，最明显的例子就是我们前面列举的现成品艺术。在现成品艺术中，例如杜尚的《泉》，

---

[1] Jean-Luc Marion, *De surcroît*, p. 86.
[2] Jean-Luc Marion, *Le visible et le révélé*, p. 156.

同样一个便池，可以通过观看态度的转变从一个贫乏显现的、对象化的用具而转变成一个过剩显现的、非对象化的艺术作品。马里翁讲到，从普通现象向充溢现象的这种转变的可能性不仅存在于视觉领域，而且存在于所有其他感觉领域。① 这种普遍的转变的可能性在事实上说明了绘画（图像）的现象性并不独属于其自身，而是能触及并规定绝大部分现象的现象性，进而通达整个现象性问题的核心，也就是说，绘画（图像）现象性是平凡的。

由此，我们终于从事理（权利）和事实两个层面界定了绘画（图像）现象性的平凡性。马里翁指出，正是由于这种平凡性，绘画（图像）问题不再仅仅是一个美学问题，不再仅仅属于艺术家和美学家，而是超越美学层次成为一个普遍的哲学问题，成为一个所有严肃的哲学家都必须面对的问题。同样，从这种平凡性的角度，我们也能理解为什么现象学家们总是热衷于探讨绘画（图像）问题。

二、反思与批判

从对象性和存在性视域的超越到作为被给予性的绘画（图像）现象性，再到绘画（图像）作为现象的平凡性，我们终于一方面依据马里翁的讨论获得了绘画（图像）现象性的最终形象，另一方面界定了其在现象性系统中的地位。然而，与这种最终形象及其地位相关，在这里我们需要提出一个新的问题：被给予性是否造成了对绘画（图像）现象性的新的压抑？② 从表面上看，马里翁对绘画（图像）现象性的规定同海德格尔的规定具有结构的相似性。例如，同海德格尔将绘画（图像）以及

---

① 参见 Jean-Luc Marion, *Le visible et le révélé*, pp. 157 – 165。
② 学者弗里茨曾通过揭示在被给予性规定下绘画对神学的积极作用，而推断出被给予性并未限定绘画的自身显现。然而，这种推断并不成立，因为绘画对外在目的的有用性所界定的恰恰是绘画的附属性，而不是其自身显现。参见 Peter Joseph Fritz, "Black Holes and Revelations: Michel Henry and Jean-Luc Marion on the Aesthetics of the Invisible," *Modern Theology* 25, issue 3 (2009): 415 – 440。

第五章 图像现象性：从对象性、存在性到被给予性 / 227

整个艺术作品的显现界定为存在的发生事件类似，马里翁将绘画（图像）的显现界定为一种事件，只不过这种事件需要依据被给予性来理解，是给予的事件。又如，马里翁认为被给予性本身包含着一种褶子结构，在这种结构中被给予性给予被给予物，但它自身却不可见，这又类似于海德格尔所界定的存在与存在者之间的存在论差异及其运作方式。① 由此看来，马里翁只不过是用给予和被给予物替换了存在和存在者，用被给予性替换了存在性，他的讨论是在以某种方式重复海德格尔的规定。以此为基础，如果说海德格尔依据存在性限制了绘画（图像）的现象性，那么通过将存在性替换成被给予性，马里翁似乎也在延续这种限制。

面对这一问题，首先需要指出的是，马里翁确实从海德格尔对存在论差异和存在的事件性的讨论中获得了很多启发。在他看来，通过海德格尔的存在论差异，"现象学便实现了第二次突破"②。根据他的讨论，这种突破主要展现为现象学的关注重心从显现的现象转向不显现的现象，从平面的现象转向深度的现象，从明显的现象转向现象的显现方式，即现象性，"现象学的工作不仅在于使不显现之物显现出来，而且还在于显现之物与不显现之物在显现过程中的游戏"③。正如海德格尔所言，"恰恰因为现象首先与通常是未给予的，所以才需要现象学"④。

然而，在此问题的关键恰恰在于如何理解深度的现象或者说不显现的现象，如何理解现象的现象性。在海德格尔那里，深度的现象或者说不显现的现象"是存在者的存在"，这种存在构成现象的"意义与根据"⑤，或者说现象总是向我们发出存在的呼唤（l'appel），现象的现象性依据存在性而得到规定。但在马里翁看来，除了存在的意义或呼唤之

---

① 值得注意的是，马里翁也曾将存在论差异称为褶子，参见马里翁：《还原与给予——胡塞尔、海德格尔与现象学研究》，方向红译，第315页。
② 同上书，第182页。
③ 同上书，第97页。
④ 海德格尔：《存在与时间》（修订译本），陈嘉映、王庆节译，第42页。
⑤ 同上。

外，现象还会向我们强加很多其他意义或呼唤，例如上帝的呼唤、爱的呼唤、他人的呼唤等，总而言之，"这可能是任何我们能够想到的东西的呼唤"①，这些呼唤拥有同存在的呼唤一样的效力和力量，而"当我接受到呼唤时，这一呼唤根本上说是匿名的和不明确的"②。因此，就其自身而言，在具体、明确的意义或呼唤之外，现象在形式上显现为不确定的、纯粹的意义或呼唤。在马里翁的讨论中，被给予性界定的正好是现象的意义或呼唤的这种纯粹性和不确定性。③ 由此，与存在性将某个确定的意义或呼唤赋予现象不同，被给予性并未将现象的意义或呼唤限定在某个确定的意义或呼唤上，它揭示的恰好是现象的意义或呼唤的开放性。正是在这种意义上，可以说，虽然被给予性的褶子在结构上同存在论差异是相似的，但是它并未限制现象的自身显现，相反，它界定了现象显现的无限可能性和开放性。

同现象的意义或呼唤并不能被限定为存在的意义或呼唤一样，在马里翁看来，现象作为自身发生的事件也不能被还原成存在的事件，在存在的意义之外，事件还拥有更多的意义，而被给予性界定的也正好是事件意义的这种不确定性。因此，马里翁用被给予性的事件替代存在的事件，并不是用某个确定的意义替代存在的意义，进而将事件限定在这个确定的意义上，而是让事件本身向其发生的可能性开放，向其意义的可能性开放。其实，事件的意义超越存在的意义，这并不是马里翁独有的观念，而是很多现象学家的观念。例如，法国现象学家罗马诺（Claude Romano）就曾在《事件与世界》中指出，通过将存在理解为事件，海德格尔突破了传统存在论的限制而开辟了新的可能性，但由于将事件等同于存在的事件，海德格尔也错失了事件的真正意义，而只能将存在事

---

① 马里翁：《笛卡尔与现象学——马里翁访华演讲集》，方向红、黄作主编，第266页。
② 同上书，第263页。
③ 参见 Jean-Luc Marion, *De surcroît*, pp. 147–148；马里翁：《还原与给予——胡塞尔、海德格尔与现象学研究》，方向红译，第330–350页。

件之外的事件看作非本真的现象。①

实际上，在马里翁对绘画（图像）的具体讨论中，我们也能看到被给予性所界定的这种意义开放性。一方面，在马里翁的界定中，绘画（图像）并不显现为确定的形象，而是有多重显现可能性，它既可以显现为作为自我的外观的偶像，也可以显现为作为他者的面容的圣像，同时它也是一种事件。② 另一方面，在其具体显现的现象类型内部，绘画（图像）的意义也是多元的，无论是作为偶像还是作为圣像或事件，绘画总是要求我们不断地去重复观看它，进而运作起一种无限解释学。

至此，我们可以说，通过依据被给予性来界定绘画（图像）现象性和绘画（图像）显现的事件，马里翁并未限制绘画（图像）的自身显现，相反，他让绘画（图像）显现的多样可能性开放出来。然而，事情并非如此简单，因为在马里翁的讨论中，我们还能发现另一种趋向，依据这种趋向，绘画（图像）显现的自主性将会受到威胁。这种趋向主要展现在马里翁对被给予性的最终可能性的设想中。在马里翁看来，尽管被给予性界定了所有现象的现象性，但是依据其被给予性程度的不同，不同类型的现象并不处在同一等级层次。根据他的规定，在启示等神学现象中，现象本身的可能性走向极限和最终可能性，而被给予性本身也在这类现象中得到最完美的展现，由此，启示等神学现象成为所有现象的典范，进而构成所有现象的理解视域，所有现象都能甚至需要依据启示来进行解释，也就是说，在马里翁的规定中，被给予性有可能最终导向神学解释学。③ 具体到绘画（图像），马里翁曾明确指出，在对绘画（图像）的最终难题的解决中，"神学成为任何绘画理论的一个不容置疑

---

① 参见 Claude Romano, *L'événement et le monde* (Paris: Presses Universitaires de France, 1998), pp. 19 – 34。

② 有些研究者已经注意到绘画（图像）显现的这种多样性，参见 Shane Mackinlay, *Interpreting Excess: Jean-Luc Marion, Saturated Phenomena, and Hermeneutics*, pp. 118 – 122。

③ 参见 Jean-Luc Marion, *Certitudes négatives*, pp. 87 – 137, 307 – 308; Jean-Luc Marion, *Étant donné*, pp. 383 – 403; Jean-Luc Marion, *De surcroît*, pp. 198 – 203。

的法庭"①。

实际上,这种神学解释学不仅展现在绘画(图像)这里,而且体现在马里翁对很多现象的解释中,例如对异质性宗教和文化的理解。马里翁曾指出,对启示的体验其实发生在不同的宗教传统中,不同宗教的很多教义其实就是在言说启示,因而能够依据启示而得到理解。② 与此相关,他也曾讲到,尽管存在不同的文化,而且"研究不同文化显然是很重要的"③,我们都应该了解其他文化,"正因为我们是不同的,我们才能够相互理解"④,然而,这种对不同文化的了解和研究还只是"第一阶段",它最终指向的是"相同的真理"⑤,而不是文化的异质性,"'相互理解'意味着构想相同的真理"⑥,而不是理解文化的他异性意义。也就是说,在他看来,不同文化的不同更多展现在对相同真理的不同言说方式上,不同的文化总在以不同的方式言说同样的东西,它们之间是可以相互转译的,由此他"不认为在文化之间需要对话"⑦。在这里可以很明显地看出,马里翁在处理异质性宗教和文化现象时存在一种同质化的倾向,这种倾向使他将这些现象的最终意义解释为与启示等神学现象同质化的东西("相同的真理"),进而忽视了这些现象本身相对于启示等神学现象所具有的他异性意义,压抑了它们的意义可能性。换句话说,由于极限化和优先化作为事件或现象可能性的启示等神学现象,在面对其他宗教或文化现象时,马里翁未能完全以事件化的方式来对待这些现象,未能完全关注到这些现象的意义的复杂性,而是倾向于依据一

---

① Jean-Luc Marion, *La croisée du visible*, p. 8.(中译文见马里翁:《可见者的交错》,张建华译,第6页。译文有改动。)
② 参见 Jean-Luc Marion and Richard Kearney, "The Hermeneutics of Revelation," in Richard Kearney, *Debates in Continental Philosophy: Conversations with Contemporary Thinkers* (New York: Fordham University Press, 2004), pp. 18 - 19.
③ 马里翁:《笛卡尔与现象学——马里翁访华演讲集》,方向红、黄作主编,第236页。
④ 同上书,第235页。
⑤ 同上书,第236页。
⑥ 同上书,第235 - 236页。
⑦ 同上书,第235页。

个神学化的解释框架在先地规定不同的宗教或文化现象的可转译性，进而压抑了这些事件或现象本身的意义可能性。正是在此意义上，一些学者指出，由于神学观念和天主教信仰过多地介入了其现象学，马里翁走向了一种神学恐怖主义和神学殖民化倾向。①

因此，在马里翁对绘画（图像）现象性的讨论中存在一种内在的张力：一方面，依据被给予性在意义上的不确定性和开放性，绘画（图像）走向其自身显现的多样可能性；另一方面，由于被给予性所内含的神学解释学倾向，绘画（图像）的显现又有可能走向对神学的附属性，进而被压抑了自身显现的可能性。这种张力提示我们，马里翁对绘画（图像）现象性的规定在解放绘画（图像）现象性的同时，也有可能压抑绘画（图像）现象性，由此他所揭示的绘画（图像）现象性并不是绘画（图像）显现的最终和唯一的可能性，在其之外，可能性仍然开放自身，而我们的任务恰恰在于，更确切地回到绘画（图像）的实事本身，让绘画（图像）真正地自身显现自身。

---

① 参见 James K. A. Smith, "Liberating Religion from Theology: Marion and Heidegger on the Possibility of a Phenomenology of Religion," *International Journal for Philosophy of Religion* 46, no. 1 (1999): 17 - 33; Shane Mackinlay, "Eyes Wide Shut: A Response to Jean-Luc Marion's Account of the Journey to Emmaus," *Modern Theology* 20, issue 3 (2004): 447 - 456。

第六章　偶像作为自我的外观

到目前为止，我们已经遵循马里翁的分析，围绕绘画（图像）而一般性地揭示出图像（绘画）超越对象性显现模式的可能性。根据马里翁的分析，就其现象性本质而言，绘画（图像）是超越对象性和存在性而自身自主显现的现象，它的现象性是被给予性，在这种现象性本质的规定下，绘画（图像）具有新颖性和充溢性两个关键性特征，也就是说，与普通可见者或现象在直观或被给予性上是匮乏的不同，绘画（图像）在直观或被给予性上是过剩的，它是一种充溢现象。同时，依据这种直观或被给予性过剩的程度和方式的差异，绘画（图像）又具有两种超越对象性的可能性形象，即偶像和圣像。那么，我们如何具体理解和界定绘画（图像）具有的这两种形象呢？在这两种形象之下，绘画（图像）的具体显现机制、现象特征和效应又是怎样的呢？在接下来的两章，我们就分别进行具体讨论。

在这里首先涉及超越对象性的第一种可能性形象，即作为充溢现象的偶像。然而，在具体展开相关讨论之前，我们需要对马里翁的"偶像"概念进行说明。实际上，当马里翁将从质的范畴层面进行充溢的图像（绘画）显现可能性界定为偶像时，他似乎进行了一种矛盾性的规定：在讨论自治图像时，他认为这种图像是依据偶像崇拜的逻辑而展开自身，或者说，他将自治图像的本质界定为偶像，在这个意义上，从质的范畴层面进行充溢的图像（绘画）显现可能性似乎与自治图像趋向同一；但是，依据其现象性本质，自治图像是依据对象性模式而显现的，而从质的范畴层面进行充溢的图像（绘画）则是超越对象性而自身自主显现的，因此，就其现象性本质而言，两种偶像是具有本质性差异的，两者之间并不趋向同一。那么，我们应该如何理解这种矛盾性的规定呢？在作为自治图像的偶像和作为充溢现象的偶像之间，我们能否既界定出某种内在一致性，又界定出某种本质性差异呢？

对于这种矛盾性的规定，我们可以依据马里翁的分析从两个方面进行解释。其中，第一个方面涉及马里翁前后期讨论偶像时视角的差异或者说某种历时性逻辑。其实，在提出充溢现象观念之前，马里翁很早就开始对偶像进行了关注和讨论，而且这种关注和讨论是持续性的，而这种讨论在马里翁提出充溢现象观念之后又获得了新的发展和更新。综观马里翁前期的著作，例如《偶像与距离》《无需存在的上帝》《可见者的交错》等，我们可以界定出其前期偶像研究的如下特征：首先，偶像与圣像严格对立，这种讨论具有浓厚的神学内涵，并且在偶像与圣像之间存在着严格的等级性，而这种等级性很大程度上是依神学教义而建立的，这与后来的现象学讨论存在着显著的差异。[①] 其次，偶像问题与形而上学紧密关联，在马里翁的界定中形而上学就是偶像崇拜式的，与此相关，偶像一方面被区分为图像偶像和概念偶像[②]，另一方面成为以对象性为其现象性本质的构造性现象的典范，而自治图像就属于这种偶像，这同后来将偶像看作与构造性现象对立的充溢现象完全不同。因此，我们可以说，马里翁对偶像的这种矛盾性的规定在某种程度上是源自他前后期讨论偶像时的视角差异。

[①] 关于这种特征和差异的更详尽的讨论，参见 Robyn Horner, *Jean-Luc Marion: A Theo-logical Introduction*, pp. 61–65。

[②] 参见 Jean-Luc Marion, *Dieu sans l'être*, pp. 15–27。

第二个方面，与这种前后期讨论视角的差异或者说历时性逻辑相应，我们实际上也能依据某种实质性内涵的差异或者说某种共时性逻辑来解释马里翁对偶像的这种矛盾性的规定。具体来说，在马里翁对偶像的所有分析中，我们实际上可以界定出两种类型的偶像：其一，是以自治图像为代表的偶像，这种偶像以对象性为其现象性本质，它是自我构造的对象，而且自我的这种构造功能在这类偶像中得到极化和典范性的呈现，在它的运作中，自我处在主动性的位置。其二，是作为充溢现象的偶像，这种偶像以作为艺术作品的绘画为典范性代表，它是超越自我的构造而自身自主显现的现象，在它的运作中，现象自身处在主动性的位置，而自我则在被动地接受现象的显现。依据这种共时性逻辑，我们可以说，马里翁对偶像的这种矛盾性的规定恰恰是两种类型的偶像模式的反映。

那么，这两种类型的现象为何都能被称作偶像呢？这就涉及它们之间的统一性问题。根据马里翁的讨论，这种统一性主要展现在两个层面：其一，是形式层面的统一性。无论是在其前期的讨论中，还是在其后期的讨论中，无论是第一种类型的偶像模式，还是第二种类型的偶像模式，马里翁对偶像的具体分析在很大程度上都是依据可见者与不可见者的关系问题而展开，偶像都被界定为某种可见者模式[①]，也就是被界定为某种现象模式。其二，更为关键的是实质意义层面的统一性。在马里翁的分析中，不管是哪种类型的偶像，都是与自我之极限关联在一起的，或者说，它们都是作为一面不可见的镜子以不同的方式测度着自我的限度，进而都是作为自我的外观而显现。具体来说，在以自治图像为代表的构造性偶像中，图像是自我以自身的观看之欲为标准而构造的，所以它直接就是自我的反照；而在作为充溢现象的绘画偶像中，图像则充溢着自我及其凝视，并且以其过剩的直观或被给予性将自我及其凝视

[①] 参见 Jean-Luc Marion, *La croisée du visible*, p. 106。（中译本参见马里翁：《可见者的交错》，张建华译，第 87 页。）

推向极致，从而实现了对自我之极限的测度，并反照着自我之极限。①就此意义而言，我们可以说，无论是哪种类型，作为偶像的图像就其实质而言都是与自我同质的，或者说，正是由于与自我的同质性，以上述方式显现的那些图像才能被称为偶像。

由此，我们对马里翁的"偶像"概念进行了一个简要说明。以此说明为基础，我们就能具体讨论作为充溢现象的绘画偶像。

第一节　质的充溢机制

那么，作为充溢现象的偶像（绘画）到底是如何进行充溢，进而超越对象性而与作为自治图像的偶像本质性地区别开来呢？这就涉及被给予性从质的范畴层面进行充溢的机制，而在具体分析这种机制之前，我们需要对康德之质的范畴的内涵及其对现象显现的影响进行简要讨论，进而设想其充溢的可能性。

一、康德之质的范畴的内涵

质的范畴是康德的四组知性范畴中的第二组范畴，这组范畴包含实在性、否定性、限定性三个范畴，而与其对应的纯粹知性原理则是知觉的预先推定，即"在一切显象中，作为感觉对象的实在的东西都有强度的量，即一种程度"②。在这里，与量的范畴从同质性的、广延的量来界定现象及其经验的可能性条件不同，质的范畴是从异质性的、强度的量来界定现象及其经验的可能性条件，它标示的是现象的实在性程度。同时，由于"在经验性直观中与感觉相应的东西，就是实在性（realitas

---

① 关于作为充溢现象的绘画偶像对自我的这种测度，我们将在本章第三节进行具体揭示。
② 康德：《纯粹理性批判》，李秋零译，第 181 页。

phaenomenon［作为现象的实在性］)"①，所以与量的范畴关涉的是现象的形式（时间和空间）不同，质的范畴界定的是现象的质料（感觉）。②

那么，质（强度的量）的规定性又是如何界定现象及其可能性条件，从而使现象呈现出实在性程度的差异呢？这就关系到质（强度的量）的内涵。康德指出，"现在，我把只被把握为单一性、其中复多性只能通过向等于零的否定性的逼近来予以表象的那种量称为强度的量"③。在康德对质（强度的量）的这个定义中，我们至少可以界定出如下两个层次的内涵。康德的这个定义指涉了强度的量与广延的量在把握方式上的差异。按照康德的讨论，质（强度的量）并不像广延的量，广延的量涉及的是现象的同质性的形式（时间和空间），它能通过相继综合而被把握；质（强度的量）关涉的是现象的异质性的感觉质料，因此对它的把握是瞬间性的，它每次都"只被把握为单一性"。这是康德定义中质（强度的量）的第一个层次的内涵。那么，对于这样一种瞬间性的量，我们该如何界定其相互之间的差异性，如何界定其程度的不同呢？这就涉及康德定义中质（强度的量）的第二个层次的内涵，即质（强度的量）的"复多性只能通过向等于零的否定性的逼近来予以表象"，也就是说，质（强度的量）的规定性是在与最微弱的强度——零度——的对照中，并以零度为基准，而展开其程度的差异，进而展开其对现象的界定，展开其对现象可能性条件的界定。因此，马里翁讲到，在康德的讨论中，"强度是从其零度开始而被定义的"④。由于"与感觉的阙如相应的东西，则是等于零的否定性"⑤，马里翁接着指出，以最微弱的强度零度为基准来界定现象的整个质（强度的量）及其差异性，

---

① 康德：《纯粹理性批判》，李秋零译，第183页。
② 关于现象的形式与质料，及其与时间、空间和感觉的关联，参见康德：《纯粹理性批判》，李秋零译，第181-182页；关于质（强度的量）与感觉的内在关联，参见康德：《纯粹理性批判》，李秋零译，第56-58页。
③ 同上书，第183页。
④ Jean-Luc Marion, *Étant donné*, p. 334.
⑤ 康德：《纯粹理性批判》，李秋零译，第183页。

也就是从没有质料（感觉）的现象出发，即从感性直观最贫乏的现象出发，以这种最贫乏的现象为基准，来界定整个现象系统，从而在现象系统中赋予了贫乏现象优先性和典范地位，使其占据着统治地位。总而言之，在康德的质（强度的量）的规定性中，直观的贫乏界定了质（强度的量），直观贫乏的现象界定了整个现象系统。

以此为基础，马里翁在不同的著作中分析了在质的这样一种规定下，现象呈现出的一系列基本特征。首先，现象是可定义的。质的规定性给予现象最变动不居、最无法界定的组成部分，即感觉质料，以一种强度的量的规定，给予其一种实在性的程度。同时，这样一种强度的量（程度）是可被自我（主体）规定的：一方面，通过对照零度并以零度为基准，强度的量（程度）能够被测度出来，不同的强度的量（不同程度）之间的差异也能够得到区分和界定，"由质的强度达到的每一程度都固定了那种强度，并且清晰而明确地确定了它"①；另一方面，对照最微弱的强度零度并以其为基准来测度强度的量及其差异性，使这种测度并没有超越自我（主体）的承受限度，而是在自我（主体）的掌控下。由此，现象（尤其是其感觉质料）也就在自我的掌控下而被测度、被规定、被区分，从而成为可定义的，成为自我的对象。

其次，现象是可复制的。马里翁指出，严格来说，由于以下四个原因，任何现象（对象）都无法完全同一地被复制：第一，由于种种因素的影响，现象的形式是在变化的。在对现象进行复制时，复制过程中会出现种种不确定因素，从而使被复制、被再次制造出来的现象总是与作为原型的现象之间存在或大或小的差异。第二，组成现象的质料是不同的。在复制现象时，我们所用的材料不可能与原型现象的材料完全一样，而只能尽量在各种参数上趋近于原型现象的材料。第三，不同现象产生的时间是完全不同的。原型现象总是在我们复制之前就已经不可逆转地产生了，它拥有自己独特的产生时间，这种时间特征属于其本己的

---

① Jean-Luc Marion, *Certitudes négatives*, p. 260.

规定，而我们对这种现象的复制只能在其之后，因而在时间上永远滞后于它的产生，永远不同于它的时间特征。① 第四，实际上，对于现象的空间来说，我们也可以界定出这种不同。现象产生的空间无法做到完全同一，而不同的现象又不能同时占据同一空间，它们总是处于不同的空间之中。

然而，我们在生活中却又在不断地复制现象，尤其是复制技术对象，复制不同的产品，那么这又是如何可能的呢？马里翁指出，其实我们在复制现象并谈论两个同一的现象时，并不是就现象的完整的自身来讨论其同一，并不是在最严格的意义上谈论现象的同一，我们追求的也不是这种同一。在这种复制中，我们主要关注现象对于我们的目的来说最为有用、最可规定的要素和差异，并尽可能地将它们概念化、标准化，使它们成为可以完全把握和复制的，而完全忽视对象的物质质料、产生的时间和空间等无法进行准确规定或无关紧要的要素和差异（只要其不影响作为对象的现象的效用），从而使现象尽可能地去物质化（dématérialisé）、形式化（formalisé）、理想化（idéalisé），尽量符合我们的概念和标准，并按照我们的概念和标准来制造、生产现象。以这样一种方式来看待并制作现象，现象便成为可复制的。② 而在对现象的这样一种去物质化、形式化和理想化的过程中，质的规定性发挥了关键性的作用，因为根据质的规定性，我们能够对现象最难把握的感觉质料进行尽可能明确而清晰的把握，尽可能规定其程度，从而使感觉质料成为可明确定义的，并依据这种定义和相关标准而成为可再次复制的，进而保证了整个现象的可复制性。因此，康德的质（强度的量）的规定性界定了现象可复制性的一个关键性的可能性条件，在它的规定下，现象成为可复制的。

最后，现象是可预先推定的。这一点在康德自己的讨论中就得到了

---

① 参见 Jean-Luc Marion, *Certitudes négatives*, p. 261。
② 参见上书，第 261 - 262 页。

指明。康德指出，在现象中，感觉并不像显象的形式（时间和空间），能够被先天地认识，因此，如果在"先天地认识和规定属于经验性认识的东西"的意义上理解预先推定，那么"感觉真正说来就是那根本不能被预先推定的东西"[①]。但是康德指出，现象的感觉质料在一种特殊的意义上可以被预先推定，即凭借质的范畴，在任何具体、特殊的感觉实际上被给予我们之前，也就是说在实际的经验之前，我们仍能够对现象的感觉质料进行某种规定。也就是说，在康德的规定中，凭借质的范畴，在现象被给予我们之前，我们就已经对其进行了某种规定、某种预先推定，就已经预见到了现象。因此，马里翁指出，"在广延的量中起作用的预见在强度的量的预先推定中被再次发现"[②]。

至此，我们可以完整界定出质的范畴及其纯粹知性原理对现象显现的影响。在康德的讨论中，从质（强度的量）的层面说，现象以质的范畴为其可能性条件，它对照最微弱的强度零度并以零度为基准而在强度上——在实在性的程度上——得到明确规定，于是直观的贫乏界定了现象的强度，贫乏现象获得了优先性，并成为现象的典范。以对现象的质的这样一种规定性为基础，现象成为可定义的、可复制的和可预先推定的，由此现象不再是一个超出自我的把握之外的自主显现的现象，而是一个能够被自我把握、预见、制造、复制、控制的对象，成为自我能够承受的对象，在与现象的关系中，自我获得了绝对的主导性和主动性，超出自我的主导、控制和承受之外的现象于是被取消了显现的资格，取消了作为现象的资格，而落入不可见性之中。

二、质的充溢

在澄清了质的范畴的内涵及其对现象显现的影响之后，我们便可以

---

① 康德：《纯粹理性批判》，李秋零译，第 182 页。
② Jean-Luc Marion, *Étant donné*, p. 334.

对直观在质的层面的过剩和充溢进行设想，进而界定出相关充溢现象的基本特征。在康德的讨论中，直观在质（强度的量）上的贫乏界定了现象。马里翁指出，在这里我们可以设想一种可能性，即直观在质（强度的量）上的过剩，这种过剩达到这样一种程度，即在这种直观中，感觉（实在性）的强度超越了任何否定性和限定性（也就是说超越了质的范畴），超越了任何尺度，从而成为不能被测度的，成为不能被定义、不能被复制、不能被预先推定的。马里翁指出，直观在质（强度的量）上的这样一种过剩使现象的显现超越了自我的凝视的承受能力，而变得不可承受，从而一种新的充溢现象便自身给予和显现出来。

那么，这样一种不可承受的充溢现象与自我的凝视的相遇会产生什么样的效果呢？马里翁指出，"当凝视不能承受它所观看的东西时，它遭受着眩晕（l'éblouissement）"①。这里有两个层次的内涵。首先，充溢现象的不可承受性并不指向无法观看，相反，它指涉了某种方式的观看，因为只有观看了，只有去承受了现象的过剩的强度，现象才显现为不可承受的。其次，凝视的眩晕指涉了自我对强度过剩的充溢现象的观看方式并不同于对普通现象的观看方式。在对普通现象的日常观看中，自我凝视着现象，也就是说，自我把握现象、构造现象、照料现象，因此现象处于自我的控制下，在凝视式的观看中，自我处于主导性地位。然而，当面对充溢现象时，自我的这种主动性的凝视功能（构造功能）②便失效了，于是只能进行一种被动性的观看和接受。具体到此处情境，充溢现象的强度是过剩的，也就是说，作为可见者，它的可见性的强度是过剩的，这种强度过剩的可见性超越了自我的凝视的承受能力，于是自我只能以一种非凝视式的观看来接受这种强度过剩的可见性的荣光，接受其强加在自我之上的效果，也就是"遭受着眩晕"。

为了说明这种由可见性的强度过剩引发的眩晕的情形，马里翁列举

---

① Jean-Luc Marion, *Étant donné*, p. 335.
② 凝视功能与构造功能的等同性，参见 Jean-Luc Marion, *La croisée du visible*, pp. 11 - 46.（中译本参见马里翁：《可见者的交错》，张建华译，第 1 - 34 页。）

了不同的例子（如俄狄浦斯刺瞎双眼、爱的凝视、耶稣、柏拉图的洞穴之喻，等等），在这里，我们选取柏拉图的洞穴之喻来对其中的情形进行一番探究。在《理想国》中，柏拉图设想了这样一种情境：在一个幽暗的洞穴中有一伙囚徒，他们被束缚着，不能回头看到身后的火光和事物，而只能看到事物从他们背后经过时，火光映照在他们前面墙壁上的事物阴影。这伙囚徒常年凝视着这些阴影，习惯于它们，认为它们就是事物的本来面目。然而，如果哪天他们摆脱桎梏，会出现什么情况呢？柏拉图指出，当这些囚徒摆脱束缚而能够转头看向火光本身，并且能够走出幽暗的洞穴而进入洞穴外的世界，感受到阳光，进而看向太阳本身的时候，对于习惯于凝视阴影的囚徒来说，火光、阳光和太阳本身的光线强度都显得太过强烈，因此这些光线只会让囚徒们眼花缭乱（眩晕），让他们感到痛苦，让他们无力对其进行凝视。① 可以看出，从火光本身到阳光再到太阳本身，正是光线强度的增加和过剩，正是由于这种强度超越了习惯于凝视阴影的囚徒的凝视限度，囚徒的凝视才会眼花缭乱（眩晕），在这里，强度的过剩是凝视眼花缭乱（眩晕）的理由。因此，马里翁指出，柏拉图在此完美地描述了当直观的强度过剩时，或者说可见者的可见性强度过剩时，凝视所面临的眩晕。

然而，柏拉图的洞穴之喻与这里对充溢现象的现象学分析的关联并不仅限于此。马里翁指出，在柏拉图的分析中，眩晕并不是只适用于感性直观，它还适用于理智直观②，因为：一方面，在柏拉图的讨论中，囚徒从观看阴影到观看太阳的上升过程正是比喻灵魂从直观可见世界到直观可知世界的上升过程，而这种上升最终指向的是对善的理念的直观，也就是说，理智直观本来就被包含在柏拉图洞穴之喻的讨论中；另一方面，在柏拉图的讨论中，对可知世界的观看，对善的理念的观看，也就是说理智直观，也会迷茫、眩晕，但这并不是因为它缺乏光明，而

---

① 参见柏拉图：《理想国》，郭斌和、张竹明译，第 272–276 页。
② 参见 Jean-Luc Marion, *Étant donné*, p. 337。

是"由于离开了无知的黑暗进入了比较光明的世界,较大的亮光使它失去了视觉"①,也就是说,是因为可见性的强度过剩。因此,与感性直观中,凝视因被给予的直观的可见性强度过剩而眩晕一样,理智直观中,凝视也可因被给予的直观的可见性强度的过剩而眩晕。在这里,柏拉图的讨论正好对应了胡塞尔对直观的决定性拓展,它指涉了充溢现象的充溢性直观超越了感性直观这个界限,而马里翁正是以被给予性来统一这种超越了感性直观的直观,因此直观的过剩和充溢确切地说是被给予性的过剩和充溢,而这才是这种充溢和过剩的真正内涵。

至此我们便一般性地界定了直观从质的范畴层面进行充溢的可能性以及现象由此显现的特征。按照前面的讨论,直观的强度过剩可以是感性直观,也可以是理智直观。在马里翁对质的范畴层面的充溢现象的直接讨论中,作为艺术作品的绘画被作为这种充溢现象的典范,与此相应的充溢性直观就是感性直观。

那么,作为艺术作品的绘画(图像)在其自身显现中是如何展现这种质的范畴层面的充溢呢?它又具有怎样的现象特征和效果呢?它又为何能够被称作偶像呢?在接下来的两节,我们就进行具体讨论。

第二节 绘画(图像)作为偶像的显现机制

马里翁指出,作为艺术作品的绘画(图像)是通过一种完美的自身给予与显现来实现直观的质的范畴层面的充溢,进而成为典范性的偶像。为了理解绘画(图像)的这种完美的自身给予和显现的内涵,我们首先必须看一般而言事物是怎样显现的。在我们对世界事物的自然经验中,事物从来就不能在一个时刻就其自身而完全向我们呈现,而只能呈现一部分,另一部分则只能被我们意指、统现。马里翁以他阅读一本书

---

① 柏拉图:《理想国》,郭斌和、张竹明译,第277页。

为例来对事物的这种显现状况进行讨论。面对一本书,我们可以从两个层面讨论其显现状况。一方面,就书本身的内页来说,这本书不可能一下子完全亲身显现给我们,在任一特定时刻,我们都只能看到这本书的两个页面,即上一页的反面和下一页的正面,其他页面不能亲身呈现、亲身在场,而只能被我们意指、统现,因而是不在场的;纵使我们将所有书页铺展开,每个书页仍有一面不能被我们看见,不能亲身呈现给我们,而只能被我们意指、统现。另一方面,就整本书作为一个长方体而言,我们也不能一下子完全看见其整个外观,它所有的六个面每次最多只能向我们亲身呈现三个面,而另外三个面则只能被我们意指、统现。当然,在这里我们可以通过位置的改变(例如翻动书页,或翻动整本书,或调整我们自身的观看位置)而使之前不在场的、被统现的部分进入在场、呈现之中,但在这一时刻,之前在场、呈现的部分则会进入不在场之中,这本书同样不能就其自身而完全亲身呈现给我们。因此,马里翁总结说:"世界之中的所有显现都由呈现(la présentation)和统现(l'apprésentation)组成,它迫使呈现伴随着统现,在场(la présence)伴随着不在场(l'absence)。"①

其实,马里翁在此的讨论正好对应着胡塞尔对事物侧显和现象构造的讨论。正如前面我们已经讲到的,无论是在《逻辑研究》中,还是在《纯粹现象学与现象学哲学的观念》中,胡塞尔都在不断讨论事物侧显和现象构造,认为事物只能从某个视角向我们显现,而整个事物的显现则是以此视角的显现为基础而被我们统现、构造出来的。而在《笛卡尔沉思》中,胡塞尔更是谈到了在原初领域的基础上进行的对他人经验和躯体的统现,这种统现并不像对事物的经验中所进行的统现那样可以通过位置的改变或时间的推进而获得充实,而是永远不能充实的。② 然而,不管是否能够通过位置的改变而获得充实,呈现与统现、在场与不

---

① Jean-Luc Marion, *De surcroît*, p. 78.
② 参见胡塞尔:《笛卡尔沉思与巴黎讲演》,张宪译,人民出版社,2008,第145-148页。

在场的同在都指涉了事物显现中的一种不完美性。

马里翁指出，与世界事物的这种不完美显现相反，作为艺术作品的绘画（图像）则实现了一种只有呈现和在场而没有统现和不在场的显现，也就是说，实现了一种完美的现象显现，进而成为第一可见者和最可见者。那么，绘画（图像）是如何完成这种显现的呢？在这里，我们必须界定出绘画（图像）画面的显现场所。马里翁指出，绘画（图像）画面的显现场所就是由画框框定的平面，对于这个场所的界定来说，起关键性作用的正是这个画框。在这里，我们可以界定出这个画框的两个层面的关键性作用。首先，这个画框将绘画（图像）的画面从世界无止境的可见者之流中孤立出来，从而让凝视不再只是非专注性地观看这种可见者之流，接受这种可见者之流的影响，而是从可见者的量的过剩中退却，专注性地致力于画框框定的画面（图像）的可见者，接受这个可见者的影响。事实上，在马里翁看来，为了能对某个事物进行更为切近的观看，为了能够凝视某个事物，在这里也就是为了能够切近地欣赏绘画，我们需要从对世界的可见者之流的非专注性观看中退却，进而专注性地注视该事物（绘画）。① 其次，这样一个画框还隔绝了绘画（图像）与世界的关联，阻碍了凝视向作为正本的世界的回涉，使绘画（图像）不再只是世界之中的诸多事物之一，或者甚至只是这些事物的摹本，而成为一个与这些事物隔绝的独立世界。我们在后面将会看到，这一点对于绘画（图像）的偶像化来说是十分重要的。在这里，无论是从可见者之流的退却，还是对世界的隔绝，画框都凸显了绘画（图像）的画面，进而促使其成为凝视的唯一中心。②

然而，如果说画框具有上述两个关键性作用，那么它同样能够引起以下两个疑虑：首先，画框使凝视从可见者的量的过剩中退却，那么这会不会阻碍绘画（图像）实现其直观的充溢呢？其次，画框使凝视从可

---

① 参见 Jean-Luc Marion, *De surcroît*, pp. 67 – 71。
② 参见上书，第 77 页。

见者之流和世界事物（对象）的观看中退却，从而使绘画（图像）的画面成为凝视的唯一中心，但是单凭画框，这种作用和效果似乎并不能持久，因为纵使画框让凝视转向画面，但如果画面没有任何能够留住凝视的东西，凝视仍然可以离开，可以转向其他事物，仍然可以进入可见者之流的非专注性观看中，更不用说被充溢了。针对这些疑虑，马里翁指出，画框并不会影响绘画（图像）的充溢，因为在画框框定的场所中，绘画（图像）通过完美的显现实现了一种新的充溢，即可见者的质（强度的量）的充溢，而且由于上述两个关键性作用，由于画面成为凝视的唯一中心，画框促成了绘画（图像）画面的这种完美显现，进而促成了这种可见者的质（强度的量）的过剩。也就是说，马里翁并未将绘画（图像）画面的完美显现及其充溢归因于画框，在这里画框的真正作用在于界定了画面显现的场所，并促成了画面的完美显现和直观充溢。因此，画面本身的完美显现以及画框对这种显现的促成作用还有待说明。

那么，绘画（图像）的完美显现是如何在画框框定的场所内实现的呢？在这一实现过程中，画框的上述两个关键性作用又是如何发挥其促成功能的呢？这里首先涉及画家的作用。根据马里翁的相关讨论，我们可以将画家的作用简单地概括为猎取未被见者，并将其带入可见性，带入画框框定的画面，画家就是"未预料到的未被见者的猎人"①。那么，如何理解这种作用的确切内涵呢？或者说，这种作用是如何实现出来的呢？这里就涉及非常复杂的运作。根据马里翁的讨论，我们可以从以下四个层面进行说明。

首先，画家进行着一种探险，即越过可见性的界限而深入未被见者的晦暗中进行探寻，甚至深入可见者与未被见者分化之前的晦暗中进行探寻。② 画家为什么要进行这样一种探险呢？这与人们对绘画的可见者的期待有关。马里翁指出，如果只是想看见平常的可见者，人们并不需

---

① Jean-Luc Marion, *De surcroît*, p. 86.
② 参见 Jean-Luc Marion, *La croisée du visible*, pp. 52-53.（中译本参见马里翁：《可见者的交错》，张建华译，第 39 页。）

要画家的介入,因为人们能够依据日常可见者的逻辑,能够依据自身的预见能力和构造能力,使这些可见者显现出来,观看到这些可见者,甚至在可见者亲身显现之前,在亲身与可见者相遇之前,人们就能预见到即将见到的可见者。也就是说,日常可见者处于人们的掌握中,人们凭借自身的能力就能观看到它们。

然而,在面对绘画(图像)时,人们却有着不一样的期待,人们凝视绘画"只不过是为了看到与我们这边可见的东西不同的事物……只是为了看到我们的观视在此之前依然无法接近的可见者"①,也就是说,人们希望在绘画那里看到全然新颖的可见者,看到超出人们预见能力和构造能力的可见者。因此,为了实现人们对绘画的这种期待,也就是为了给绘画带来全然新颖的可见者,画家就不能停留在日常可见者的逻辑中,不能停留在对日常可见者的预见和构造中,而需要深入未被见者那里进行探寻(这个未被见者还不是可见的,还没有被预见到,但却能够变得可见,它自身欲求变得可见),深入一切还未区分的晦暗混沌中进行冒险。马里翁甚至将这种晦暗混沌等同于上帝创世前的混沌。②

其次,画家的探寻并不是按照预期去主动性地选择和制作未被见者,而是进行着自我牺牲。在画家深入未被见者的晦暗中进行探寻之前,未被见者已经不可逆转地自身给予自身,已经超越人们可能的预见而自身给予自身,也就是说,已经成为自身被给予物,它们只是在等待显现的契机,即进入可见性的契机。③ 面对这样一种超越任何预见的、在先的自身被给予物,画家只有放弃任何预期,放弃自我,牺牲自我,纯粹被动地接受未被见者的自身给予和强加,才能深入并发现它们的新颖性,并最终将这些全然新颖的被给予物带入画面的可见性。画家的自我牺牲越彻底,对未被见者的探寻就越深入,最终揭示的可见者就越新

---

① Jean-Luc Marion, *La croisée du visible*, p. 50. (中译文见马里翁:《可见者的交错》,张建华译,第 36 页。)
② 参见上书,第 52—53 页。(中译本参见马里翁:《可见者的交错》,张建华译,第 39 页。)
③ 参见 Jean-Luc Marion, *De surcroît*, p. 61。

颖，从而其作为画家的力量也就越强大。当然，画家可以坚守自我，按照预期对未被见者进行选择和制作。然而，他一旦这样做，便会错失自身给予的未被见者自身，错失揭示全然新颖的可见者的可能性，从而使绘画（图像）沦落为一种复制，进而落入日常可见者的逻辑中，无法满足人们对绘画（图像）的期待。因此在这里，画家只有放弃自我的期待，进而放弃自我，才能满足人们对绘画（图像）的期待，才能履行其作为画家的职责。

再次，画家的自我牺牲的探险最终旨在打开可见者与未被见者之间的界限，让未被见者不可预知地自我降临在画面上。画家深入未被见者的晦暗中，深入一切未区分的混沌中，进行自我牺牲式的探寻，当然不是为了一直沉溺在这种晦暗混沌中，而是"摸索着把未被见者从古老的晦暗一个接一个地引向可见性的光明。在一幅画框的范围内，他把这种未被见者带向光明"①，也就是让自身给予自身的未被见者自身显现出来。在这里，画家是"把未被见者通向可见的途径加以筛选的守门人，进入场景的一切入口的主宰者，看管显现之边界的护卫者"，"画家控制着未被见者通向可见者的门径"②。然而，画家之所以具有这样大的权力，只是由于他通过对未被见者的自我牺牲式的探寻，充分接受了自身给予自身的未被见者，也就是说，自身给予自身的未被见者已经在画家身上留下了充分的印记。因此，画家权力的真正行使并不在于主动性地预知、构造一个日常可见者，而在于冲破可见者与未被见者之间的界限，让自身给予自身的未被见者借由他（画家）的画笔自我显现、自我强加、自我降临在由画框框定的画面上，画家就是在画面上纯粹被动地记录下这种自我显现、自我强加、自我降临。

最后，通过这一系列探险和活动，画家创作了绘画（图像），创造

---

① Jean-Luc Marion, *La croisée du visible*, p. 53.（中译文见马里翁：《可见者的交错》，张建华译，第39页。译文有改动。）

② 同上书，第52页。（中译文见马里翁：《可见者的交错》，张建华译，第38页。译文有改动。）

了绝对新颖的可见者。① 同日常观点一样，马里翁也认为画家创作了绘画（图像），但是对于这种"创作"（produire）的内涵，马里翁却有着与日常观点不一样的理解。在日常观点中，创作往往意指主动性的构造、制作，是主体按照某个意向、预期、目的等制造某种东西，因此画家创作绘画（图像）在某种意义上就成了画家按照自己的某个构想而主动性地将某幅图景绘制出来。马里翁认为，这种意义上的创作其实只是"复制"（reproduire），它并没有逃脱日常可见者的逻辑。在马里翁对绘画（图像）创作的理解中，创作不是构造某个东西，而是意指使某个不可见也无法预见的东西进入可见性，使其自身显现出来，从而在可见者之中增加一个原来不存在也无法预见的绝对新颖的成员，这类似于上帝从无到有地创世，"真正的画家享有一次创世（Création）的简单秘密，因为他并不是复制什么，而是进行创作"②。因此，在这里，画家创作了绘画（图像），创造了绝对新颖的可见者，也就是说，画家通过自身的探险和活动，通过自己的画笔的运动，在画框框定的画面上被动地记录下了不可见也无法预见的未被见者的自我降临，让其不可预知地自我显现出来，让其从不可见的晦暗进入可见性的光芒中，从而使一幅绘画（图像）——一种无法预见的全然新颖的可见者——从无到有地被置入世界的可见者之中。

可以说，正是画家所揭示的这样一种自我显现、自我强加、自我降临的绝对新颖的可见者，实现了绘画（图像）的完美显现，进而实现了绘画（图像）的可见者在质的范畴层面的充溢。那么，如何界定这种可见者呢？根据马里翁的讨论，首先，这种可见者的自我降临冲击和扰乱了日常可见者及凝视的秩序，也就是冲击和扰乱了构造秩序。在日常的现象构造中，呈现伴随统现，可见者伴随不可见者，我们总是根据已经

---

① 参见 Jean-Luc Marion，*La croisée du visible*，p. 56（中译本参见马里翁：《可见者的交错》，张建华译，第42页）；Jean-Luc Marion，*De surcroît*，p. 86。

② Jean-Luc Marion，*La croisée du visible*，p. 56.（中译文见马里翁：《可见者的交错》，张建华译，第42页。）

呈现的东西来预测未被呈现但却可以进入呈现的东西，统现它们，日常的现象构造就是按照这样一种秩序和谐而平庸地进行着。然而，在绘画（图像）的显现中，可见者却突然从无到有地不可预知地降临，在我们未预料到的地方、以我们未预料到的强度和形象自我降临，进而突然闯入我们日常的现象构造，使我们和谐而平庸的构造秩序被迫中断，被迫重新进行调整，使我们的凝视因可见者的绝对新颖性而慌乱，进而很难凝视某个对象。

其次，通过这种绝对新颖的可见者的自我显现、自我强加、自我降临，"被统现之物趋向消失"①，只剩下被呈现之物独自显现。如果说绝对新颖的可见者的不可预知的自我降临对构造秩序的冲击和扰乱，使正在进行的现象构造被迫中断，那么它同样也让这种构造无法再次运作起来。作为艺术作品的绘画（图像）显现的可见者是绝对新颖的，这种新颖性首先指涉它在可见性的强度上要超越周围的任何可见者，进而超越世界之中的日常可见者，就像在洞穴囚徒的眼中，洞穴中火把的火光以及洞穴外的阳光和太阳本身的可见性超越洞穴中的阴影一样。这样一种强度过剩的、绝对新颖的可见者完全铺展在绘画（图像）的画面上，没有留下任何空隙或虚空，也就是没有留下任何有待去充实的匮乏之物（被统现之物），一切都被充分而过度地呈现在画面上；而面对这样一种可见者，主体也因其绝对的新颖性、强度过剩的可见性而无法将其作为事物的某个侧面，进而超越它去统现、意指其他暂时不可见但却可以通过位置的改变而变得可见的侧面（未被见者），而是只能停驻于它，接受其过剩的显现。也就是说，在绘画（图像）的显现中，只有呈现独自运作，统现不再有任何位置和作用。因此，马里翁讲到，绘画（图像）"通过排除可统现者，将对象还原成在其之中的可呈现者；简而言之，它撕扯开对象，以便将其还原成在其之中的可见者，还原成没有任何剩

---

① Jean-Luc Marion, *De surcroît*, p. 78.

余的纯粹可见者"①。马里翁指出，如我们在立体主义绘画中所看到的那样，为了实现对统现的排除，绘画甚至不惜扭曲自然视觉的秩序，将某个时刻只能被统现的东西以呈现的方式与此刻呈现的东西并置，将各种相悖的呈现之物并置。②

那么，这种对统现的排除和呈现的独自运作意味着什么呢？马里翁指出，这些排除和运作意味着作为偶像的绘画（图像）实现了一种完美的显现，即一切都被呈现在绘画（图像）的平面上，都被呈现给观者的凝视，在绘画（图像）中再也没有不可见者、深度、晦暗、虚空等的位置。在这里我们可以从不同的角度进行理解：从给予与显现的关联来说，完美的显现意味着所有被给予的东西都显现出来了，没有被给予物停留在未被见者的状态，停留在不可见的晦暗中，在被给予物和显现者之间不存在间距；从与其他可见者的关联来看，绘画（图像）比其他任何可见者都更为可见、更为完美，它因这种完美的显现而成为第一可见者和最可见者；从其在现象学的现象中的地位来看，绘画（图像）是一种被完美还原的现象，它实现了现象学还原的理想，它是被还原成纯粹可见性的现象。③

第三节　绘画（图像）偶像作为自我的外观

作为艺术作品的绘画（图像）实现了完美的显现，它是第一可见者和最可见者。那么，这样一种可见者会带来什么样的效果呢？根据马里翁的讨论，我们可以从两个角度界定出绘画（图像）的两个效果：一方面，在与世界及其可见者的关联中，绘画（图像）偶像褫夺了世界的正

---

① Jean-Luc Marion, *De surcroît*, p. 79.
② 参见上书，第 80 - 81 页。
③ 参见上书，第 84 - 85 页。

本地位，掌控了现象的显现，即"掌控了现象性"①；另一方面，在与作为观者的自我的联系中，绘画（图像）偶像测度了自我的限度，使自我陷入唯我论的罗网，并最终界定了自己本身的界限和伦理学境遇。下面，我们就分别对这两个效果进行具体讨论。

一、绘画（图像）偶像与世界的现象性

在这里，我们先看第一个效果，即通过与世界及其可见者相关联来界定绘画（图像）偶像的效果。绘画（图像）偶像会给世界及其可见者带来什么效果呢？

毫无疑问，绘画（图像）通过自身给予和显现，为世界增加了绝对新颖的可见者，并扰乱了世界的日常可见者秩序。绘画（图像）所显现的可见者并不是按照世界的日常可见者秩序来安排的，而是从未被见者的晦暗中突然不可预知地自我给予和涌现出来的。一方面，我们在世界的日常可见者中未曾见到这种突然涌现的可见者；另一方面，我们也未曾依据任何世界日常可见者的逻辑预见到它，它超越我们的预见。这种既未曾见过也未曾预见过的绝对新颖的可见者就超越了世界日常可见者的运作逻辑，它的突然涌现也就为世界增加了一种绝对新颖的可见者，同时冲破了世界日常可见者的现有逻辑，使世界和主体只能被动地接受它，并试图在这种接受的基础上把握它，从而建构新的可见者的秩序。

然而，绘画（图像）偶像对世界及其可见者带来的影响并不限于为它们带来一种绝对新颖的可见者。由于其绝对新颖性，由于其完美的显现，绘画取代和隔绝作为正本的世界，成为独一无二的正本。马里翁以帕斯卡尔的这样一段话来讨论绘画（图像）的这种效果："绘画是何等之虚幻啊！它通过事物的相似物（la ressemblance）而引人称赞

---

① Jean-Luc Marion，*De surcroît*，p. 74.

（l'admiration，敬仰），但作为正本的事物人们却毫不称赞。"①

那么，如何理解这段话的确切内涵呢？马里翁指出，在这里首要的是必须避免"对绘画的一种模拟的并且因而是表面的理解"②，即认为帕斯卡尔在此重复了柏拉图对绘画（图像）的形而上学理解，重复了柏拉图对绘画（图像）的指责。正如前面所讲，柏拉图在《理想国》中指出，绘画（图像）只是对现实事物的模仿，而现实事物又是对理念的模仿，因此绘画（图像）是模仿的模仿，跟真理隔着好几个层次，它并不能揭示真理，我们不应当被绘画（图像）魅惑，而应当关注真正真实的理念。尽管帕斯卡尔在此对绘画（图像）虚幻性的指涉看似与柏拉图的观点正相对应，但是马里翁指出，这样一种理解其实模糊了帕斯卡尔这段话的焦点。因为帕斯卡尔在此并不是想讨论绘画（图像）与正本之间的关联，即两者之间的模仿、相似关系，"la ressemblance"（相似物、相似）这个词在这里也不是用来指涉这种关系的。在马里翁看来，帕斯卡尔在此关注的是绘画（图像）与正本之间的差异性，或者更具体地说，是作为相似物的绘画（图像）与正本之间在引发称赞（敬仰）时的差异性。③

那么，这种差异性到底在哪里呢？帕斯卡尔已经明确指出来了：人们称赞作为相似物的绘画（图像），而不称赞作为正本的事物，也就是说，作为相似物的绘画（图像）独占了称赞（敬仰），而作为正本的事物失去了这种称赞（敬仰）。马里翁指出，"由于称赞（敬仰）意味着一种观看方式"④，所以帕斯卡尔在此是说，作为相似物的绘画（图像）比作为正本的事物吸引了更多的凝视，甚至独占了观者的凝视。为什么

---

① 由于马里翁在接下来的讨论中直接依据了法文原文的词语和语序，所以在这里，我们依据法文对这段话进行了直译，中译本原文为："绘画是何等之虚幻啊！它由于与事物相像而引人称赞，但原来的事物人们却毫不称赞。"（帕斯卡尔：《思想录》，何兆武译，商务印书馆，1985，第71页）

② Jean-Luc Marion, *De surcroît*, p. 72.

③ 参见上书。

④ 同上。

会这样呢？因为作为相似物的绘画（图像）实现了"可见性的重心的颠倒"①，即可见性的重心从作为正本的世界转向了作为相似物的绘画（图像）。

我们可以从两个方面对此进行说明。一方面，按照绘画（图像）本身的自我给予和显现，在作为相似物的绘画（图像）中，可见者在进行着强度过剩的显现，绘画（图像）散发着强度过剩的可见性的荣光，相比于作为正本的世界及其事物，绘画（图像）可见得多，在与绘画（图像）的对比中，作为正本的世界及其事物就会显得晦暗，就会丧失吸引力。因此，这种强度过剩的可见者完全吸引了观者的凝视，让观者的凝视专注于它，被它吸引，从而忘却作为正本的世界及其事物。另一方面，绘画（图像）本身的机制也在强化这种对正本的遗忘。绘画（图像）以画框框定了一个自身显现的场所，并且与外在世界分隔开，形成一个独立的世界。在这里画框形成了一种隔绝机制，它时刻都在促使绘画（图像）停留在自身的画面可见性之内，阻止其回涉某个存在者层次的正本（l'original ontique），阻止绘画（图像）成为某个正本的再现、复制或象征，也就是阻止其指涉自身之外的世界及其可见者，从而将绘画（图像）封闭在自身的独立空间之内，进而独享可见性的荣光。同时，绘画（图像）的画框和过剩的显现也在阻止观者的凝视进行这种回涉，绘画（图像）是一块屏幕，它封闭观者凝视的范围，促使观者的凝视停留在画面上，将其作为独一无二的可见者。

以这样两个方面的运作为基础，作为相似物的绘画（图像）既遗忘了存在者层次的正本，即世界及其可见者，又封闭了向这种正本所可能进行的回涉，它独享了之前投向这个正本的所有凝视，独享了之前分散在这个正本中的可见性的荣光，在它面前，作为正本的世界及其可见者不再可见，不再被凝视，而是落入不可见的晦暗中，消失不见了。由

---

① Jean-Luc Marion，*De surcroît*，p. 73.

此，绘画（图像）也就"不再相似于任何东西"①，而是成为独一无二的可见者，成为独一无二的可见性的中心，成为观者的凝视的中心，成为一个独自显现的纯粹外观（la pure semblance），进而取代了存在者层次的正本——世界及其可见者——的位置，成为独一无二的现象正本（l'original phénoménal）。

　　作为独一无二的、独自显现的纯粹外观，绘画（图像）不仅封闭和取代了世界及其可见者的位置，而且掌控着现象性。绘画（图像）的显现是完美的，也就是只有呈现而没有统现。与之相反，世界及其可见者的显现则是有缺陷的，即总是呈现伴随着统现。对比两者所完成的现象性，我们可以看出，是绘画（图像）掌握了现象显现的秘密，掌握了现象性的秘密，并处在现象性的顶端，绘画（图像）完成了世界及其可见者的显现理想，并为它们的显现提供了完美典范，世界及其可见者在追求这种理想，在试图模仿并达到这种完美的显现。在这里同样实现了一种颠倒：就现象性来说，绘画（图像）偶像是世界及其可见者的理念和正本，世界及其可见者在模仿绘画（图像）偶像的现象性，而不是相反。由此，马里翁指出，绘画（图像）偶像掌控了现象的现象性，正是绘画（图像）偶像"在每一时期都统治着自然可见者，统治着被构造的对象的显现，并且迫使我们从它们的魅力（la fascination）所强加的范例出发来观看所有事物"②。

　　至此，我们终于界定了绘画（图像）偶像对世界及其可见者的影响。然而，这并不是绘画偶像的全部效果，在同作为观者的自我的关联中，绘画（图像）偶像将会展现出更深的影响，并且也会将自身的限度暴露出来。

---

① Jean-Luc Marion, *De surcroît*, p. 73.
② 同上书，第 86 页。

二、绘画（图像）偶像与自我的自我性

那么，绘画（图像）偶像在与作为观者的自我的关联中会具有什么样的效果呢？在这里，要想澄清这种效果，我们必须界定出作为观者的自我是如何观看、凝视绘画（图像）偶像的。前面我们已经指出了观者对绘画（图像）偶像的这种观看、凝视方式，即称赞（敬仰）。但是对于这种方式的具体内涵，我们却未进行明确揭示。那么，如何理解这种作为称赞（敬仰）的观看、凝视方式呢？马里翁指出，首先，这种作为称赞（敬仰）的观看方式并不是一种单纯的、非专注性的观看，而是一种专注性的凝视。绘画（图像）以自身的画框隔绝世界及其可见者，并从可见者之流中将自身的画面凸显出来，从而让观者的目光脱离对可见者之流的漫无目的的观看，转向对绘画（图像）画面的专注性的凝视。同时，绘画（图像）拥有着突出的可见性，拥有着足够的可见性魅力，能够让观者的凝视在看向它之后停驻于它，而不是继续转向另一个平庸的可见者，进而再次进入对可见者之流的非专注性的观看。

其次，这种专注性的凝视并不能构造绘画（图像）的可见者，而是任由绘画（图像）的可见者充溢。绘画（图像）的画框以及画面的可见性魅力促使观者转向对绘画（图像）的专注性的凝视。然而，面对绘画（图像）所给予的可见者，观者的凝视却不能像在面对一个对象时那样来把握、构造这种可见者，因为绘画（图像）所显现的是强度过剩的可见者，这种可见者超越了观者凝视的构造能力。当观者凝视绘画（图像）画面时，绘画（图像）画面的强度过剩的可见性光辉一下子自我强加给观者的凝视，而观者的凝视则因无法承受而进入一种眩晕状态，从而无法主动地把握、构造这种可见者，而只能纯粹被动地接受这种可见者的自我强加和自我涌现。马里翁指出，可以将绘画（图像）偶像比喻成一块屏幕，因为它以其独一无二的强度过剩的可见性魅力充溢、包围、魅惑、冻结，甚至灼伤了观者的凝视，同时阻挡了观者凝视的任何

穿透和指涉功能，使这一凝视只能停留和痴迷于其自身独一无二的可见性魅力，而无法穿透绘画（图像）指涉任何绘画之外的可见者和不可见者。

再次，马里翁指出，作为称赞（敬仰）的观看是"凝视所可能进行的最强大的运用"①。绘画（图像）偶像显现了强度过剩的可见者，面对这样一种独一无二的可见性光辉，观者的凝视为了能够接受这种光辉，必然要进入一种毫无保留的极限运作中，也就是进入"最强大的运用"，进入对绘画（图像）偶像的称赞（敬仰）。而这也会带来另一个效果，即通过凝视的这样一种极限运作，这样一种"最强大的运用"，凝视的尺度和范围被完全暴露出来。也就是说，偶像测度了观者凝视的能力，"反映着凝视的范围"②，进而反映了作为观者的自我的限度，通过对绘画（图像）偶像的凝视和接受，作为观者的自我的限度和范围被测度出来。因此，马里翁讲到，绘画（图像）偶像是不可见的镜子，它反映着我所能承受的现象性的最大限度，关系到"我的自我性（l'ipséité）真理"，"它暴露我的欲望和我的期望。我所凝视的可见者决定着我是谁。我就是我所凝视之物。我所称赞（敬仰）之物审判着我"③。

绘画（图像）偶像对作为观者的自我的限度和范围的这样一种测度与反映，也将绘画（图像）艺术自身涉及的问题域范围反映了出来。在传统的思考和讨论中，绘画（图像）问题总是仅仅被当作美学问题。然而，在这里我们可以看出，绘画（图像）问题远远超出了美学的范围，而进入伦理学领域，因为它与自我的自我性、与自我的形象和限度存在着本质性的关联。一方面，绘画（图像）偶像本身的显现就涉及伦理选择的问题。绘画（图像）偶像总是想要展现各种伦理境遇，"彻底现象化伦理境遇"④，而选择什么境遇以及以何种方式来进行这种展现和现

---

① Jean-Luc Marion, *De surcroît*, p. 73.
② 同上书，第21页。
③ 同上书，第76页。
④ 同上书，第76页。

象化必然会涉及伦理选择的问题。同时，在与作为观者的自我的关系中，绘画（图像）偶像充溢、魅惑、测度着自我，也就是说，它不可回避地影响着与其有别的观者，它在自身的画面中向观者的凝视提供的东西不同，给观者造成的影响也必然不同，由此这也不可避免地涉及其伦理责任。

另一方面，绘画（图像）偶像对观者的影响也为观者的伦理行为提供了某种可能性。绘画（图像）偶像以自身突出的可见性光辉取代了世界及其可见者的位置，使自身成为独一无二的、具有优先性的正本，进而吸引了观者的凝视，使观者从对世界及其可见者的凝视中转向对绘画自身的纯粹可见者的凝视，并专注于这种可见者，停驻于这种可见者，从而遗忘世界及其可见者，从世界及其可见者中脱身。马里翁指出，在这里，绘画（图像）偶像其实实现了一种解放，即将观者的凝视从世界及其可见者的必然性中、从自然的必然性中解放出来。以这样一种解放为基础，观者也就获得了某种程度的自由，进而具有了伦理选择和行为的可能性。因此，马里翁说："这种解放还未明显地就其自身而言完成一种伦理行为（并且也许将会禁止这种行为），但是它……将我们置入一种姿态，在那里一种凝视的伦理学至少能够成为可能的。"① 在这里，我们可以明显地看到康德的回响。

最后，绘画偶像不仅要求观者的凝视，而且要求观者的重复凝视。绘画（图像）偶像是独享可见性荣耀的独一无二的可见者，它的可见性光辉在强度上是过剩的，这种过剩的可见性远远超越作为观者的自我的凝视和接受能力，因此，与对作为对象的现象的凝视不同，自我永远不能在一次凝视中就完全接受或者甚至把握绘画（图像）偶像，而是需要不断地对绘画（图像）偶像进行凝视，不断地接受绘画（图像）偶像的强度过剩的可见性的影响。在这里，我们可以从不同角度界定出观者的重复凝视的不同层面的内涵。

---

① Jean-Luc Marion, *De surcroît*, pp. 76–77.

从绘画（图像）偶像与观者的位置的角度看，绘画（图像）偶像要求观者去（aller）观看、凝视它，要求观者去趋向它，而不是相反，即让自身的画面去趋向观者，也就是说，在这种不断凝视的关系中，绘画（图像）偶像始终处于中心地位。马里翁指出，哪怕是绘画（图像）的收藏者也不能占有绘画（图像）偶像本身，进而让自己成为绘画（图像）偶像的中心。当他声称自己占有绘画（图像）时，他所占有的其实只是被还原成某个对象、物品的可见者，而不是作为充溢现象的绘画（图像）偶像。绘画（图像）偶像本身总是时时刻刻地想要逃脱这种占有，想要从收藏者晦暗的收藏室中逃脱出来，进入公开地展览、展现中，进而成为观者目光的中心，要求观者去趋向它、凝视它。

从观者的数量来看，绘画（图像）偶像不仅要求我去对其进行不间断的凝视，而且要求其他人也去对其进行不间断的凝视，也就是说，绘画（图像）偶像要求不同的观者、不同的自我不间断地凝视它。绘画（图像）偶像不只是对某一个自我显现，而是对所有自我显现，它以自身独一无二的可见性荣耀吸引所有自我去凝视它；同时它的可见性光辉也不只是相对于某一个自我而言是强度过剩的，而就其自身而言就是强度过剩的，也就是说，对于每一个前来凝视它的自我而言都是强度过剩的，因此每一个不同的自我都不能通过一次凝视而接受、把握住它的过剩的可见性，而是需要不断地去凝视它。

那么，这样一种对绘画（图像）偶像的不断凝视具有什么样的特征呢？这种凝视又会带来什么样的效果呢？根据马里翁的讨论，我们可以界定出两个方面的特征。一方面，马里翁指出，每一个重复进行的凝视都不是在继续之前的凝视，而绘画（图像）偶像本身也不能通过不同凝视所获得的效果的叠加而得到完全理解，也就是说，绘画（图像）偶像的整体并不是不同凝视效果的总和。对于绘画（图像）偶像的每一个重复凝视都是从一个或多个不同的视域和概念而重新进行的全然新颖的凝视，都是一种新的开始，因而也是对绘画（图像）可见者的全然新颖的接受和揭示。如果从绘画（图像）偶像的角度说，那么在观者每一次进行重复凝视时,绘画(图像)都是在进行一次全然新颖的显现,都是在全然新颖地发生、不间断地发生。在绘画(图像)偶像与观者的每一重复凝视之间,都会"发生一种新颖的、不可重复的和不可取代的相遇"①。因此,在这里,绘画(图像)显示了其不可磨灭的事件性(l'événementialité)特征。

另一方面,对绘画(图像)偶像的不间断的重复凝视都是个体化的。前面我们已经指出,绘画(图像)偶像同自我的自我性相关联,对绘画(图像)偶像的凝视要求作为观者的自我的凝视的极限运作,通过这种极限运作,绘画(图像)偶像测度了自我的极端限度,反映了自我的极端形象。同样,在对绘画(图像)进行不间断的重复凝视时,由于每一次重复凝视都是全然新颖的开始,由于每一次绘画(图像)的可见性光辉都超越自我凝视的能力,所以每一次重复凝视都是一种极限运作,都会测度出自我的一个极端限度,反映出自我的一个极端形象。实际上,绘画(图像)偶像与自我个体的关联是本质性的,这不仅体现在它对自我的自我性的界定上,而且体现在自我对其凝视的每一瞬间。绘画(图像)每次都是以自身的可见性光辉吸引一个自我去凝视,而自我都是从其本己的视域和概念出发,从其本己的能力出发去凝视绘画(图像)偶像。绘画(图像)偶像向一个自我个体显现,而一个自我个体则从自身出发接受绘画(图像)偶像的显现。因此,马里翁指出,对绘画(图像)偶像的凝视是全然个体化的,是绘画(图像)偶像而不是存在(l'être)界定出了自我的向来我属性(Jemeinigkeit)。② 绘画(图像)偶像就是自我的外观(la façade)。

那么,这种不间断的个体化凝视会带来什么样的效果呢?在这里很明显的是,通过这种不间断的重复凝视,自我的不同限度都被测度出来,自我的不同的极端形象也会被界定出来,这些不同的极端限度和极

---

① Jean-Luc Marion, *De surcroît*, p. 88.
② 参见 Jean-Luc Marion, *Étant donné*, p. 377。

端形象进而环绕着自我，构成一张无法逃避的罗网，将自我网罗于其中，使自我只能面对自身，而无法逃向他处。因此，马里翁指出，"偶像引起一种无法逃避的唯我论（le solipsisme）"①，具有事件性特征的绘画（图像）偶像并未像狭义的事件那样导向客体间性。

正是在这里，我们可以看出绘画（图像）偶像的限度。绘画（图像）偶像界定出自我的自我性，由于其与自我的自我性的这种关联，它不可避免地涉及伦理责任，同时由于它对自我凝视的解放，它也为自我提供了某种程度的自由，进而使自我的伦理行为成为可能。但是，绘画（图像）偶像最终导向的却是将所有可见者都还原成自我的外观，并迫使自我进入一种无法逃避的唯我论中。在这里，他者的面容也被还原成自我的外观，也就是说，他者自身再也不能就其自身而显现，在绘画（图像）偶像中，再也没有他者的位置。因此，在这里，绘画（图像）偶像同样进入了一种不可避免的伦理困境。这种伦理困境迫使我们探究不同于偶像模式的图像显现模式，不同于偶像模式的现象和可见者模式，而这就是马里翁在第四种充溢现象中讨论的作为他者的面容的圣像。

---

① Jean-Luc Marion, *Étant donné*, p. 377.

第七章 圣像作为他者的面容

我们终于依据马里翁的分析推进到对超越对象性的第二种图像显现模式——圣像（l'icône）——的讨论中。同偶像一样，圣像也是马里翁从前期到后期一直讨论的一个重要问题，而且这种讨论存在着明显的变化。在前期，马里翁主要在神学的视域下讨论圣像的问题，圣像是作为上帝的面容而出现，圣像的问题主要作为一个神学问题而被关注。而到后期，马里翁的注意力越来越多地转向现象学，并实现现象学突破，创造性地提出"充溢现象"概念，从而将现象学推至新的可能性，即被给予性的现象学。此时，马里翁主要在现象学的视域下讨论圣像的可能性，圣像是作为第四类充溢现象而出现。但即使是现象学突破之后，马里翁对圣像的规定还是在变化。在突破初期，圣像包含启示现象；到突破后期，启示现象则被分离出来，作为现象的一种极端可能性而出现，圣像则主要是作为他者的面容。①

当然，在这种讨论视域变化的情况下，我们也能从马里翁对圣像的

---

① 有关这种变化的更详尽的讨论，参见 Robyn Horner, *Jean-Luc Marion: A Theo-logical Introduction*, pp. 128 – 132; Robyn Horner, "The Face as Icon: A Phenomenology of the Invisible," *Australasian Catholic Record* 82, no. 1 (2005): 19 – 28。

分析中界定出某种统一性。在早年的《无需存在的上帝》中，马里翁指出，圣像作为"关涉到神圣者的标记"①，规定了可见者为了不可见的神圣者而存在的一种方式。也就是说，作为可见者的圣像，并不将自身的可见性限定在自身之内，而是指涉自身之外的不可见的神圣者。② 因此，在圣像这里，最为核心的任务是在自身的可见者中"使不可见者本身成为可见的"③。及至在《可见者的交错》中，马里翁指出，在这里讨论的圣像并不是某种特殊的绘画，而是"一种关于图像的可见性的教义，更准确地讲，是关于这种可见性的用法的教义"④。也就是说，在此马里翁以圣像的名称探寻的是一种独特而新型的图像模式，是可见性的一种新的用法。而对于可见性来说，其用法又是在与不可见性的相互关系中展现的，可见性的用法关联到不可见性的本质和用法，进而关系到可见性与不可见性的关系。因此，作为图像的圣像的核心问题在于可见性与不可见性的关系以及各自的本质和用法。圣像作为一种独特的图像模式，展示了可见性与不可见性的一种独特的关系模式及其各自的独特本质和用法。在后期的《既给予》和《论过剩》中，圣像被作为第四类充溢现象。在讨论这类充溢现象时，马里翁都是以讨论可见者和不可见者而开始，并且试图在作为可见者的圣像中显现一种独特的不可见者的种类。因此，我们可以看出，从前期到后期，在马里翁的讨论中，虽然讨论圣像的视域发生了变化，但他处理圣像时所依据的问题是一致的，这个问题就是可见者与不可见者的关系问题。对于马里翁来说，圣像意味着一种独特的可见者与不可见者的关系模式和配置状况，这种关系模式和配置状况能够在自身的可见者中使不可见者本身可见，从而为我们提供关于图像乃至整个现象的一种新的可能性，一种非形而上学的可能性。

---

① Jean-Luc Marion, *Dieu sans l'être*, p. 16.
② 参见上书，第 16 – 17 页。
③ 同上书，第 29 页。
④ Jean-Luc Marion, *La croisée du visible*, p. 106.（中译文见马里翁：《可见者的交错》，张建华译，第 87 页。译文有改动。）

那么，这样一种关系模式和配置状况意味着什么呢？圣像如何展示与实现可见者与不可见者的这样一种新的关系模式和配置状况呢？综合马里翁对圣像的讨论，我们在这里将主要以其现象学突破的后期为基础，在现象学的限度内讨论作为图像全新显现可能性的圣像，同时也引入马里翁前期对圣像的一些讨论。以这样的限定为基础，我们将主要依据作为第四种充溢现象的圣像来回应上述问题。根据马里翁的规定，这种圣像就其本质而言就是一副他者的面容。

第一节　康德模态的范畴的内涵及充溢机制

在马里翁的分析中，圣像是从模态（la modalité）的范畴层面进行充溢的充溢现象，因此在具体讨论圣像的运作机制、现象特征以及效果之前，我们首先要对康德模态的范畴的内涵及其对现象显现的影响进行简要的概述，进而在此基础上一般性地讨论对模态的范畴进行充溢的可能性。

一、模态的范畴的内涵及其对现象显现的影响

模态的范畴是康德的四组知性范畴中的第四组范畴，这组范畴包含可能性与不可能性、存在与不存在、必然性与偶然性三对范畴。① 康德指出，与前面三组范畴相比，"模态的各范畴自身具有特殊的东西：它们作为客体的规定丝毫不扩大它们作为谓词所附属的概念，而是仅仅表示与知识能力的关系"②。如何理解康德的这句话呢？在康德的规定中，量的范畴和质的范畴规定的分别是客体的广延的量和强度的量，它们是

---

① 参见康德：《纯粹理性批判》，李秋零译，第102页。
② 同上书，第217页。

对作为现象的客体本身的规定，与它们相关的纯粹知性原理是建构性的原理，即依据它们的规定，作为现象的客体能够被建构出来；而关系的范畴虽然并不规定作为现象的客体，而只规定现象客体在时间中的存在关系，也就是说，虽然与这些范畴相关的纯粹知性原理只是范导性的，依据它们并不能建构出现象客体本身，而只能界定出它们之间的相互关系，但是这些范畴仍然是对作为现象的客体的规定，因此通过它们我们仍然可以获得现象客体的综合性知识，也就是说，它们"所附属的概念"仍然得到了扩大。

但是，一旦涉及模态的范畴，情况则完全不一样。模态的诸范畴既不对现象客体本身，也不对它们之间的关系进行规定，也就是说，并不是就现象客体而规定现象客体，正是由于这一点，通过这些范畴，我们并不能获得现象客体的综合性知识，并不能扩大它们所附属的现象客体的概念。在这里，模态的诸范畴超脱现象客体本身及其相互关系的限制，而仅仅就客体的可能性、现实性和必然性来界定客体"与知识能力的关系"，更具体地说是界定客体"与知性及其经验性应用、与经验性的判断力以及与理性（就其应用于经验而言）的关系"①，也就是说，界定客体与先验自我的关系。

那么，这种关系到底是怎样的呢？这就涉及模态的范畴的应用，即与模态的三对范畴对应的三个一般经验性思维的公设："1. 凡是与经验的形式条件（按照直观和概念）一致的，就是可能的。2. 凡是与经验的质料条件（感觉）相关联的，就是现实的。3. 凡是其与现实的东西的关联被按照经验的普遍条件规定的，就是必然的（必然实存的）。"② 从康德所指明的这三个公设我们可以看出，现象对象的可能性、现实性和必然性分别关涉经验的形式条件、质料条件和普遍条件，只有当现象对象与这些条件一致的时候，也就是说，只有现象对象是按

---

① 康德：《纯粹理性批判》，李秋零译，第217页。
② 同上。

照这些条件给予的限制而显现的时候，现象对象才是可能的、现实的或必然的，经验的条件同时就是经验对象的条件。因此，马里翁指出，这里现象对象与先验自我的关系并不是一般性的主客之间的外在关系，而是一种更深层的奠基关系，即先验自我，更具体地说，自我的知识能力，为现象对象的可能性、现实性和必然性奠基，为它们提供得以成立的条件。①

马里翁指出，模态的三对范畴以及与其对应的一般经验性思维的三对公设在地位上并不是相等的，在这里相对于后两对范畴及其对应的公设而言，第一对范畴及其对应的公设具有更为重要的地位，具有优先性。根据马里翁的讨论，第一对范畴及其对应的公设的优先性地位主要源自它们界定了可能性本身，它们"使可能性运作起来"②。我们可以从两个方面来理解第一对范畴及其对应的公设所运作的可能性：一方面，如果从模态的三对范畴的内在关系来看，也就是如果将可能性理解为模态的后面两对范畴本身的可能性，理解为现实性和必然性的可能性，那么第一对范畴由于决定了可能性本身，也就决定了后面两对范畴的可能性。另一方面，从现象对象的整体来看，可能性关涉的是整个现象对象的可能性。第一对范畴及其对应的公设界定了所有现象对象的可能性条件，而只有现象对象首先是可能的时候，我们才有可能在此基础上讨论它们的现实性（存在与不存在）和必然性（必然性与偶然性），讨论它们的其他条件，因此运作起现象对象的可能性的第一对范畴及其对应的公设既是后面两对范畴及其对应的公设在现象对象上发挥作用的基础，同时也是现象对象的所有其他条件得以发挥作用的基础。

当然，如果从我们的核心问题——图像现象性的可能性问题——来看，可能性的范畴也理应得到我们特别的关注。总而言之，在康德模态的范畴的讨论中，现象的可能性依赖于经验的形式条件，依赖于经验的

---

① 参见 Jean-Luc Marion, *Étant donné*, p. 349。
② Jean-Luc Marion, *Certitudes négatives*, p. 267.

可能性，"一般经验的可能性的种种条件同时就是经验对象的可能性的种种条件"①，进而也就是依赖于先验自我的条件。那么，现象的可能性对经验的可能性、对先验自我的这种依赖性会对现象的显现造成什么样的后果呢？根据马里翁的讨论，我们可以界定出两个明显的后果。

首先，先验主体对现象的可能性的奠基使现象成为异化的贫乏现象或普通现象，"这样一种贫乏的或普通的现象不仅与其概念关联而缺乏直观——它还缺乏现象的自主性（l'autonomie）"②，这种现象最终会被先验主体构造成能够被其掌控的对象。

前面我们已经讲过，在康德的讨论中，现象是在两个构成性端点直观与概念之间运作起来的，而相对于概念来说，直观总是匮乏的，因此在这一意义上，我们又将康德意义上的现象称作直观绝对匮乏的贫乏现象和直观相对匮乏的普通现象。然而在这里，我们还可以界定出贫乏现象和普通现象的另一种匮乏特征，即在现象性方面的匮乏。根据康德的模态的范畴，尤其是可能性的范畴，现象只有在符合经验的可能性条件时，也就是只有符合先验主体强加给它的可能性条件时，才能显现，在这里现象显现的可能性并不是源自其自身，而是源自其自身之外并与其有别的先验主体，现象只有依赖并屈从于这种先验主体的要求，才能获得显现的权利。因此，我们可以说，在模态的诸范畴的规定下，现象丧失了自身给予和自身显现的自主性，也就是说，丧失了自身的现象性，而只能从自身之外的先验主体那里获得其现象性，由此现象"在直观上是贫乏的，在现象性上尤其是贫乏的"③。

同时，正是由于现象不能就其自身而自身给予自身、自身显现自身，正是由于现象不能凭借其自身而自主显现，只能依赖于先验主体而显现，先验主体在现象之外在先地为现象规定了其显现的可能性条件，所以在此显现的现象也就成为一种并不是基于自身的现象，而是被先验

---

① 康德：《纯粹理性批判》，李秋零译，第175页。
② Jean-Luc Marion, *Étant donné*, p. 350.
③ 同上。

主体异化的现象。这种被异化的现象处于先验主体的掌控下，能够被先验主体把握和构造，能够被它认识和操控，甚至能够被它复制，因而这种现象也就成为先验主体的对象，它的现象性也就被还原成对象性。

其次，先验主体对现象的可能性的限制和奠基以及对现象本身的构造也限制了我们的经验。先验主体为现象的显现提供可能性条件，更具体地说，主体的经验的可能性条件就是作为现象的经验对象的可能性条件，现象只有屈从于这些条件才能显现，而在此条件下显现的现象就是被还原成对象的现象。马里翁指出，这样一种现象显现模式一方面当然会限制现象的显现，然而另一方面，更为本质性的是，它也会对自我的经验造成不可忽略的限制。因为在这样一种模式下，现象只能作为先验主体的对象而显现，对象性成了现象性的唯一模式，故而现象显现的其他可能性就被排除掉了；与之对应，我们所能面对和经验的现象就只有作为对象的现象，故而经验的所有其他可能性就随着现象显现的其他可能性的排除而被排除掉，我们原本应该拥有的多样而丰富的经验就被还原成唯一的对象性经验。因此，马里翁讲到，在这样一种现象显现模式的基础上，"我们的经验并未达到现象性的经验的整个领域"①。

至此，我们终于简要阐明了康德意义上的模态的范畴的内涵及其对现象显现的影响。在此基础上，我们便可以对从模态的范畴层面进行充溢的充溢现象的可能性及其充溢机制进行一般性的讨论。

二、模态的充溢及其效果

那么，如何设想现象在模态的范畴层面的充溢呢？马里翁指出，在这里我们可以设想这样一种境况，即现象给予了过剩的直观，这些过剩的直观超越了认识能力的限度，超越了经验的把握能力，进而超越了主体所可能进行的任何把握和构造，在这里现象因其直观的过剩而并不与

---

① Jean-Luc Marion, *Certitudes négatives*, p. 268.

先验主体强加给它的条件一致，或者说并不与经验的可能性条件一致，而是与这些条件相悖，超越了这些条件的限制。那么，在这种境况下，现象该如何显现呢？

首先，根据康德模态的范畴及其对应的可能性公设，这样一种现象是不可能显现的，因为它超越了经验的形式条件。马里翁对这样一种不可能性进行了辨析。一方面，如果我们像康德那样，将现象理解为对象，那么在这种境况下，现象确实是不可能显现的。因为很明显，在这里由于现象给予的直观的过剩，由于其对可能性条件的超越，主体再也不能将其构造成一个对象，再也不能将其置于自己的控制下，再也不能为其提供可能性条件。在这样一种理解中，这种现象显现的不可能性的真正内涵在于，在这种现象中，不可能有对象被构造出来，不可能有经验对象显现。

然而另一方面，马里翁也指出，如果超出对象模式来理解现象的话，那么这种不可能性则标示了现象显现的另一种可能性，即非对象化的现象的可能性。马里翁讲到，某种现象不可能作为对象显现并不意味着这种现象完全不能显现，而只是意味着我们无法将这种现象构造成对象，无法将其置于自己的控制下，也就是说，无法以主动性的构造方式来接受现象的显现。在这里，现象完全可以超越我们的控制而以非对象化的方式自主显现，完全自身给予自身、自身显现自身。面对这样一种自主显现的现象，我们虽然不能主动地构造它们，但是仍能以被动方式来接受这种现象所显现的过剩的可见者，仍能被动地接受它们的影响。如果在这样一种意义上来理解这种现象显现的不可能性，那么不可能性的内涵就在于不可构造性、不可对象化。

马里翁以凝视（regarder）与观看（voir）来区分我们对这两种现象显现的可能性模式的接受。他通过词源性的考察指出，法语"regarder"（凝视）一词源自对拉丁词语"intueri"的转写，而"intueri"的词根是"tueri"，其意思是保存、护卫、看护，等等。因此，"凝视"一词意指了自我相对于现象的某种主动性，即自我需要主动地去看护现象、控制现象，需要主动地去对现象进行构造，从而褫夺现象显现的自主性，将现象还原成对象。与凝视相反，"观看"（voir）则没有这种主动性的内涵，如果只是单纯去观看，那么自我无须调动自身的主动性的构造功能，而只需被动地接受自主显现的现象所给予和显现的东西。①以这样一种区分为基础，我们便可以说，我们对作为对象的现象的观看和接受是一种凝视，即主动性的构造，而如果现象给予了过剩的直观，如果现象超越了主体的可能性条件，那么这种现象"尽管典范性地可见，但仍不能被注视、被凝视。充溢现象在其依据模态而保持为不可凝视的（irregardable）限度内给予其自身"②，因此我们对它的观看和接受就只是纯粹的观看，而不是凝视，从模态的范畴层面进行充溢的充溢现象是不可凝视的。

在马里翁的讨论中，从模态的范畴层面进行充溢的、不可凝视的充溢现象具有一个极为显著的特征，即"它集中了前面三种类型的充溢现象的独特特征"③。为什么会出现这种情况呢？在此我们可以根据康德可能性公设的内涵来进行简单的解释。根据康德的讨论，现象的可能性在于与经验的形式条件一致，而经验的形式条件既包含感性形式条件，即时间和空间，又包含知性形式条件，即纯粹知性范畴。因此，当现象从模态的范畴层面进行充溢，超越和违背了经验的形式条件时，它超越和违背的就不仅仅是模态的范畴，而是作为经验的知性形式条件的所有纯粹知性范畴，也就是说，在模态的范畴层面的充溢中，现象其实从之前三种类型的范畴层面进行了充溢，因此也就具有了前面三种类型的充溢现象的特征。

其次，那么这种不可凝视的充溢现象到底在哪种形象中显现呢？或者说，我们应该如何观看这种现象呢？马里翁指出，这种充溢现象会在

---

① 参见 Jean-Luc Marion, *Étant donné*, pp. 351 – 353；Jean-Luc Marion, *De surcroît*, pp. 67 – 71, 145。

② Jean-Luc Marion, *Étant donné*, p. 351。

③ 同上书，第 382 页。

反-经验（la contre-expérience）中显现。如何理解这种反-经验的形象呢？在这里我们可以从不同的角度进行说明。从这一形象的名称的来源来看，反-经验是与经验相对而获得其名称的。根据康德的讨论，经验和经验对象都必须在一定的条件下才有可能，而且经验的可能性条件就是经验对象的可能性条件，当这些条件得到遵守和满足之后，我们便获得通常意义上的经验，经验对象也在这种经验中显现出来；然而，从模态范畴的层面进行充溢的充溢现象恰恰违背了这些可能性条件，恰恰与这些可能性条件相悖、对立，正是这种相悖和对立使通常意义上的经验不再成为可能，使此处现象在其中得以显现的经验不再是通常意义上的经验，而是与通常意义上的经验对立的经验，因而是反-经验。

与其名称的起源相对，从其内涵来看，"反-经验并不等价于一种非经验（une non-expérience）"[①]，而是意指一种对非对象（le non-objet）的经验。通常意义上的经验满足和遵守经验的可能性条件，在这种可能性条件下，现象作为对象显现出来，因此这种经验是对对象的经验。与对象经验相反，一方面，反-经验并非什么都没经验到；另一方面，它所经验的又是不可构造、不可对象化的现象。因此，它不是非经验，而是非对象化的经验。

从其具体运作来看，反-经验经验到的并不是明晰的外在景观，而是现象在自我之上产生的扰动和自我面对现象的无力。马里翁以我们日常生活中经常碰到的两个案例来类比反-经验的境况：第一个案例是相片的过度曝光，当我们想要通过相机拍摄太过强烈的光线时，这种光线并不能像普通事物那样直接展现在相片上，而只能通过过度曝光来展现自身，也就是说，我们通过照片所接受的并不是清晰的光线，而是一种过度曝光。第二个案例是对快速运动的物体的展现，例如，当我们想通过相机拍摄快速运动的物体时，这个物体的速度也不能直接展现在照片上，而只能通过一段模糊的踪迹来展现自身，也就是说，我们通过照片

---

① Jean-Luc Marion, *Étant donné*, p. 353.

接受的并不是物体的快速移动的清晰图像，而是模糊的踪迹。以这两个案例为基础，我们便可以具体界定此处的反-经验的运作。在对充溢现象的反-经验中，由于现象给予了过剩的直观，给予了过剩的可见性，这种直观超越了自我的承受限度和把握能力，所以自我没有能力清晰地把握和综合这些直观，而只能被动地接受它们给予自己的冲击和扰动，只能接受模糊而又混乱的体验，只能接受这种现象的显现留在自己身上的踪迹。因此，与对象经验的运作是主动的、清晰的相反，反-经验的运作是被动的、模糊的。①

最后，与现象显现模式和观看方式的转变对应的是作为观者的自我的身份的转变，即作为观者的自我从主动的、构造性的主体转变成了被动的、被构造的见证者（le témoin）。马里翁从四个层面界定了这种作为见证者的新的自我形象。第一，在充溢现象中，作为见证者的自我不再对现象进行构造，不再主动地综合和把握现象，不再给予现象意义；相反，现象的综合是由现象自身完成的，其意义也是由现象自身给予的，并且被强加在见证者身上。第二，现象给予的意义远远超越了自我凭借概念和意向所能理解的意义，进而超越了由自我操控的解释学。第三，现象与自我之间实现了凝视的颠倒，不再是自我凝视现象，而是现象凝视自我，不再是自我先于现象，而是现象的过剩的给予和显现先于自我。第四，现象与自我之间实现了主动性和被动性的颠倒，现象显现的主动性不再由自我掌握，而是由现象自身掌握，自我只是在见证现象的显现，在接受现象的显现的过程中，才接受自身的身份，也就是才被构造成作为见证者的自我。②

至此，我们终于一般性地讨论了现象从模态的范畴层面进行充溢的可能性、机制以及其效果。根据马里翁的讨论，以这种方式进行充溢的、不可凝视的充溢现象在作为面容（le visage）的圣像中获得其典范

---

① 参见 Jean-Luc Marion, *Étant donné*, pp. 354 – 355。
② 参见上书，第 355 – 357 页。

性的展现。那么，圣像是如何在自身的运作中展现了现象从模态的范畴层面进行的充溢呢？它又具有什么样的现象特征和效果呢？这些问题将我们推进到对作为面容的圣像的具体讨论。

第二节 圣像的显现机制

在此，我们首先需要关注的是圣像的显现机制。马里翁指出，圣像显现为一副面容。那么，圣像和面容之间具有怎样的一致性，使马里翁将两者相等同呢？我们又该如何理解作为面容的圣像在其显现上的具体内涵和运作方式呢？下面我们就来进行具体阐释。

一、作为面容的圣像

在马里翁的讨论中，圣像始终作为面容而显现。他在前期的《无需存在的上帝》中就明确指出，"只有圣像才能向我们展示一副面容（换句话说，每一副面容都是作为一个圣像被给予）"①，而在后期充溢现象的相关讨论中，圣像也被等同于面容。那么，为什么会有这种等同性呢？或者说，这种等同性具体体现在什么地方呢？在此我们可以从不同的层面进行说明。

就通常意义而言，或者说就狭义而言，我们在谈论圣像时，往往指涉的是一种独特的绘画或图像，而从其历史来看，这种独特的绘画或图像并不向观者提供一般的景观，而是提供一副他者——尤其是神圣者——的面容。因此，从其画面展现的内容来看，圣像就是一副面容。

然而，圣像与面容的等同性并不仅仅源自并体现为这种表面的一致，它们之间等同性的更深层的根源在于其构成要素以及这些要素的显

---

① Jean-Luc Marion, *Dieu sans l'être*, p. 31.

现机制的一致性。那么，如何界定这些构成要素及其显现机制呢？我们先看他者的面容。在这里，有一个不可回避的困难，即他者的肉身和面容是相连的，我们很难对其肉身和面容进行区分。那么，当我们看向他者的面容时，我们看向什么地方才能真正界定出他者的面容本身，而不是他者的肉身呢？为了解决这一问题，我们必须简要考察一下对他者肉身的观看或感觉。在马里翁的讨论中，作为从关系的范畴层面进行充溢的充溢现象，肉身是自身自主感发的，就其自身而言，它只能自身感觉到自身，而不能被自身之外的他者感觉到。因此，对于我们来说，他者的肉身是无法被感觉的。那么，我们又是如何具有他者的肉身的观念的呢？根据胡塞尔的讨论，他者肉身的构造是通过一种类比的统现完成的。当我们观看或感觉他者的肉身时，我们虽然无法直接直观到他者的肉身，但却能直接直观到一具身体，然后将这具身体同我们自身的肉身相类比，进而在这种类比中将其统现为他者的肉身。① 因此，在这里我们可以界定出他者肉身的显现特征：一方面，他者的肉身并未就其自身而向我们呈现自身，也就是说，它就其自身而言无法被我们直观到，而只能被我们以统现的方式意指；另一方面，他者的肉身又能像世界的可见者和对象那样向我们呈现某种东西，呈现某种日常可见者，即呈现一具身体。

  以对他者肉身的显现方式的这样一种界定为基础，我们便可以对他者的肉身和面容进行区分，进而界定出他者面容的显现。当我们看向他者的面容，这副面容首先向我们呈现的当然是一些显而易见的可见者，例如面容的肤色、光泽、五官及其相互的搭配等，大部分人对他者面容的观看也确实停驻在对这些可见者的观看中。然而，对这些可见者的观看其实是与对他者肉身的观看相同的，也就是说，这些可见者其实只是他者身体的延续，而我们在观看它们时也是通过类比而将这些可见的身体统现为他者的肉身。此外，有时我们甚至忽视这些可见者所展现的肉身的绝对性，而将其还原成能够被自我把握和控制的对象，将其还原

---

① 参见胡塞尔：《笛卡尔沉思与巴黎讲演》，张宪译，第 152-156 页。

自我欲望投注的对象，还原成能够满足自我欲望的偶像。因此，他者的面容显现的这些显而易见的可见者并不能界定他者的面容本身；相反，这些可见者其实只是肉身显现的延续，而且通过它们，他者的面容在大部分情况下会被观者还原成欲望的对象，因而被还原成自我的外观。

那么，除了这些显而易见的可见者之外，他者的面容还能显现什么呢？马里翁指出，除了这些可见者，他者的面容还有一个独特的部位需要我们去观看，这个部位即他者双眼的瞳孔，"在他人的面容上，我的充满激情的凝视只能看到这个不提供任何东西给观看的唯一的部位——两只眼睛的瞳孔，朦胧而虚空的小孔"①。从他者双眼的瞳孔中发射出来的就是来自他者的不可见凝视，因此除了显而易见的可见者，他者的面容还提供了来自他者的不可见凝视。马里翁讲到，这道来自他者的不可见凝视是绝对不可见的，它不能被凝视，而只能进行凝视，因为：一方面，这道凝视既不能将其自身呈现为日常可见者，呈现为可见的景观，也不能像肉身那样，虽然不能就其自身而向自身之外的肉身呈现自身，但仍然提供某个身体，提供某些日常可见者，以供我们以类比的方式进行统现，进而通过他者日常可见的身体意指其肉身，简而言之，无论从何种层面讲，这道凝视都不提供任何日常可见者，我们从它那里看不到任何可见的景观，也就是说，它现实地不可见；另一方面，这道凝视也不像侧显的现象中的那些不可见的侧面那样，能够通过时间的推进或者位置的转变而变得可见，不管我们如何在时间中等待或者改变空间位置，它都是一如既往地不向我们提供任何日常可见者。正是由于他者的面容提供的凝视的这种绝对的不可见性，使他者的面容既不能被还原成能够被观者把握和掌控的外观，也不能通过类比的统现而被还原成他者的肉身，也就是说，不能被凝视。因此，对于他者的面容的显现来说，关键性的并不在于面容上的显而易见的可见者，而在于从双眼的瞳

---

① Jean-Luc Marion, *La croisée du visible*, p. 102.（中译文见马里翁：《可见者的交错》，张建华译，第83页。）

孔中投射出来的来自他者的不可见凝视，正是这道凝视界定了他者的面容本身，并使其与他者的肉身等现象区分开来。

面容的内核在于从其双眼的瞳孔中投射出来的不可见凝视，而非显而易见的可见者，它的这种特征和规定在圣像中得到继承、展现、强化。如何理解这一点呢？这就涉及圣像作为图像的画面特征。如同我们看向他者的面容时那样，当我们看向圣像时，我们按照习惯首先注意到的是日常可见者，或者说可见的景观，我们更是期待能够像在作为偶像的绘画（图像）那里那样，从圣像这里看到比世界的可见者更为可见、更为完满显现的可见者。然而，与作为偶像的绘画（图像）不同，圣像并不增强自身的可见性强度，并不提供完美显现的可见者，并不通过这种完美显现而荣耀自身，成为独享可见性荣耀的可见者。相反，圣像在画面上实施着一种可见者的自我弱化和贫乏化，圣像会用简单、贫乏的色彩、线条来描绘他者（神圣者）的面容，它凭借这些贫乏的可见者对他者的面容所进行的描绘甚至比我们直接看向他者的面容时所看到的可见者还要贫乏，更不用说同绘画（图像）偶像相比了。那么，圣像在自身画面上的这种贫乏化与弱化具有什么样的效果和作用呢？根据马里翁在不同时期的著述中的讨论，我们可以界定出两个方面的功能。

一方面，圣像提供的可见者的贫乏化与弱化造成了观者构造功能的某种中断。从圣像可见者的自身显现来看，由于其贫乏性，它们无需观者构造功能的任何运作就能直接将自身显现出来，也就是说，它们的显现一目了然，不需要观者进行任何组织。从观者凝视的角度说，当观看圣像时，观者的凝视只能看到很少的可见者，或者甚至看不到可见者，由于可见者的这种贫乏，由于其无需任何构造而一下子就能显现，观者的构造会无处使力，进而没有任何运作的空间，并显得慌乱无力。在这里，观者意识到可见者可能完全无需自身构造功能的任何运作就自身给予和显现自身。①

---

① 参见 Jean-Luc Marion, *La croisée du visible*, pp. 36 - 40。（中译本参见马里翁：《可见者的交错》，张建华译，第 24 - 28 页。）

另一方面，圣像在可见者上的这种贫乏化与弱化的更为主要的功能在于，使这种可见者失去任何可见性魅力，使它不能成为画面的中心，从而让观者的凝视不再停驻在这种可见者之上，而是穿透这种可见者，进而使画面的另一个构成要素——从画面面容的双眼瞳孔中投射出来的不可见凝视——凸显出来。[1] 马里翁讲到，如同面容的内核和重心在于其提供的不可见凝视，圣像的内核和重心也在于其提供的来自他者的不可见凝视，圣像"不再向凝视提供任何景观，并且不能忍受来自任何观者的凝视，宁可说它将它自己的凝视施加到与它相遇的东西上"[2]。正是在这一点上，圣像和面容具有深层的实质的一致性，而这种一致性使马里翁能够将圣像与他者的面容等同起来。而且在对面容的特征的凸显上，即在对来自他者的凝视的凸显上，圣像的效果比我们直接面对他者活生生的面容的效果更好，因为圣像将这副活生生的面容中的显而易见的可见者弱化了，也就是降低了这些可见者的魅力，从而降低了我们停驻于这些可见者而忽视其最为本真的构成要素——他者的不可见凝视——的可能性。

至此，我们终于界定了圣像和面容从表面到实质的等同性，圣像就是他者的面容，它如同面容一样提供来自他者的绝对不可见的凝视，这道凝视界定着作为他者的面容的圣像的真正内核。

二、他者凝视的呼唤

那么，应该如何理解这道凝视呢？我们已经指出，这道凝视是绝对不可见的，那么这种绝对不可见性是否由于这道凝视的绝对匮乏呢，或者说它是否意味着这道凝视绝对不显现，我们根本不能从这道凝视中获得任何东西呢？要了解这些内容，我们必须对这道凝视进行更切近的

---

[1] 参见 Jean-Luc Marion, *La croisée du visible*, pp. 105 – 115。（中译本参见马里翁：《可见者的交错》，张建华译，第 86 - 97 页。）

[2] Jean-Luc Marion, *Étant donné*, p. 380.

规定。

马里翁指出，圣像提供的他者的凝视虽然绝对不可见，也就是不能被我们凝视、构造，但是它却能反过来凝视我们，就其与我们的凝视相反，并反向地凝视作为观者的我们而言，圣像提供的这道凝视是一道反-凝视（un contre-regard），"它逃离我的凝视并且反过来正视着我——事实上，它首先观看我，因为它掌握着主动性"①。那么，如何理解这道反-凝视不能被凝视但却能够进行凝视的特征呢？在前面我们已经讨论过，与纯粹的观看不同，凝视的功能在实质上就是自我依据其意向的主动性的构造功能，它所传递和施加的正是凝视者的意向，所体现的正是凝视者的主动性。根据这一规定，圣像提供的他者的凝视不能被作为观者的自我凝视，这意指的是，面对他者的凝视，作为观者的自我不再能实施其构造功能，不再能掌握主动性，不再能依据其自身的意向来把握这道凝视；而这道来自他者的凝视却能凝视作为观者的自我，这意指的是，这道凝视掌握着主动性，它在向自我传递和强加来自他者的意向，并在依据这种意向影响甚至构造作为观者的自我。因此，与圣像提供的他者的凝视是与作为观者的自我的凝视相反的反-凝视对应，这道凝视在实质上传送了与自我的意向性相反的反-意向性，也就是来自他者的意向性。就此而言，圣像提供的来自他者的不可见凝视虽然绝对不可见，但却在显现，它以意向的形式显现。②

在现实中，我们确实能够感觉到来自他者的不可见凝视的这种显现，因为当我们看向他者的面容，尤其是看向从他者双眼的瞳孔中投射出来的凝视时，我们虽然看不见显而易见的日常可见者，但却并非什么都感受不到，我们总是能够感受到这道凝视在看向我们，在向我们传送着某种东西，也总是能够从这道凝视那里感受和接受某种东西，也期待从它那里接受某种东西，而且有时候为了获得他者的更真实的意向而跳

---

① Jean-Luc Marion, *De surcroît*, p. 123.
② 参见 Jean-Luc Marion, *Dieu sans l'être*, pp. 28 – 32。

开他者面容的显而易见的可见者，进而专门看向他者的双眼。就我们能够从这道凝视中感受和接受某种东西而言，我们可以说我们能够从这道凝视那里直观到某种并非源自自我本身的东西，也就是他者的凝视以直观的形式向我们显现，或者更确切地说，以原初被给予物的形式向我们显现，而且这些直观（原初被给予物）并非依据自我的意向而被生产和给予，而是在自我的意向之外被给予的，自我只是在被动地接受它们。因此，从作为观者的自我的角度说，他者的凝视以直观的形式显现。

无论是从意向的形式来看，还是从直观的形式来看，圣像作为面容提供的来自他者的不可见凝视真正展现的都是来自他者的意向。为了更确切地界定来自他者的这种意向的内涵，马里翁援引了列维纳斯对面容的伦理学解释。在他的他者伦理学中，列维纳斯明确区分了外观和面容，与处在我的控制、把握和占有下的外观相反，"面容拒绝占有，拒绝我的权能"，"面容对我说话，并因此邀请我来到一个关系之中，此关系与正在施行的权能毫无共同尺度，无论这种权能是享受还是认识"[1]。当然，面容对我所进行的言说并不是我们通常意义上的以嘴和语音所进行的言说，而是通过来自他者的不可见凝视所进行的沉默的言说。那么，面容对我进行着怎样的言说呢？它所推动的与我的新关系又是怎样的呢？根据列维纳斯的讨论，面容向我言说的是这样一个伦理命令，即"汝勿杀"，这个伦理命令"是原初的表达，是第一句话"[2]。也就是说，依据列维纳斯的规定，面容向我传送的来自他者的意向就是"汝勿杀"这样一个伦理命令，面容就是依据这一命令而向我显现。

那么，我们应该如何理解这个伦理命令呢？在这里，看起来这个命令的内涵很容易被理解，因为表达这个命令的这句话很容易被把握，而且几乎能被每个人把握。然而，列维纳斯却指出，"作为面容产生的临

---

[1] 列维纳斯：《总体与无限——论外在性》，朱刚译，北京大学出版社，2016，第182页。
[2] 同上书，第183页。

显并不像任何其他存在者那样构造起自身，这恰恰是因为它'启示着'无限"①，也就是说，由于面容所指向的无限，我们无法将其言说的内容构造为一种单一的意义，或者说无法通过单个或多个概念来明确地把握这种言说内容的确切内涵。以此为基础，马里翁指出，"'汝勿杀'这个命令实际上是凭借一种没有概念能够把握和对象化的直观而被命令的"，在这个命令中"存在一种直观的过剩"②。在这里，直观的过剩是从作为观者的自我的角度讲的，而如果从他者自身的角度说，它就是表现为他者的意向、意义的过剩。正是在这里，圣像从模态的范畴层面进行的充溢得以显现。那么，为什么他者的面容的这个伦理命令会具有这样一种直观的过剩性，进而无法在内涵上被确切把握呢？为了进一步凸显这个命令的这种特征，马里翁从两个角度对这个命令进行了进一步的说明。

第一个角度是面容与作为观者的自我的关系的角度。一方面，他者面容的凝视所传送的命令无法回避地、主动地强加在自我之上，并迫使自我接受它，在这里相对于自我来说，他者伦理命令的显现是在先的、主动的，而自我则是在后的、被动的，因此自我哪怕是否认这种命令，也必须首先接受并认出这种命令。另一方面，与在对象化的凝视中现象依据自我的视角、意向、意义来界定自身、定位自身不同，在面对他者的面容时，他者的面容强加的这种命令迫使自我依据它的视角、意向、意义来界定自身。在这里起规定作用的是他者的意向，而非自我的意向，因此他者的伦理命令并未依据任何由自我规定的在先的意义、意向、条件而显现，而是依据其自身而无条件地显现。总而言之，从面容与自我的关系的角度讲，面容的伦理命令的显现并未依据自我的条件，并未依据自我的构造，而是自身主动地给予和强加自身，自身无条件地、在先地显现自身。由于对自我的意向和条件的这种超越，我们可以

---

① 列维纳斯：《总体与无限——论外在性》，朱刚译，第192页。
② Jean-Luc Marion, *De surcroît*, p. 149.

说，他者面容的凝视所传送的伦理命令在其给予和显现上是过剩的，或者说，它所给予的原初直观（原初被给予物）超越了自我的意向和条件而呈现出过剩的特征。

第二个角度是面容命令的显现形式和效果的角度。一方面，从其显现形式来看，他者面容的凝视所传送的伦理命令并不是通过语音来传达的，而是在沉默中通过他者凝视的无声凝视来传达的，这种沉默的特征恰恰表现出这个命令的过剩性，因为仅仅需要沉默地显现自身，作为观者的自我就能感受并接受这个命令。另一方面，从其显现效果来看，同一个命令"能够引发诸多解释、行为，并且因而引发各种意义，甚至是相反的以及无尽更新的意义"①。这种解释、行为、意义的多样性恰恰表明我们完全无法在一个或多个概念、意向中确切地把握、构造起这个命令的内涵，也就表明这个命令所显现和强加的直观（被给予物）永远超越我们的意向、意义等，进而呈现出一种过剩性。

然而，马里翁指出，虽然列维纳斯的伦理解释学开辟了对他者面容的现象性的理解道路，但是它却并不能完全界定他者面容的现象性的所有内涵。在伦理的命令之外，我们还可以从他者面容的凝视中界定出很多其他种类的命令，例如存在主义的、宗教的、爱的等，这些命令所具有的力度并不比伦理的命令弱，因此相比于这些命令，伦理的命令在界定他者面容的凝视时，并不能获得更多的优先性，更不用说排他性地界定这道凝视了。那么，我们应该如何最终界定这道凝视，进而界定他者面容的现象性呢？马里翁讲到，一方面，无论是伦理的命令，还是其他种类的命令，在它们作为具体的命令之外，也就是在它们的具体内容之外，它们首先都会是命令，也就是说，它们在形式上都作为命令而显现，与其具体内容的不同相对的是它们在形式上的一致，在对他者面容的现象性的界定上，这种形式要比这些具体内容更为根本，因此我们可以说他者面容的不可见凝视在根本上是作为纯粹命令而显现的；另一方

---

① Jean-Luc Marion, *De surcroît*, p. 149.

面，这些不同内容的命令之所以具有效用，就在于它们在向作为观者的自我传送着呼唤，与不同内容的命令对应的是不同内容的呼唤，而与形式上的纯粹命令对应的则是纯粹的呼唤，在实质上，他者面容的不可见凝视向自我传送的命令就是向自我传送的呼唤，它将自我呼向它的自主给予和自主显现，"圣像通过使我听到它的呼唤而将自身给予观看"①。

至此，我们终于凭借列维纳斯关于面容的伦理解释学而达到了作为面容的圣像提供的不可见凝视的真正内涵，即纯粹的呼唤。在作为面容的圣像之上，真正的内核是来自他者的不可见凝视，而这道凝视在向观者传送着来自他者的纯粹的呼唤，并将观者呼向自身。②

第三节　面容的无限解释学

那么，面对提供他者的纯粹呼唤的圣像，作为观者的自我应该进行怎样的运作以便接受圣像的这种呼唤呢？这种运作又会带来怎样的效果呢？为了澄清这些问题，我们必须首先对圣像传送的呼唤的特征进行更为详细的规定。

一、他者呼唤的无限含义

根据目前的讨论，我们已经知道，作为面容，圣像的重心在于其提供的不可见凝视，一方面，这道凝视不能被凝视，它不提供任何日常可见者和景观，也就是说，它是绝对不可见的；另一方面，它又在显现，

---

① Jean-Luc Marion, *De surcroît*, pp. 147–148.
② 关于呼唤的更详细的讨论，还可以参见《还原与给予——胡塞尔、海德格尔与现象学研究》"第六章 虚无与要求"和"结束语：被给予的诸形象"。（参见马里翁：《还原与给予——胡塞尔、海德格尔与现象学研究》，方向红译，第 282–350 页）与这里主要遵循列维纳斯的指引来实现向纯粹的呼唤的还原不同，在那里，马里翁主要讨论的是如何从胡塞尔的对象性和海德格尔的存在的呼唤走向被给予性的纯粹的呼唤。

它在作为纯粹的呼唤显现,也就是说,它在向作为观者的自我传送着来自他者的呼唤,自我能够从它那里感受和接受这种呼唤,也就是能够直观到某种东西。在这里,我们似乎陷入了一个矛盾中。因为根据通常的理解,既然一个东西绝对不可见,那么这就意味着我们从它那里不能获得任何东西,也就是不能对其有任何直观,换句话说,它不能向我们显现自身。按照这种理解,圣像提供的凝视是不显现的,但是我们又说它在显现,在向我们提供直观,于是在凝视的绝对不可见和其显现之间便存在一个看似极为明显的矛盾。那么,我们该如何解决这一看似明显的矛盾呢?一个绝对不可见、绝对不提供任何日常可见者的东西如何能够显现、能够被观者直观呢?

根据马里翁的讨论,这样一个看似明显的矛盾其实源自我们对不可见者的有限理解。在通常的理解中,人们都将不可见者理解为直观和可见者的匮乏,这也是我们最经常看到的不可见者。这种作为匮乏的不可见者在时空事物的侧显中体现得最为明显。例如,在空间事物的侧显中,事物在某个时刻总是只有一些侧面向我们提供直观,进而可见,而另一些侧面则因缺乏直观而不可见,进而只能被我们意指和统现。面对这样一些不可见者,我们可以通过空间位置的改变或者时间的推进而为其补充直观,进而使其变得可见。因此,严格来说,这种作为直观和可见者匮乏的不可见者只是未被见者,也就是说,它们只是现实的不可见者,但却是潜在的可见者,它们能够通过直观和可见者的补充而变得可见,在实质上,它们同可见者是同质的和可以相互转化的。马里翁指出,与这样一种作为可见者匮乏的不可见者相对,我们还可以设想另一种不可见者的可能性,即作为直观和可见者过剩的不可见者,或者更准确地说,作为被给予物过剩的不可见者。这样一种不可见者在现实生活中不乏案例,例如当光太过强烈时,我们便会陷入盲视,进而无法看到它,也就是说,这种光会变得不可见。马里翁讲到,与作为直观和可见者匮乏的不可见者不同,这种直观和被给予物过剩的不可见者不能就其自身被转化为日常可见者,因为一旦转化,它就失去了自身在直观和被给予物上的过剩性,所以就其自身而言,这种不可见者是绝对不可见的。①

以对不可见者的这样一种拓展为基础,我们可以解决上面的矛盾:他者的凝视是绝对不可见的,但它之所以不可见并非因为直观和被给予物的匮乏,而是因为直观和被给予物的过剩,也就是说,他者的凝视向作为观者的自我给予和显现了过剩的东西,自我获得了超过其把握能力与承受限度的过剩的直观和被给予物。那么,他者的凝视的这种过剩性体现在哪里呢?我们已经指出,他者的凝视向作为观者的自我传送着呼唤,它作为呼唤而显现,因此他者的凝视的过剩性就体现为呼唤的过剩性,也就是由于他者面容的凝视所传送的呼唤的过剩性,由于作为观者的自我聆听到了过剩的呼唤,他者的凝视成为绝对不可见的。

那么,他者的呼唤是过剩的吗?在前面我们已经追随列维纳斯从面容的伦理解释学的角度讨论了他者的伦理命令在直观上的过剩,或者说在被给予物上的过剩,那么如果从伦理命令一般化到纯粹的命令,也就是从伦理呼唤一般化到纯粹的呼唤,这种直观和被给予物的过剩还存在吗?根据马里翁的讨论,这种过剩性是毫无疑问地存在的,因为作为面容的圣像通过其传送的呼唤进行着表达,"面容的表达表达着无限的含义"②,也就是说表达着过剩的含义。

马里翁对呼唤含义的这种过剩性进行了详细的讨论。他指出,呼唤含义的过剩性首先就表现在呼唤的含义不能被某个或某些概念穷尽和把握,也就是说,不能被作为观者的自我构造成单义的对象。一方面,在通过面容进行表达、传送呼唤时,他者的体验是无限的,因而无法被构造成单义的现象。从他者自身的角度讲,他者本身就无法对其表达的内容进行概念化和确定化。因为如同我自身的体验对于我来说太过复杂和多变,进而无法通过某个或某些概念来完全把握它们,无法在某个或某

---

① 参见 Jean-Luc Marion, *De surcroît*, pp. 131–142.
② 同上书,第151页。

些意向中构造并穷尽这些体验的完整意义,我们通过类比便可知道,他者的体验对于他者自身来说同样如此。在这里他者复杂而多变的体验总是超过他者自身对其意义的反思性界定,也就是说,在这些界定之外,总有体验的剩余。从作为观者的自我的角度说,他者的体验则完全是陌生的,这种陌生性就使自我对他者体验的构造变得更为不可能。在这里,自我通过他者面容的呼唤所接受的直观(被给予物)总是超越自我的预料和意向,总是超越自我对其所可能进行的把握,因而自我完全不能凭借自身的意向和概念将他者的呼唤构造成意义明确的对象。

另一方面,说谎(le mensonge)的可能性的存在,强化了他者呼唤的含义的不可构造性和不可概念化的特征。从他者自身的角度说,同样如同在自我这里,我有意识地说出的内容可能并不是我在无意识中真正表达的内容,而且有时我甚至有意欺骗自己,以便对自己掩盖真正表达的内容,总而言之,如同在自我这里,我可能对自己说谎,对于他者来说,他同样可能如此。这种说谎的可能性的存在,使面容真正表达的意义和其明确言说的意义之间存在着"不可还原的间距"①,进而使他者不能通过面容明确言说的内容来界定和构造自己的面容真正表达的意义。从作为观者的自我的角度说,这种说谎的可能性就得到进一步的强化,因为在这里他者不仅可能对自己说谎,更有可能对与其相对的观者说谎,从而使作为观者的自我更不可能依据面容明确言说的内容来界定他者面容的呼唤真正表达的含义。②

其次,马里翁指出,面容表达的含义不能在某个或者某些概念中被构造和穷尽,不能被概念化,并不是因为这种含义是匮乏的,而是因为这种含义是无限的,它表现为一种"无止境的意义之流"③,这是呼唤含义的过剩性的第二个表现。在此,马里翁讨论了作为面容的圣像的表达的事件性特征,也就是说,面容的表达、他者呼唤的传送,是作为一

---

① Jean-Luc Marion, *De surcroît*, p. 151.
② 参见上书,第151-152页。
③ 同上书,第153页。

个不间断地发生的事件而显现的,"面容表达的东西在发生于它之上的东西——行动或事件……中被认出来"①。由于其作为事件发生的不间断性,它所给予的呼唤的含义就不是固定的,而是无止境地在被给予,因而呈现为无止境的意义之流。面对这样一个无止境的意义之流,作为观者的自我当然不能再对其进行构造,而只能等待其作为事件的不间断发生。

至此,我们终于完整界定了圣像所传送的呼唤的过剩性。可以说,圣像从模态的范畴层面进行的充溢正是通过其呼唤在含义上的这种过剩性而实现的,通过这种过剩性的考察,我们就理解了圣像作为现象的充溢性。

二、面容的无限解释学及其效果

面对呼唤的含义的这样一种过剩性——或者说无限性——特征,作为观者的自我应该展开怎样一种运作才能接受这些含义,进而就面容自身而言接受面容,而不是将其还原成某个构造性的对象呢?对于这样一个问题,马里翁的回答经历了一个逐渐明确化的过程。在其早年的《无需存在的上帝》中,马里翁只是指出观者在面对圣像时,不能停驻于某个可见者,而是需要"从可见者追溯到可见者,直至无限性的终点"②,也就是需要运作起无限的凝视,进而回涉到圣像的无限深度,回涉到圣像提供的无限的意义之流,"圣像仅仅通过引起一道无限的凝视而使(不可见者本身)可见"③。而在后来的《可见者的交错》中,在以第二次尼西亚大公会议有关圣像的决议为基础讨论圣像的运作逻辑时,马里翁将观者凝视进行的这种无限的回涉界定为解释学运作。④ 及至马里翁

---

① Jean-Luc Marion, *De surcroît*, p. 154.
② Jean-Luc Marion, *Dieu sans l'être*, p. 29.
③ 同上书,第 30 页。
④ 参见 Jean-Luc Marion, *La croisée du visible*, pp. 122 – 133. (中译本参见马里翁:《可见者的交错》,张建华译,第 101 – 112 页。)

提出充溢现象的观念，并在《论过剩》一书中对作为充溢现象的圣像进行详细讨论时，观者面对圣像时的运作才得到确切的界定。在那里，他明确指出，面对这样一个无限的意义之流，自我需要运作起一种无限的解释学。①

那么，为什么需要这样一种无限的解释学呢？对此马里翁进行了详细的阐释。很明显的是，面对作为面容的圣像的呼唤，我们需要一种解释学。因为圣像的呼唤在向观者传送意义，而观者要想接受并理解呼唤的意义，必然需要某种解释，因而需要运作起某种解释学。那为什么这种解释学必须是无限的呢？因为观者的解释学运作需要在将作为面容的圣像所传送的呼唤的所有意义完全展现出来之后，才能停止，但是对于作为观者的我们来说，这样一种完全的展现是不可能的，也就是说，面容的最终意义是无法通达的。

我们可以以日常生活中遇到的一个他人为例来进行讨论。看起来很明显的是，在这个他人死亡的时刻，我们获得了他最后的面容形象，而且他的面容进行的表达也走向终结，因此在这样一个时刻我们看似可以完成对他的面容的解释学，对他"盖棺定论"。然而，马里翁指出，哪怕在他人死亡之后，对他的面容的解释学运作也不会完成。因为首先，没有任何人能够确保他人死亡时面容所展现的意义就是他的面容本身的真理，就展现了他的面容本身的所有意义；其次，虽然由于他的死亡，这个他人的面容的表达终止了，但是在其生前，他的面容就表达了无限的意义，这些意义完全无法通过有限的解释学运作而被揭示出来。马里翁指出，他人的死亡不仅没有使观者的解释学走向完成，而且恰恰是由于他人的死亡，对他的面容的解释学运作变得更为复杂。因为在其生前，我们还可以面对鲜活的面容，可以直面他的面容的表达，但在其死后，我们却只能回忆，只能通过各种文件、档案等来对其所传送的呼唤的意义进行把握。在这里，一方面，不同的人有不同的回忆，会接触到

---

① 参见 Jean-Luc Marion, *De surcroît*, p. 155。

不同的档案、文件等材料，这些回忆和材料甚至相互冲突，由此而把握到的意义就会不同；另一方面，哪怕面对同样的回忆，面对同样的档案、文件等材料，不同的人也会从不同的角度对其进行整理，进而把握到不同的意义。由于这些意义都是以这个他人的相关资料和对他的回忆为基础的，故而它们中的每一个都具有自身的有效性，但又不能否定自身之外的其他意义的有效性；同时，由于它们之间在很多时候又是相互不兼容的，甚至是相互冲突的，故而我们不能将所有这些意义综合成一个意义。由此，我们可以说，纵使他人死亡之后，我们也不能在单个或多个意义中将其面容所表达的意义完全把握住，在已把握的意义之外总有未经把握的剩余，因此需要不断地变换角度对其进行把握，从而展开一段无限的解释学运作。

那么，这种无限的解释学会带来什么样的效果呢？对此马里翁从两个角度提供了不同的说明。第一个角度是神学角度。观者的无限解释学展现的是作为观者的我们永远不能凭借自己而穷尽面容的意义。马里翁指出，面对这样一种困境，基督教神学为我们提供了一条解决路径，即诉诸信仰。他讲到，通过信仰，我们可以推延至时间的尽头，也就是末日，彼时，基督将会再次降临，进行最后审判，并且显现自身，由此每个个人的面容的意义将会被完全揭示出来。在这里，观者其实是通过信仰而让渡了自己的解释学运作，进而使其得到完成，从这样一个角度说，观者的无限解释学将导向信仰。

第二个角度是哲学角度。在神学领域，观者可以凭借信仰而等待时间的尽头，等待最后审判，进而完成解释学运作；但在哲学领域，观者却只能在无限的时间中等待，进而无限地展开解释学。为了从哲学角度更清楚地说明这种无限解释学的可能性和效果，马里翁援引了康德关于灵魂不朽的可能性的论述，并且对其进行了改造。康德指出，作为一个理性理念，灵魂不朽当然不具有经验有效性，对于我们的认识来讲，它是一个超验的理念。但是，在实践理性领域，它却必须要能被设想，并且可以获得其可能性。在实践理性领域，自由是绝对有效的，同时自由也追求完满的实现。但是我们作为有限的理性存在，又是一个自然的存在，还必须遵循自然领域的限制，因此，在我们有限的现实生命中，自由的实现总是有限的而不是完美的。至此，我们就必须设想一个无限的过程，通过这个过程，自由可以得到完满的实现。而这个无限的过程就要求我们灵魂的不朽。这样，不朽作为自由完满实现的可能性条件就从自由的有效性中获得自身的可能性和有效性。①

参照康德关于灵魂不朽的阐释模式，马里翁对其进行了现象学的转写，以此来说明观者的无限的解释学运作的可能性。首先，他者乃至上帝的面容的强加，或者说圣像的呼唤的强加，就相当于康德的自由的律令，它们都是绝对有效的。其次，面对圣像的呼唤的强加，我们接受它，就其自身的显现而注视它，也就是将其看作一个充溢现象。同时，我们也可以杀死它，即"移除一个非-可对象化的、不可知的他人的不可还原的自主性，移除主动性和意向性的不可被预见的中心"②，从而遵从凝视的构造功能，将其构造成一个与我同一的对象。这就相当于康德所揭示的那样：作为有限的理性存在的人，我们应当遵从道德律令，但却不是必然遵从。我们既可以遵从自由的律令，从而成为自由的，也可以遵从自然的规律。最后，作为圣像的面容的意义的无限性，要求观者的无限的解释学运作。这就相当于康德所说的，自由的完满实现需要一个无限的过程。自由的实现的无限过程，使灵魂不朽作为它的实现条件而获得了可能性，因此，相对应的是，对面容的无限的解释学运作也要求正视着它的人的不朽。由此，我们在哲学（现象学）的道路上达到了观者的无限解释学的效果："他人的面容促使我相信我自身的不朽——就像理性的一个需要，或者说这就是同一件事情——作为它的无限的解释学的条件。"③

---

① 康德的整个论述，参见康德：《实践理性批判（注释本）》，李秋零译注，中国人民大学出版社，2011，第114-116页。
② Jean-Luc Marion, *De surcroît*, p. 158.
③ 同上书，第159页。

从康德模态的范畴的内涵及充溢机制，到圣像的具体显现机制，再到圣像作为面容所要求的无限的解释学，我们终于较为完整地揭示出作为他者的面容的圣像的具体运作机制、现象特征以及效果。以此为基础，图像超越对象性模式的第二种显现模式，或者说，可见者与不可见者超越对象性关系的第二种关系模式，也向我们显现出来。不同于作为构造性偶像的自治图像和作为充溢性偶像的绘画（图像）最终走向自我的唯我论并封闭他者自身，作为图像显现可能性的圣像让他者自身向我们现身；不同于在作为构造性偶像的自治图像和作为充溢性偶像的绘画（图像）中只有可见者显现自身，不可见者要么服务于可见者的显现，要么被排除或被还原成可见者，在作为他者的面容的圣像中，不可见者获得了自身的独立价值与意义，它被界定为无法被还原成可见者的绝对不可见者，同时，它作为不可见凝视同可见者交错在一起，共同显现在图像画面中，并且构成了图像画面的显现重心。

结　语

至此为止，我们终于围绕图像现象性这一核心问题，从可见者与不可见者及其相互关系的视角出发，在参照海德格尔相关讨论的基础上，一方面，澄清了亨利和马里翁对图像化时代的可见性逻辑及其效应的分析，以及对对象性显现机制统治下的图像显现模式的批判；另一方面，又揭示了亨利和马里翁对超越对象性显现机制的图像显现可能性的探索，进而较为完整地阐释了他们的图像现象学理论。综观亨利和马里翁对图像的现象学分析，我们既能够在这些分析中界定出某些内在关联，又能够在它们之中发现某些本质差异。

一、亨利和马里翁的图像理论的内在关联

首先，无论是亨利，还是马里翁，都严格地界定出对象性的图像和非对象性的图像的严格对立。在这种对立下，一方面，他们都认为，当前时代流行的那些以电视图像为代表的自治图像就其现象性本质而言都处在对象性显现机制的控制下，或者说，这些图像在本质上都是自我构造的对象；另一方面，他们都不再将对象性看作图像显现的本真可能

性，而是尝试以绘画（图像）为线索，探究超越对象性显现机制的图像显现可能性。

在亨利看来，虽然惯常的美学和艺术观念总是认为绘画（图像）只是对作为可见者的对象性世界进行表象，同时绘画（图像）本身也归属于可见的对象性世界，但是如果从其现象本身的显现方式或现象性本质来看，绘画（图像）是由作为不可见者的生命决定的，它本身就是这种生命，并且因此而与作为可见者的对象性世界处于激烈的对立中。实际上，亨利对康定斯基的绘画理论和作品的整个现象学解释就旨在揭示绘画（图像）现象性的非对象性，并由此而指明绘画（图像）相对于可见的对象性世界的优先性。

受到亨利相关讨论的启发，同时更多是基于自身的现象学洞见，马里翁在分析绘画（图像）时，也认为对象性完全错失了绘画（图像）的现象性。在他看来，绘画（图像）纯粹在于其显现，它因纯粹的自身显现而成就自身，对象则恰恰不要求亲身显现，而是指向某种目的或意向。因此，我们如果依据对象性来领会绘画（图像）的现象性，那么就完全不能领会绘画（图像）向我们显现的东西。

实际上，在亨利和马里翁那里，依据绘画（图像）来探索超越对象性显现模式的图像显现可能性具有更深层的意义，这种意义与西方现代性的危机联系在一起。在他们看来，西方自近代以来，随着科学和技术的飞速膨胀以及所谓的主体性的高扬，人们日益沉浸于对现象的操控、制作中，也就是说，日益沉浸于以对象性的方式来理解现象，将整个生活世界，将这个世界中的事物和他人，都还原成作为主体的自我能够操控的对象，由此现象的丰富可能性就被压抑和排除了，而自我生活或生命的丰富可能性也同样被压抑和排除了。他们认为，西方近代以来产生的诸多问题，尤其是当代西方社会呈现的那些问题，都与这种对象性的体验和存在方式密切相关。由此，他们通过自己的现象学考察探寻着超越对象性模式的途径，绘画（图像）则以超凡的可见性而作为典范性现象为两位现象学家提供着思想的试验场。

其次，无论是亨利，还是马里翁，都不再固着于图像（尤其是绘画）的单一意义，而是通过回到图像本身，通过严格的现象学分析，揭示了图像本身所具有的多重意义。依据惯常的观念，图像，尤其是绘画，往往被看作一种属于艺术和审美的现象，或者被看作一个有关再现的问题，人们总是依据艺术和审美的观念来界定图像（尤其是绘画）的意义，或者依据再现的观念而将其贬低为一种次要的、次生性的、边缘性的现象。而在亨利和马里翁的讨论中，图像（尤其是绘画）则完全超越了上述意义限制，而成为一种能界定可见者与不可见者及其相互关系可能性的现象，也就是成为一种能界定一般现象之显现可能性的现象，并由此而获得更深层的哲学意义。

实际上，在亨利和马里翁看来，除了关涉一般现象的显现可能性，图像还尤其关涉自我的可能性，并由此而具有伦理的意义。以两者共同探讨的绘画为例，在通常的艺术和美学观念中，人们总是认为绘画属于审美领域，而审美是无利害的，并由此与伦理无涉。但是亨利和马里翁却不这样认为。在亨利的观念中，绘画以生命为其本质，它是生命本身的一种活动和存在样式，而所有生命都是每个个体的生命，它们包含着丰富的欲望、情感、感觉等，因此，绘画关涉每个个体的生命样式，对绘画的选择展现了个体自身的生命运动。在马里翁的观念中，作为艺术作品或者说作为审美现象的绘画是自我的外观，它界定着自我的极限可能性形象，而这种形象也包含着自我的欲望、期待等，因此必然与伦理紧密地关联在一起。

二、亨利和马里翁的图像理论的本质差异

当然，除了上述内在关联，在亨利和马里翁的图像现象学之间，我们也能界定出一些本质差异。

第一，在对可见者和不可见者的理解上，以及对超越对象性的图像显现可能性的理解上，亨利和马里翁存在着严重的分歧。在亨利看来，

所有的可见者领域都是对象性的，超越对象性的领域只存在于不可见者中，也就是只存在于生命中。以此为基础，图像要想超越对象性显现模式，就只能逃离可见者领域而走向不可见者领域。与亨利不同，马里翁对可见者的理解更富有弹性。在他看来，可见者的显现方式其实是多样化的，我们对可见者的理解方式也可以是多样化的，而对象性方式只是这些多样化方式中的一种，在对象性之外，我们还可以依据存在性、伦理性等方式来对可见者进行理解。他指出，在最深层的意义上，所有这些显现和理解方式都是现象自身给予的一种模式，因此可见者在最深层的意义上应该被还原成被给予物，它的现象性就是被给予性。在对可见者的这种规定的基础上，马里翁提出了不同于亨利的不可见者观念，即不可见者既可以是可见性的缺乏，是光线缺乏的黑暗，也可以是可见性的过剩，也就是说，当可见性过剩地显现进而超出我们的承受限度时，现象就会陷入不可见性。在他看来，这种作为可见性过剩的不可见者与作为可见性匮乏的不可见者不同，它不能通过可见性的补充而变得可见，不能被还原成可见者。以此为基础，马里翁认为我们存在两种超越对象性显现模式的图像显现可能性：其一，是作为艺术作品或审美现象的绘画偶像呈现的显现可能性，在这种可能性中，绘画（图像）仍归属于可见者领域，它界定了可见者（现象）显现的最高理想，即只有呈现，没有统现，也就是说，只有可见者，没有不可见者；其二，是由作为他者的面容的圣像呈现的可能性，在这种可能性中，图像让真正属于不可见者领域的东西，即绝对异于自我的那道来自他者和上帝的不可见凝视，进入画面的显现中，让这种绝对的不可见者同可见者交错在一起，并成为画面显现的重心。

  第二，在对作为艺术作品或审美现象的绘画的地位和意义的界定上，或者说，在对图像显现的最终可能性的界定上，亨利和马里翁也存在着巨大差异。在亨利的现象学中，不可见的生命是最原初的现象，也是最高的存在，他的整个现象学的任务就是获得这种现象，并将其意义完全揭示出来。与此相应，在他的分析中，作为艺术作品或审美现象的绘画由于归属于这个不可见的生命领域，并且将生命的本质实现出来，所以具有尤为重要的意义，他甚至认为绘画和艺术本身对于当代社会来说具有一种弥赛亚的拯救内涵。由此，在其整个现象学体系中，他在某种意义上是将作为艺术作品的绘画界定为图像显现的典范性的和最终的可能性，并以肯定性态度来对待作为艺术作品的绘画。与亨利不同，马里翁对待作为艺术作品的绘画的态度更具批判性和张力。一方面，马里翁认为，作为超越对象性显现机制的典范性现象，绘画偶像应当充当我们探究一般现象显现可能性的导引，应当被重点探究。同时，在他所界定的充溢现象系统中，作为艺术作品或审美现象的绘画偶像也是其中的一种典范性现象。然而，另一方面，马里翁也认为，绘画偶像作为充溢现象具有其不可超越的限度，它只能停留在自我的领域，作为自我的外观，并将自我导向唯我论，而我们如果想要超越自我、走向他者，就必须离开作为艺术作品的绘画偶像而走向作为他者的面容的圣像，走向更多的可能性，也就是说，在马里翁的观念中，图像显现的最终可能性并不是作为艺术作品或审美现象的绘画偶像，而是作为他者的面容的圣像。

　　当然，无论是内在关联，还是本质差异，亨利和马里翁的图像现象学理论都为我们理解图像本身提供了一些有益的透视视角，进而具有自身独特的理论价值。实际上，在看待亨利和马里翁的图像现象学理论时，更符合现象学精神的方式恰恰是如海德格尔和马里翁所讲的那样，遵循可能性的指引和方向，即不将他们展开的现象学分析唯一化和教条化，不将他们提供的可能性看作唯一的或最终的可能性，而是看作诸多可能性分析中的一种。图像本身的复杂性和现象学的方法也要求我们不能固着于某种理论角度来对其进行理解，而是必须面向图像本身，从多个角度进行理解和分析，并保持着向新的可能性的开放。

参考文献

一、中文文献

1. 巴门尼德：《巴门尼德著作残篇》，大卫·盖洛普英译、评注，李静滢汉译，广西师范大学出版社，2011。

2. 柏拉图：《理想国》，郭斌和、张竹明译，商务印书馆，1986。

3. 柏拉图：《泰阿泰德》，贾冬阳译，载《柏拉图全集：中短篇作品（上）》，刘小枫主编，华夏出版社，2023。

4. 陈辉：《实在、个体与生命——米歇尔·亨利对马克思的现象学解释》，《教学与研究》2020年第5期。

5. 陈乐民编著：《莱布尼茨读本》，江苏教育出版社，2006。

6. 陈艳波、张雨润：《作为溢满性现象的绘画——马里翁〈论多余〉中的分析》，《江西社会科学》2016年第4期。

7. 笛卡尔：《哲学原理》，关文运译，商务印书馆，1958。

8. 高宣扬：《当代法国哲学导论》（上、下），同济大学出版社，2004。

9. 海德格尔：《林中路》（修订本），孙周兴译，上海译文出版社，2004。

10. 海德格尔：《在通向语言的途中》（修订译本），孙周兴译，商务印书馆，2004。

11. 海德格尔：《存在与时间》（修订译本），陈嘉映、王庆节译，生活·读书·新知三联书店，2006。

12. 海德格尔：《同一与差异》，孙周兴、陈小文、余明锋译，商务印书馆，2011。

13. 海德格尔：《演讲与论文集》，孙周兴译，生活·读书·新知三联书店，2011。

14. 海德格尔：《讲话与生平证词（1910—1976）》，孙周兴、张柯、王宏健译，商务印书馆，2018。

15. 海德格尔：《存在的天命：海德格尔技术哲学文选》，孙周兴编译，中国美术学院出版社，2018。

16. 黑格尔：《美学》（第一卷），朱光潜译，商务印书馆，1979。

17. 胡塞尔：《逻辑研究（第二卷第一部分）》（修订本），倪梁康译，上海译文出版社，2006。

18. 胡塞尔：《逻辑研究（第二卷第二部分）》（修订本），倪梁康译，上海译文出版社，2006。

19. 胡塞尔：《现象学的观念》，倪梁康译，人民出版社，2007。

20. 胡塞尔：《笛卡尔沉思与巴黎讲演》，张宪译，人民出版社，2008。

21. 胡塞尔：《文章与讲演（1911—1921年）》，倪梁康译，人民出版社，2009。

22. 胡塞尔：《现象学的构成研究——纯粹现象学和现象学哲学的观念（第2卷）》，李幼蒸译，中国人民大学出版社，2013。

23. 胡塞尔：《纯粹现象学通论——纯粹现象学和现象学哲学的观念（第1卷）》，李幼蒸译，中国人民大学出版社，2014。

24. 胡文静：《透视与逆-意向性——论马里翁对绘画艺术中不可见者的现象学揭示》，《哲学动态》2021年第12期。

25. 姜宇辉：《艺术何以有"灵"——从米歇尔·亨利重思艺术之体验》，《学术研究》2020 年第 10 期。

26. 康德：《纯粹理性批判》，李秋零译，中国人民大学出版社，2004。

27. 康德：《判断力批判》，李秋零译，载《康德著作全集》（第 5 卷），中国人民大学出版社，2007。

28. 康德：《实践理性批判（注释本）》，李秋零译注，中国人民大学出版社，2011。

29. 梁灿：《论审美体验的非时间性——以米歇尔·亨利对时间性概念的批判为线索》，《文艺理论研究》2020 年第 4 期。

30. 梁灿、王冬：《自然审美何以可能？——论米歇尔·亨利的自然美学观》，《郑州大学学报（哲学社会科学版）》2018 年第 3 期。

31. 列维纳斯：《总体与无限——论外在性》，朱刚译，北京大学出版社，2016。

32. 马里翁：《还原与给予——胡塞尔、海德格尔与现象学研究》，方向红译，上海译文出版社，2009。

33. 马里翁：《可见者的交错》，张建华译，漓江出版社，2015。

34. 马里翁：《笛卡尔与现象学——马里翁访华演讲集》，方向红、黄作主编，生活·读书·新知三联书店，2020。

35. 马礼荣：《情爱现象学》，黄作译，商务印书馆，2014。

36. 马迎辉：《重新发现抽象与生命：亨利论康定斯基》，《哲学与文化》2021 年第 8 期。

37. 尼采：《权力意志》（上下卷），孙周兴译，商务印书馆，2007。

38. 尼采：《查拉图斯特拉如是说》，孙周兴译，载《尼采著作全集》（第四卷），商务印书馆，2010。

39. 尼采：《偶像的黄昏——或者怎样用锤子进行哲思》，李超杰译，载《尼采著作全集》（第六卷），商务印书馆，2015。

40. 帕斯卡尔：《思想录》，何兆武译，商务印书馆，1985。

41. 萨特：《存在与虚无》（修订译本），陈宣良等译，杜小真校，生活·读书·新知三联书店，2007。

42. 俞吾金：《海德格尔的"世界"概念》，《复旦学报（社会科学版）》2001年第1期。

43. 张志伟：《〈纯粹理性批判〉中的本体概念》，《中山大学学报（社会科学版）》2005年第6期。

44. 仲霞：《马里翁的绘画之思解读》，《同济大学学报（社会科学版）》2016年第6期。

二、外文文献

1. Paul Cézanne, *Conversations avec Cézanne*, éd. P. M. Doran (Paris: Macula, 1978).

2. Scott Davidson, translator's introduction to *Seeing the Invisible: On Kandinsky*, by Michel Henry (London/New York: Continuum, 2009), pp. vii – xiii.

3. Steven DeLay, "Disclosing Worldhood or Expressing Life? Heidegger and Henry on the Origin of the Work of Art," *Journal of Aesthetics and Phenomenology* 4, issue 2 (2017): 155 – 171.

4. Jacques Derrida, *Penser à ne pas voir. Écrits sur les arts du visible, 1979 – 2004* (Paris: Éditions de la Différence, 2013).

5. Didier Franck, *Flesh and Body: On the Phenomenology of Husserl*, trans. Joseph Rivera and Scott Davidson (London/New York: Bloomsbury Academic, 2014).

6. Peter Joseph Fritz, "Black Holes and Revelations: Michel Henry and Jean-Luc Marion on the Aesthetics of the Invisible," *Modern Theology* 25, issue 3 (2009): 415 – 440.

7. Hans-Dieter Gondek und László Tengelyi, *Neue Phänomenologie in Frankreich* (Berlin: Suhrkamp Verlag, 2011).

8. Christina M. Gschwandtner, *Degrees of Givenness: On Saturation in Jean-Luc Marion* (Bloomington and Indianapolis: Indiana University Press, 2014).

9. Christina M. Gschwandtner, "Revealing the Invisible: Henry and Marion on Aesthetic Experience," *The Journal of Speculative Philosophy* 28, no. 3 (2014): 305-314.

10. Michel Henry, *Marx I. Une philosophie de la réalité* (Paris: Gallimard, 1976).

11. Michel Henry, *Marx II. Une philosophie de l'économie* (Paris: Gallimard, 1976).

12. Michel Henry, *Du communisme au capitalisme. Théorie d'une catastrophe* (Paris: Éditions Odile Jacob, 1990).

13. Michel Henry, *C'est moi la Vérité. Pour une philosophie du chirstianisme* (Paris: Éditions du Seuil, 1996).

14. Michel Henry, *Incarnation. Une philosophie de la chair* (Paris: Éditions du Seuil, 2000).

15. Michel Henry, *Paroles du Christ* (Paris: Éditions du Seuil, 2002).

16. Michel Henry, *L'essence de la manifestation* (Paris: Presses Universitaires de France, 2003).

17. Michel Henry, *Philosophie et phénoménologie du corps* (Paris: Presses Universitaires de France, 2003).

18. Michel Henry, *Généalogie de la psychanalyse. Le commencement perdu* (Paris: Presses Universitaires de France, 2003).

19. Michel Henry, *Phénoménologie de la vie I. De la phénoménologie* (Paris: Presses Universitaires de France, 2003).

20. Michel Henry, *Phénoménologie de la vie III. De l'art et du politique* (Paris: Presses Universitaires de France, 2004).

21. Michel Henry, *Le Bonheur de Spinoza* (Paris: Presses Universitaires de France, 2004).

22. Michel Henry, *Phénoménologie matérielle* (Paris: Presses Universitaires de France, 2004).

23. Michel Henry, *Auto-donation. Entretiens et conférences* (Paris: Beauchesne Éditeur, 2004).

24. Michel Henry, *Voir l'invisible. Sur Kandinsky* (Paris: Presses Universitaires de France, 2005).

25. Michel Henry, *La barbarie* (Paris: Presses Universitaires de France, 2017).

26. Robyn Horner, *Jean-Luc Marion: A Theo-logical Introduction* (Aldershot/Burlington: Ashgate Pub., 2005).

27. Robyn Horner, "The Face as Icon: A Phenomenology of the Invisible," *Australasian Catholic Record* 82, no. 1 (2005): 19 – 28.

28. Codrina-Laura Ionita, "La donation de l'art ou les conditions de la description de la phénoménalité chez J. -L. Marion," *Studia Universitatis Babes-Bolyai, Philosophia* 2 (2010): 21 – 30.

29. Ian James, *The New French Philosophy* (Cambridge/Malden: Polity Press, 2012).

30. Dominique Janicaud, *Le tournant théologique de la phénoménologie française* (Paris: L'Éclat, 1991).

31. Wassily Kandinsky, *Kandinsky: Complete Writings on Art*, Volume One (1901 – 1921), eds. Kenneth C. Lindsay and Peter Vergo (Boston: G. K. Hall & Co., 1982).

32. Wassily Kandinsky, *Kandinsky: Complete Writings on Art*, Volume Two (1922 – 1943), eds. Kenneth C. Lindsay and Peter Vergo (Boston: G. K. Hall & Co., 1982).

33. Richard Kearney, *Debates in Continental Philosophy: Conver-

sations with Contemporary Thinkers (New York: Fordham University Press, 2004).

34. Sean D. Kelly, "Edmund Husserl and Phenomenology," in *The Blackwell Guide to Continental Philosophy*, eds. Robert Solomon and David Sherman (Malden: Blackwell Pub., 2003).

35. Ian Leask and Eoin Cassidy (eds.), *Givenness and God: Questions of Jean-Luc Marion* (New York: Fordham University Press, 2005).

36. G. W. Leibniz, *The Leibniz-Des Bosses Correspondence*, translated, edited, and with an introduction by Brandon C. Look and Donald Rutherford (New Haven/London: Yale University Press, 2007).

37. Shane Mackinlay, "Eyes Wide Shut: A Response to Jean-Luc Marion's Account of the Journey to Emmaus," *Modern Theology* 20, issue 3 (2004): 447-456.

38. Shane Mackinlay, *Interpreting Excess: Jean-Luc Marion, Saturated Phenomena, and Hermeneutics* (New York: Fordham University Press, 2010).

39. Jean-Luc Marion, *Sur l'ontologie grise de Descartes. Science cartésienne et savoir aristotélicien dans les "Regulae"* (Paris: Librairie Philosophique J. Vrin, 1975).

40. Jean-Luc Marion, *L'idole et la distance. Cinq études* (Paris: Éditions Grasset & Fasquelle, 1977).

41. Jean-Luc Marion, *Sur la théologie blanche de Descartes. Analogie, création de vérités éternelles et fondement* (Paris: Presses Universitaires de France, 1981).

42. Jean-Luc Marion, *Sur le prisme métaphysique de Descartes. Constitution et limites de l'onto-théo-logie dans la pensée cartésienne* (Paris: Presses Universitaires de France, 1986).

43. Jean-Luc Marion, *Prolégomènes à la charité* (Paris: Éditions de la Différence, 1986).

44. Jean-Luc Marion, *Réduction et donation. Recherches sur Husserl, Heidegger et la phénoménologie* (Paris: Presses Universitaires de France, 1989).

45. Jean-Luc Marion, *Dieu sans l'être. Hors-texte* (Paris: Presses Universitaires de France, 1991).

46. Jean-Luc Marion, *Questions cartésiennes. Méthode et métaphysique* (Paris: Presses Universitaires de France, 1991).

47. Jean-Luc Marion, *Questions cartésiennes II. Sur l'ego et sur Dieu* (Paris: Presses Universitaires de France, 1996).

48. Jean-Luc Marion, *Le phénomène érotique. Six méditations* (Paris: Grasset, 2003).

49. Jean-Luc Marion, *Au lieu de soi. L'approche de Saint Augustin* (Paris: Presses Universitaires de France, 2008).

50. Jean-Luc Marion, *Le visible et le révélé* (Paris: Les Éditions du Cerf, 2010).

51. Jean-Luc Marion, *Le croire pour le voir. Réflexions diverses sur la rationalité de la révélation et l'irrationalité de quelques croyants* (Paris: Parole et Silence, 2010).

52. Jean-Luc Marion, *De surcroît. Études sur les phénomènes saturés* (Paris: Presses Universitaires de France, 2010).

53. Jean-Luc Marion, *Certitudes négatives* (Paris: Éditions Grasset & Fasquelle, 2010).

54. Jean-Luc Marion, *The Reason of the Gift*, trans. Stephen E. Lewis (Charlottesville/London: University of Virginia Press, 2011).

55. Jean-Luc Marion, *God Without Being: Hors-Texte*, trans. Thomas A. Carlson (Chicago/London: The University of Chicago

Press, 2012).

56. Jean-Luc Marion, *La Rigueur des choses. Entretiens avec Dan Arbib* (Paris: Flammarion, 2012).

57. Jean-Luc Marion, *La croisée du visible* (Paris: Presses Universitaires de France, 2013).

58. Jean-Luc Marion, *Étant donné. Essai d'une phénoménologie de la donation* (Paris: Presses Universitaires de France, 2013).

59. Jean-Luc Marion, *Sur la pensée passive de Descartes* (Paris: Presses Universitaires de France, 2013).

60. Jean-Luc Marion, *Courbet ou la peinture à l'œil* (Paris: Flammarion, 2014).

61. Jean-Luc Marion, *Figures de phénoménologie. Husserl, Heidegger, Levinas, Henry, Derrida* (Paris: Librairie Philosophique J. Vrin, 2015).

62. Jean-Luc Marion, *Ce que nous voyons et ce qui apparaît* (Bry-sur-Marne: INA Éditions, 2015).

63. Jean-Luc Marion, *Reprise du donné* (Paris: Presses Universitaires de France, 2016).

64. Michael O'Sullivan, *Michel Henry: Incarnation, Barbarism and Belief* (Bern: Peter Lang AG, 2006).

65. Brendan Prendeville, "Painting the Invisible: Time, Matter and the Image in Bergson and Michel Henry," in *Bergson and the Art of Immanence: Painting, Photography, Film*, eds. John Mullarkey and Charlotte de Mille (Edinburgh: Edinburgh University Press, 2013), pp. 189–205.

66. Christopher C. Rios, "The Unrealized Eschatology of Michel Henry: Theological Gestures from His Phenomenological Aesthetics," *Modern Theology* 36, issue 4 (2020): 843–864.

67. Claude Romano, *L'événement et le monde* (Paris: Presses Universitaires de France, 1998).

68. Ian Rottenberg, "Fine Art as Preparation for Christian Love," *The Journal of Religious Ethics* 42, no. 2 (2014): 243–262.

69. François-David Sebbah, "L'exception française," *Magazine littéraire* 403 (2001): 50–52, 54.

70. François-David Sebbah, *Testing the Limit: Derrida, Henry, Levinas, and the Phenomenological Tradition*, trans. Stephen Barker (Stanford: Stanford University Press, 2012).

71. David Nowell Smith, "Surfaces: Painterly Illusion, Metaphysical Depth," *Paragraph* 35, no. 3 (2012): 389–406.

72. James K. A. Smith, "Liberating Religion from Theology: Marion and Heidegger on the Possibility of a Phenomenology of Religion," *International Journal for Philosophy of Religion* 46, no. 1 (1999): 17–33.

73. Jeremy H. Smith, "Michel Henry's Phenomenology of Aesthetic Experience and Husserlian Intentionality," *International Journal of Philosophical Studies* 14, no. 2 (2006): 191–219.

74. Christian Sommer (éd.), *Nouvelles phénoménologies en France* (Paris: Hermann, 2014).

75. Merold Westphal, "Vision and Voice: Phenomenology and Theology in the Work of Jean-Luc Marion," *International Journal for Philosophy of Religion* 60, nos. 1–3 (2006): 117–137.

76. Anna Yampolskaya, "Metamorphoses of the Subject: Kandinsky Interpreted by Michel Henry and Henri Maldiney," *Avant: Journal of Philosophical-Interdisciplinary Vanguard* 9, no. 2 (2018): 157–167.

77. Dan Zahavi, "Michel Henry and the Phenomenology of the In-

visible," *Continental Philosophy Review* 32, issue 3 (1999): 223 - 240.

78. Anna Ziółkowska-Juś, "The Aesthetic Experience of Kandinsky's Abstract Art: A Polemic with Henry's Phenomenological Analysis," *Estetika: The Central European Journal of Aesthetics* 54, issue 2 (2017): 212 - 237.

79. Davide Zordan, "Seeing the Invisible, Feeling the Visible: Michel Henry on Aesthetics and Abstraction," *Cross Currents* 63, no. 1 (2013): 77 - 91.

人名索引

A

阿尔都塞 4
阿尔普 134
阿奎那 118
阿里基埃 4，5
奥古斯丁 5，7
奥沙利文 14

B

巴尔塔萨 4
巴门尼德 74
贝克莱 144
毕加索 134
波茨 166
波弗勒 4
柏格森 16
博耶 4
布兰科 89

布吕艾尔 5

C

查尔斯 4

D

丹尼尔卢 4
德里达 1，4，6，10，12，13
笛卡尔 4，5，7，23，27，63，97，119，147，159，195，204，219，220，243
杜尚 182，225

F

弗朗克 109
弗里茨 13，226

G

格施万德娜 13

贡德克 1

H

海德格尔 1, 4, 6, 10, 12, 15, 17, 21-31, 35, 36, 38, 48, 49, 51, 52, 58, 60-68, 72-83, 89, 96, 109, 110, 119-121, 126, 128, 135, 140, 173, 181, 183, 185-191, 194-197, 203, 204, 216, 224, 226-228, 281, 290, 294

黑格尔 54-56, 97, 135, 153, 154, 169, 195, 204

亨利 1-4, 6, 8-15, 17-18, 22, 23, 27, 30-32, 34-36, 38-45, 47, 48, 50, 52, 54, 58, 60, 65, 66, 78, 96, 100, 110, 111, 117, 129, 133-180, 201, 290-295

胡塞尔 1, 2, 6, 9, 10, 12, 15, 17, 69-72, 90-95, 107-114, 124-128, 135-137, 144, 156, 157, 159, 173, 182, 191, 192, 204-205, 210-217, 219-221, 242, 243, 273, 281

霍尔拜因 198

J

加勒里 10
伽利略 23, 147

K

康德 2, 13, 14, 16, 27, 46, 90, 97, 102-108, 114, 118, 125, 135, 184, 204, 210, 212-221, 235-240, 257, 263-270, 287-289

康定斯基 3, 14, 15, 17, 133-140, 142-145, 147-166, 170, 173-175, 177, 178, 201-203, 291

克利 134

L

莱布尼茨 97-102, 106, 107, 114
里奥斯 15
利科 1, 5
里希尔 10
列维纳斯 1, 5, 6, 10, 12, 174, 278, 280, 281, 283
洛克 144
罗马诺 228
吕巴克 4

M

马尔蒂奈 10, 17
马克思 3, 40, 295
马列维奇 134, 147
马里翁 1, 2, 4-18, 22, 23, 27, 29-32, 34, 35, 37-39, 45-48, 50-54, 56-58, 60, 65, 66, 68-72, 83-94, 96-100, 102, 106-110, 112-123, 125-129, 176, 179-185, 191-195, 197-246, 248-252, 254-263, 265-288, 290-294

梅洛-庞蒂 1, 10, 12, 174
蒙德里安 134, 147
莫奈 148

摩西　166

N

尼采　54，56-58，92，121-123

P

帕斯卡尔　251，252
普罗泰戈拉　75-77

Q

齐奥科夫斯卡-朱希　14

S

萨特　1，12，115
塞巴　10
塞尚　89，90，134，201-203
史密斯　14

叔本华　135
苏亚雷斯　118

T

特雷西　5
腾格尔义　1

X

谢林　135
休谟　144

Y

亚里士多德　77，135

Z

扎哈维　12
佐丹　14

主题索引

A

爱 6，16，29，37，38，116，228，241，280

B

摆置 24，49，61-65，67，80-82
半-存在或半-实体 99，100，108，109
被表象性 62，63，67
被表象之物 49，62，64，65，67
被动性 15，90，218，240，271
被给予物 6，84，91，94，125-127，135，205-208，215，217，227，246，250，278，280，282-284，293
被给予性 6，10，13，90，94，109-111，114，117，125-127，135，180，197，200，205-210，214-222，226-229，231，232，234，235，242，261，281，293
本体 106
本体论 7，126，136，163，172
本源 17，185-187，189，195
本质 3，9，15，18，21-23，25，27，28，30-32，34-37，39，40，42-44，46，49，52，55，60-68，70，72，73，75，77-79，81，83，92-96，110，111，116，133-141，143-148，153，156，160，161，163-166，168-176，178，181-192，194-197，199，204，208，210-213，216，217，222，232-235，256，259，262，263，267，290-292，294
表达 57，97，110，116，143，149-152，155，162，278，283-287
表面性 39，40，42，43，45，48，

50，58

表现 33，143，152，162，167-170

表象或表象化 14，32，49，62-67，74，80-82，101，104-106，134，141-143，145-147，159，166-170，184，189，194，236，291

表象者 62，66

不可见性 14，35，55，86，148，169，174，178，239，262，274，276，293

不可见者 3，11-14，16，18，22，33，46，55，56，83-85，87，88，91，94，95，113，116，133，136，139-144，148，152-155，170，172-174，176-180，203，207-209，221，234，248，250，256，262，263，282，283，285，289-293

不显现的现象 12，227

不在场 70，76，173，243，244

C

侧显 92，211，243，274，282

超-可见性 193，194

超人 57，58，114

超越性 173，174

沉醉者 27，194，200

呈现 12，21，23，32，33，36-41，43，45，47，48，50，60，63，80，81，83，91，95-97，114，116，133，140，142，143，160-162，166-168，170，175，185，193，194，197，213，220，224，225，234，236，237，242-244，248-250，254，273，274，280，285，291，293

澄明 188，189

程式 78，79，83

程序 78

称赞或敬仰 251，252，255，256

持存 72，81，82，181-183，185

重复观看 194，229

崇高 13，220

充实 70，71，91，111-113，210-212，225，243，249

充溢 221，225，232-235，239，240，242，244，245，248，255，257，263，267，269-273，279，285，289

充溢现象 6，15，16，90，91，113，208，209，214，218-221，223，224，226，232-235，240-242，258，260-263，267，269-273，286，288，294

充溢性 16，208-210，218，221，222，232，242，285，289

充足理由原则或充足理由律 97，99，100，102，106，107

筹划 45，49-51，62，67，78-83

抽象 56，118，119，143-150，152-155，157，163-169，173，175，176，201

抽象绘画 14，15，134-137，142-145，149-153，158，160，163-166，170，173-177

抽象内容 144，147，149，150，152，

154-156，163，164

抽象形式　15，152，155-157，161，164，175

抽象艺术　15，133，175

创世　246，248

创作　3，4，11，134，141，146，148，156，166-168，183，247，248

纯粹图画形式　156-161

纯粹图画要素　161-163

此在或此-在　25，27-30，54，74，90，128

存在　4，6，9，12，24-34，44，48，52，55-58，65，67，68，72-80，83，92，93，96，97，99-101，114-116，119-122，126，127，139-141，143，145，146，149，154，155，159，161-163，169-173，177，184，186-193，227，228，233，248，259，262-265，272，279-285，288，291-293

存在论　126，128，185，228

存在论层次　25-27，30，31

存在论差异　227，228

存在-神-逻辑学　119-121

存在问题　28-30，126，190

存在性　180，181，185，189-192，194，197，226-228，232，293

存在者　12，21，24-27，30-32，48，61-68，72-80，82，83，96，116，118-122，126，127，158，181，185-197，201，203，227，279

存在者层次　25-27，30，31，193，253，254

D

大地　187，189

电视图像　9，18，34-36，39-54，58，114，116，173，176，290

对象　24，25，60，63，65-72，76，79-80，82，86-88，90-95，102-104，111-114，117，129，133，137-139，142，147-151，154，155，157-160，163，165，170，171，178，181-185，190，194，199，201，203，204，209，213，215，217-219，223，225，234，235，237-239，245，249，254，255，257，258，264-271，273，274，283-285，288，290，291

对象化　18，65-67，72-75，79，81-83，96，97，111，112，114，154，158，174，178，190，194，203，204，217，226，268，270，279，288

对象性　18，60，65-74，77，78，83，93，95-97，102，107，112，113，117，129，133，134，136，137，147，148，150，151，158，160-165，171-174，176，178，180，181，185，197，200，217，221，222，225，226，232-235，261，267，281，289-294

F

法国新现象学　1-4，7，14，18，180

发生　27，33，35，40，47，70，97，98，106，107，112，113，149，170，188 - 190，193，194，202，208，227，228，230，259，285

烦　52

反-经验　270，271

反-凝视　277

反-意向性或逆-意向性　199，277

非对象　131，270

非对象化或非-可对象化　203，204，226，268，270，288

非对象性　151，159，189，198，218，290，291

非经验　270

非连贯性　39 - 43，45，47，48，50，52，58

非实在性　40，46，86，88，91，145，182，192

非意向性　15，17

附饰　13

复制　46，53，182，193，218，237 - 240，247，248，253，267

G

感觉　11，14，104，128，135，137，139，140，149，156，158，159，162，163，169，172，178，186，201，202，204 - 206，226，235 - 240，264，273，277，292

感性　14，46，55，103 - 106，142，144，146，153，161，163，172，195，202，203，205，212，215，217，237，241，242，269

感性之物，或感性事物，或感觉之物　56 - 58，121，154，159

根据　25 - 27，99，120，122，177，227

公开性　115

构成主义　134

构造　67，69 - 71，79，84，90 - 95，112，114，117，128，129，137 - 139，146，149，150，155 - 157，159，161，181，199，200，204 - 206，209，213，217，218，225，233，234，240，243，246 - 249，254，255，266 - 271，273，275，277，279，280，283 - 285，288 - 290

观看　3，11，33，42，44，45，52，53，58 - 60，71，72，84，85，114，116，133，135，137，142，172，176，182 - 184，187，192 - 194，198 - 200，225，226，240，241，243 - 246，252，254 - 256，258，268，269，271，273 - 275，277，281

观看之欲　52，53，58，59，115，234

观念化　146

观念性或理想性　86 - 91，94，145，146，192

关系的范畴　221，264，273

观者　42 - 45，56，124，135，142，172，183，193，194，202，250 - 259，271，272，274 - 288

广延　147，159，235，236，239，263

过剩　6，16，209，214，218 - 221，

223，225，226，232，234，240 - 242，244，245，249，253，255 - 258，262，267 - 269，271，279，280，282 - 286，293

H

合目的性　72，183 - 185
后结构主义　4
后天　104，125，126
后印象主义　134
呼唤　29，75，227，228，276，281 - 286，288
画家　11，14，34，55，90，134，140 - 142，145 - 147，160，166 - 168，183，245 - 248
画框　140，181，182，185，192，244，245，247，248，253，255
还原　6，10，44，49，50，62，65，67，73，77，82，93，95，111，113，117，126，129，135，136，156，157，160，161，165，168，191，194，202，206，208，217，225，227，228，249，250，258，260，267，269，273，274，281，284，285，288，289，291，293
绘画　8，9，11 - 17，22，39，44，55，83 - 85，87 - 89，91 - 93，95，96，133 - 137，140 - 144，146 - 161，163 - 170，172 - 186，189 - 203，206 - 210，221 - 227，229 - 235，242，244 - 260，262，272，275，289，291 - 296
混沌　246，247

J

几何抽象派　147
几何形式　146，147
既给予　6，113，126，128，205，209，262
激情　139，162，274
技术　18，21，35 - 37，39，43，50 - 52，54，60，72，73，77，78，83，85，151，172，176，182，238，291
计算　49，52，63，64，72，80 - 82
价值　34，37，42 - 45，50，57，58，67，68，73，114，141，158，184，190，193，289，294
见证者　271
降临　185，247 - 249，287
教父哲学　7
结构主义　4
解释学　15，178，194，229 - 231，271，280，281，283，285 - 289
精神　4，51，81，125，134，150，151，154，156，170，191，192，201，294
经验　35，44，46，47，51，71，72，86，102 - 105，113，125，126，139，176，200，225，235，239，242，243，264 - 271，287
经院哲学　7
距离化　138，139
具象　147，152，153，201
具象绘画　164，165，167

K

客观　24，40 - 42，48，62，64，68 -

70，72，105，147，150-152，176，183，184

可见性　11，12，18，22，38，39，50，55，56，85，87，88，91，93，95，96，138，139，144，147，148，153，163，169，174，177，178，182，184，185，193，194，198，200，207，209，213，222，223，240-242，245-250，252-259，262，271，275，276，290，291，293

可见者　6，11，12，14，18，22，32，45，53，55，56，73，83-88，90，91，93-95，113，133，136，139-150，152-155，161，172-174，176-180，198-200，202，203，207-209，221，224，225，229，232-234，240，241，244-251，253-258，260，262，263，268，273-278，281，282，285，289-293

可靠性　187

可能性条件　16，25，27，30，35，36，46，69，72-74，80，84，86，87，90，91，93，94，96，98-108，117，204，218，221，235，236，238，239，265-270，288

科学　18，28，35-37，39，60，73，77-83，109，118，149-151，172，176，291

空间　33，37，41，46-48，50-52，58，86-88，103，104，106，115，146，159，160，177，236，238，239，253，269，274，275，282

快乐　43，54，116，137，139，171

匮乏　69，71，94，95，203，209，211，212，219，232，249，266，276，282-284，293

窥视癖　52

窥视者　52，53，58-60，114-117

L

力量　29，42，47，53，62，87，129，148，156，162，163，167，168，170-172，176，177，202，228，247

理念　13，34，54-56，141，153，154，169，177，195，204，220，241，252，254，287

立体主义　134，146，147，250

例外　33，37，82，211，212，223，224

理想化　238

理智之物　56-58

量的范畴　221，235，236，263

灵魂不朽　287，288

流动性　39，43-45，48，50-52，58

伦理　43，151，172，251，256，257，260，278-281，283，292，293

M

矛盾原则或矛盾律　92，97，100-102

美　15，42，43，55，184，190-192，195

美学　11-15，43，86，135，153，166，169，173，176，190，195，

226, 256, 291, 292

弥赛亚　151, 294

面容　116, 180, 229, 260, 261, 263, 271-281, 283-289, 293, 294

瞄向　66, 68-71, 138, 199, 203

命令　278-281, 283

摹本　23, 34, 57, 244

模仿　34, 54-59, 141, 146, 148, 155, 160, 163, 165, 166, 169, 170, 175, 177, 201, 209, 225, 252, 254

模态的范畴　221, 263-269, 271, 272, 279, 285, 289

没影点　84

目的　36, 43, 68, 88, 91, 94, 109, 135, 141, 147, 148, 160, 167, 168, 172, 184, 194-196, 202, 223, 226, 238, 248, 255, 291

N

内在　30, 136-140, 150-154, 156, 161-164, 167-174, 178, 201, 202, 217

内在必然性　155, 156, 167, 168

内在性　15, 134, 140, 150, 154, 174

凝视　33, 43, 45, 53, 65, 71, 84-88, 91, 93, 113, 115, 138, 184, 187, 193, 194, 200, 202, 221, 234, 240-242, 244-246, 248-250, 252-260, 268, 269, 271, 274-283, 285, 288, 289, 293

O

偶像　6, 16, 51-53, 55, 56, 59,
115, 116, 121, 180, 221, 222, 229, 232-235, 242, 244, 250, 251, 254-261, 274, 275, 289, 293, 294

P

贫乏　145, 210, 212-214, 216, 225, 226, 237, 239, 240, 266, 275, 276

贫乏现象　213, 220, 237, 239, 266

频繁性　212, 223, 224

平凡性　92, 93, 221-226

平面的现象　227

屏幕　50-52, 58, 253, 255

普通现象　223, 225, 226, 240, 266

Q

期待　32, 53, 69, 71, 73, 75, 95, 96, 116, 135, 200, 204, 209, 245-247, 275, 277, 292

器具或用具　25, 72, 183, 186, 187, 226

启示　7, 113, 139, 163, 172, 209, 229, 230, 261, 279

强度　85, 95, 235-242, 245, 249, 253, 255-258, 263, 275

情动　31, 139, 140, 171

情感调性　162, 163, 167, 168, 170, 172, 176, 177

去蔽　76, 188

去物质化　238

确定性　6, 63, 64, 118, 152, 156, 218, 219

R

认识能力或知识能力 105-107，219，263-265，267

肉身或肉体 3，108，109，124，125，137，221，273-275

S

善 32，42，43，190，241

上帝 4，6，7，29，32，33，63，77，89，98，99，107，119，228，233，246，248，261，262，272，285，288，293

上帝之死 4

上手 25，72，181，183-185

设置 185，188，189，198

深度 14，26，31，37，42，43，50，85-89，250，285

深度的现象 227

审美 8，11，15-17，134，142，151，184，200，220，222，292-294

审美图像 133

身体 3，109，137，138，174，273，274

神学转向 2，3，14

生发 188

生命 13，15，16，27，30，31，40，44，47，52，54，81，136，139-144，148-152，154-159，162-174，176-178，201，202，288，291-295

生命现象学 2，4，14，31，133，135，169-171，173，174

声音 12

诗 196

实存 145，191，192，264

诗歌 196

事后看见 200

时间 15，24-28，30，33，37，41，44，46-48，50-52，58，72，103，104，106，115，140，177，187，220，236-239，243，264，269，274，282，287

事件 4，10，32，33，40-42，47，92，148，149，166，168，189，193，194，197，202，208，221，227-231，260，285

事件性 189，194，196，202，227，259，260，284

事件性转向 2

世界 4，5，21，23-31，35，40-44，46-48，50，51，54，62，73-77，85，87，88，91-93，115，116，134，136-155，158-162，164，165，171-174，177，178，185，187，189，209，228，241-245，248-251，253-255，257，273，275，291

世界图像，或世界图像化，或世界的图像化 18，21-24，26-28，30-32，35-37，39，48，49，51，61，62，64，66，67，72，73，77，78，83，96

世界性 25-28，30，31，146，147，177

视觉 12，128，159，172，204-206，

226，242，250

实事　21，22，31，117，120，231

实体　147，159，186，193

实验　72，80-82

视域　94，112-114，123，174，175，180，181，185，189-191，209，213，214，217，221，226，229，258，259，261，262

实在性　40-43，46-48，50，51，54，55，58，59，90，115，143，154，192，235-237，239，240

手段　35，140-144，152，157，168-170，172，195，196

说谎　284

说明　80-83，120

T

他异性　174，230

他者，或他人　12，29，38，53，115，116，180，194，228，229，243，258，260，261，263，272-284，286-289，291，293，294

体验　14，15，17，70，91，93，112-114，136-138，148，151，156-159，162，163，167，170，171，177，190，192，203-205，217，230，271，283，284，291

统觉　105

痛苦　137，139，171，241

统现　225，242-244，248-250，254，273，274，282，293

同一律　92

同质化　230

透视或透视法　83-96，146

透视主义　92

图画性　147

图像的解放，或图像解放　22，32-35，37-39，54，114，116

图像神话　18，22，37-39，96

图像现象性　9，11，18，22，60，96，116，117，173，174，176，178-180，265，290

图像现象学　1，8，9，11-13，15-18，22，172-176，178，179，290，292，294

图像专制　116

W

外在性　51，138-140，150，161，178

未被见者　198，199，207，245-251，282

唯我论　116，251，260，289，294

文化　4，163，166，170，172，176，177，230，231

无蔽　76，188，189，191

无前提性原则　124，135

无限　98，107，112，160，193，194，220，228，229，278，279，281，283-289

物性　186，187

物因素　186

物自身　106，125

X

系统化　45，48-52，58

现成　24-26，72，189

现成品艺术　182，225

显出　128，138

现代性　18，21，23，37，49，60，73，75，77，78，83，176，291

现代主义　175

显示　9，29，37，38，44，46，89，106，109，110，127-129，138-140，142，147，188，194，197，205，207，209，220，224，259

先天　25，46，86，102，104-108，110，111，125，126，150，172，176，215，216，239

显现者　9，10，70，99，178，204，210，250

显象　22，32，35，37-39，43，96，102-106，118，127，128，173，205，235，239

现象性　2，9-11，13，18，22，29-32，39，60，66，71，73，86，93，96，97，99，102，106-108，110-114，116，117，127，133-136，140，144，159，164，165，168，169，172-174，176-183，185，189-192，194，197-199，201，203，206-208，210，213-215，217，222-227，229，231-234，251，254，256，266，267，280，290，291，293

线性形式　142-144，153，157-161，163，167

先验　27，90，94，104，105，114，128，176，200，213，264-268

相即　124，211，212

向来我属性　259

相似物　251-253

效果　49，82，123，193，197，200-204，206，208，209，240，242，245，250，251，254-256，258，259，263，267，271，272，275，276，280，281，285，287-289

新颖性　113，208，209，222，232，246，249，251

形而上学　4，5，7，17，21，36，43，51，54-58，75，97-99，102，104，107，108，110，113，114，117-124，126-129，220，233，252，262

形式化　238

形式条件　102-106，108，110，215，216，264，265，268，269

虚空　85-88，90，94，249，250，274

虚无主义　4，17，54，56-58

眩晕　240-242，255

Y

严格性　78，79，81

研究　78-83

颜色　135，140，142-144，147，153，157-161，163，164，167，192，201

延异　12

野蛮　3，31，34，172

一切原则之原则　93，107-111，114，124-127，157，215，216

意识　49，63，65，70，71，91，93，111－114，173，216，220，275，284

艺术　4，8，11，12，14－17，22，37，55，60，133－135，137，143，145，149－156，160，161，165，168－170，172－176，180，182，183，185，186，188－191，195－197，203，204，226，256，291，292，294

艺术作品　4，12，14，133，152－154，181，182，185－190，192，195，221，226，227，234，242，244，249，250，292－294

意向　47，68－71，95，96，111，113，138，183，191－193，199，200，204，206，209－211，214，217，219，248，271，277－280，284，291

意向对象或意向相关项　70，71，91，94，111，112，114，210，213，217

意向活动　70，111，112，114，210，213

意向体验　70，92

意向性　17，70，91，94，111－114，125，128，142，157，173，174，199，210，217，218，225，277，288

异形　197－200，208

异质性感发　30

因果性　127

印象主义　134，148，155

有限　32，33，38，71，94，101，103，107，167，212，213，282，286，288

有用性　184，187，226

预见　71－73，113，183，200，221，239，246，248，251，288

欲望　38，45，53，58，69，71，115，116，198，204，256，274，292

原初性　114，126，149，193

原素　91

原型　11，23，196，225，237

Z

在场　69－71，75，76，109，173，217，225，243，244

再现　11，39－44，46，146，160，166，170，175，189，253，292

绽出　173

遮蔽　51，56，76，110，111，174，188，189，208

真理　3，11，12，27，34，52，55，67，125，135，141，150－152，156，169，177，181，185，186，188－192，194－197，204，205，211，212，215，224，230，252，256，286

正本　11，33－35，38，40，42－48，50－52，54－59，115，181，244，250－254，257

证明　80，82，98，99，104，108，112，117，118，120，124，128，139，146，219

正确性　188

争执　189

质的范畴　221，232，233，235，236，239，240，242，248，263

直观　70，71，91，93，94，102-114，124-127，135，203-206，209-221，225，232，234，235，237，239-242，244，245，264，266-269，271，273，278-280，282-284

知觉或感知　10，14，93，114，128，137，138，146，148-150，155，157-161，163，171，177，184，190，205，235

质料　3，51，104，106，186，236-239，264

至上主义　134

中立化　182

主动性　69，70，75，84，90，96，98-100，128，129，194，199，204，234，239，240，246-248，268，269，271，277，288

主观　48，64，68-70，106，128，162，184，204-206，214

主体　15，18，27-29，52，53，59，60，62-68，73-75，77，90，94，96，102，104-107，114，117，128，129，154，156，189，190，198，203，215，216，237，248，249，251，266-269，271，291

主体化　29，51，63，64，73

主体间性　38

主体性　15，47，52，54，63，137，150，151，154，162，173，174，291

自然主义　148，155

自身感发　17，30，139，148，149，169，171

自身给予或自我给予　84，90，109，127，206-208，217，218，220，240，242，246，247，251，253，266，268，271，275，281，283，293

自身显现或自我显现　9，29，67，75，76，79，90，106，107，117，124，128，158-161，168，183，184，188，193，197，199，200，202，204-209，215，220，224-226，228，229，231，242，247-249，253，266，268，275，291

自身展示　193

自我　7，27，30，31，35，37，51，52，55，58，62-64，66-77，79，90，94-96，101，102，112-115，117，128，137-139，149，150，172-174，180，181，184，199，200，203-206，209，213，214，217-219，221，224，225，234，235，237，239，240，246-249，251，253-260，264-271，273-275，277-286，289-294

自我的外观　229，232，234，250，259，260，274，292，294

自我性　254，256，259，260

自因　120，121，127

自由　32，33，37，43，59，153，155，158，159，166-168，195，199，257，260，287，288

自治图像　18，35，37，39，40，42，43，45，47-52，54，58-60，96，114-117，133，173，233-235，289，290

自治性　51，54

宗教　14，16，32，33，43，53，77，166-169，172，195，209，230，231，280

作为-图像的-自身　114-115

后　记

终于以这样一种相对粗糙的形式将这本著作呈现出来。这种呈现伴随着很多惶恐和不安，因为尽管它旨在澄清一些问题，但最终却留下了更多有待思考和解决的关键性问题。因此，这种呈现只能被看作一个开端，而不能被看作一个终结。

本书直接脱胎于笔者在北京大学哲学系的博士后出站报告，而相关研究从硕士研究生阶段起就已开始。因此，在这里需要特别感谢几位导师，他们是北京大学哲学系的章启群教授、中国人民大学哲学院的欧阳谦教授和吴琼教授。在笔者的整个求学生涯以及后来的工作中，老师们都给予了无私的指导、帮助和关怀；同时，老师们从为学到为人，都为笔者树立了典范，让笔者坚信一个真正的学者该有的纯粹性和坚守。感谢中国人民大学哲学院美学教研室的牛宏宝教授、余开亮教授、李科林教授，外国哲学教研室的张志伟教授、谢地坤教授、韩东晖教授、张旭教授。在笔者的学习、工作和生活中，这些老师都在不同方面给予了大量帮助和指导。

本书的一些内容之前已经发表在《文艺研究》《哲学与文化》《哲学动态》《世界哲学》《文艺理论与批评》《社会科学研究》《社会科学辑

刊》等学术期刊上，因此，需要特别感谢这些期刊以及相关编辑老师的工作和接纳。书稿能够出版，主要得益于人大哲学院的资助，在此特别感谢哲学院以及臧峰宇教授、黄志军教授等老师对笔者的帮助。

最后，要感谢我的父母、妻子和女儿，感谢我的其他家人，他们的宽容、支持和陪伴，让我能够渡过一个个难关，让生活不再孤寂。

图书在版编目（CIP）数据

可见者与不可见者的交错：亨利、马里翁与图像现象学研究/陈辉著. -- 北京：中国人民大学出版社，2024.5

（哲学新思论丛/臧峰宇主编）
ISBN 978-7-300-32719-8

Ⅰ.①可… Ⅱ.①陈… Ⅲ.①现象学-研究 Ⅳ.①B81-06

中国国家版本馆 CIP 数据核字（2024）第 069085 号

哲学新思论丛
中国人民大学哲学院　编
臧峰宇　主编
可见者与不可见者的交错
——亨利、马里翁与图像现象学研究
陈　辉　著
Kejianzhe yu Bukejianzhe de Jiaocuo

出版发行	中国人民大学出版社			
社　　址	北京中关村大街31号		邮政编码	100080
电　　话	010-62511242（总编室）		010-62511770（质管部）	
	010-82501766（邮购部）		010-62514148（门市部）	
	010-62515195（发行公司）		010-62515275（盗版举报）	
网　　址	http://www.crup.com.cn			
经　　销	新华书店			
印　　刷	天津中印联印务有限公司			
开　　本	720 mm×1000 mm　1/16		版　次	2024年5月第1版
印　　张	20.75 插页 2		印　次	2024年5月第1次印刷
字　　数	283 000		定　价	88.00元

版权所有　侵权必究　印装差错　负责调换